U03397755

国家重点基础研究发展计划(“973”计划)项目(NO. 2015CB060200)

地震作用下地下多矿柱-围岩体系动力响应与震损机理

Dynamic Response and Damage Mechanism of Underground Multi-pillar and Surrounding Rock System under Seismic Loads

周子龙　王海泉　陈　璐　著

中南大学出版社
www.csupress.com.cn
·长 沙·

图书在版编目(CIP)数据

地震作用下地下多矿柱-围岩体系动力响应与震损机理 / 周子龙，王海泉，陈璐著. —长沙：中南大学出版社，2022.2

(中南大学资源与安全工程学院“双一流”学术文库)

ISBN 978-7-5487-4761-1

Ⅰ. ①地… Ⅱ. ①周… ②王… ③陈… Ⅲ. ①矿柱回采—地震反应分析 Ⅳ. ①TD8

中国版本图书馆 CIP 数据核字(2022)第 000717 号

地震作用下地下多矿柱-围岩体系动力响应与震损机理

DIZHEN ZUOYONG XIA DIXIA DUOKUANGZHU-WEIYAN TIXI DONGLI XIANGYING YU ZHENSUN JILI

周子龙　王海泉　陈　璐　著

□出 版 人　吴湘华
□责任编辑　伍华进
□责任印制　唐　曦
□出版发行　中南大学出版社
社址：长沙市麓山南路　邮编：410083
发行科电话：0731-88876770　传真：0731-88710482
□印　　装　湖南省众鑫印务有限公司

□开　　本　710 mm×1000 mm　1/16　□印张 15　□字数 297 千字
□互联网+图书　二维码内容　图片 14 张
□版　　次　2022 年 2 月第 1 版　□印次 2022 年 2 月第 1 次印刷
□书　　号　ISBN 978-7-5487-4761-1
□定　　价　68.00 元

内容简介

Introduction

本书主要论述了地震荷载作用下地下矿山矿柱-围岩结构体系动力响应特征与震损灾变机理，创新性地开展了地下采空区地震模拟振动台试验和数值模拟研究，系统性研究了地震作用下地下矿柱体系动力响应特征与震损演化规律、围岩体系动力响应与变形震损特性、地下矿柱-围岩结构体震损破坏形态，模拟了地下矿山岩体结构的地震动力失稳灾变过程。

本书研究手段新颖、内容丰富、数据翔实、结构严谨，实现了采矿工程、土木工程、安全工程、地震工程及计算机科学等多学科交叉融合与创新，揭示了地下矿区岩体结构震损致灾机理，创新了矿山灾害防治方法与技术，可作为地下矿山岩体地震动力灾害防治参考书，也可供从事地下岩体结构抗震相关领域工程技术人员和科研院所教研人员借鉴。

作者简介

About the Author

周子龙　男，1979年出生，教授，博士生导师，国家“万人计划”科技创新领军人才，国家“973”计划青年项目首席科学家，担任国际岩石力学学会岩石动力学专委会委员、中国岩石力学与工程学会理事兼岩石破碎工程专业委员会主任委员、中南大学资源与安全工程学院院长。长期从事采矿与岩土工程灾害和防治方面的教学与研究，先后在 *International Journal of Rock Mechanics and Mining Sciences*、*Rock Mechanics and Rock Engineering*、《岩石力学与工程学报》等期刊上发表论文200余篇，申获国家发明专利30余项，出版专著3部，获国家科技进步二等奖、湖南省自然科学一等奖、湖南省优秀博士学位论文及中国有色金属工业技术进步一等奖等科研学术奖励。

王海泉　男，1987年出生，博士，讲师。毕业于中南大学，现任教于西安建筑科技大学资源工程学院，兼任中国岩石力学与工程学会会员，主要从事地下矿山动力灾害防治与抗震减灾研究。被SCI、EI收录论文10余篇，申请国家发明专利3项，参与国家自然科学基金项目多项。

陈　璐　男，1987年出生，博士，讲师。毕业于中南大学，现任教于长沙理工大学土木工程学院，主要从事岩土及矿业工程灾害防治技术研究。被SCI、EI收录论文10余篇，主持或参与国家自然科学基金项目10余项，作为骨干成员参与国家“973”计划项目1项。

前言

Foreword

当今世界，地下空间正作为一种重要资源被世界各国广泛开发和利用，向地下要空间、要资源已成为21世纪前沿性的国际战略主张，是世界发展的新趋势、新常态，涉及各个行业，如地下城市、地下商场、地下储能、地下电站、地下采矿、国防工程等。然而，这些地下结构通常在空间上表现为多支柱、大跨度、高围墙，且所留空间纵横交错、上下重叠、相互贯通。如何确保此类地下结构在施工、运营及废弃后的抗震稳定性已成为地下工程中无法避免的动力灾害防治问题。

地下采空区是地下矿产资源采掘后未及时处理，累积形成形态复杂的巨大地下空间。地下矿柱–围岩结构体系作为地下采空区开挖过程中形成的特殊框架结构，长期赋存于复杂地质环境中，动力灾害频发，成灾过程复杂，是维护整体地下矿区稳定性的关键构件，也是矿区灾害直接作用的承灾体。我国80%以上的矿区建在强震区，普遍未进行抗震设计，一旦遭遇强震破坏，修复难度极大，很有可能造成采空区体系产生震害或局部矿区发生坍塌，后果不堪设想，因此地下采空区体系地震动力灾变防治已成为工程中无法回避的关键研究问题。然而，国内外关于地下采空区地震动力响应和灾变机理的研究还十分匮乏，孕灾机制至今尚不清楚，灾变过程和致灾机理亟待科研界和工程界系统研究解答。

地下采空区结构体系的地震动力特性研究的主要方法有原型观测法、模型试验法和理论分析法3种。自1976年唐山大地震发生以来，国内外学者针对地下采空区震害陆续开展了现场调研，并通过室内试验和数值模拟手段进行了动力响应和损伤破坏规律研究，但研究方法和试验模型与工程实际偏差较大，急需更为贴近实际的研究方法进一步开展此类研究。本书从地下采空区结构体系抗震的视角，创新性地采用地震模拟振动台试验和数值模拟相结合的手段，系统研究了地震作用下地下矿柱体系动力响应特征与震损演化规律、围岩体系动力响应与变形震损特性、地下矿柱-围岩结构体震损破坏形态，模拟了地下采空区结构体系地震动力失稳灾变过程，研究成果对我国西(南)部强震区地下矿山生产具有一定的理论参考价值与现实指导意义。

全书内容分为7章：第1章介绍了研究背景意义、研究现状及研究内容；第2章详细介绍了地下采空区地震模拟振动台试验设计方案；第3章分析了不同地震工况下采空区系统的损伤特性，开展了矿柱体系加速度响应规律、放大(衰减)效应及频谱特性研究，探讨了竖向地震分量对矿柱体系动力响应的影响；第4章进行了地震作用下矿柱体系动力变形、表面应变场、声发射特性及破坏形态等震损演化规律研究，揭示了矿柱体系的震损灾变演化机理；第5章开展了顶板和边墙围岩体系加速度响应规律、动力变形特性及损伤破坏模式研究，提炼出了相应的地震动力响应特征和震害形成机制；第6章采用 $FLAC^{3D}$ 模拟软件开展了地下采空区结构体系地震动力响应与区域应力场演化规律研究，探索了埋深对采空区体系地震动力特性的影响，获得了地下采空区地震灾变“临界埋深”；第7章总结了研究成果，展望了未来研究方向。

本书由中南大学周子龙、西安建筑科技大学王海泉及长沙理工大学陈璐共同撰写完成。全书主要内容是由国家重点基础研究发展计划(“973”计划)项目(NO. 2015CB060200)研究成果组成，在此对科学技术部表示衷心感谢。本书在撰写过程中，参阅和借鉴了国内外相关文献资料，在此向文献资料原著作者表示诚挚的感谢。

限于作者的学识和水平，书中难免有疏漏和不妥之处，敬请广大同行专家和读者朋友予以批评指正。

作 者

2021年10月20日

目录

Contents

第 1 章　绪论

1.1　研究目的和意义

矿产资源是人类社会赖以生存和国民经济长久发展的基础和支柱，中国有 90%以上的能源和 70%以上的原材料都源于矿产资源，可以说没有矿业也就没有工业生产的根基，更没有国民经济的可持续发展[1-3]。随着世界经济的高速发展，大规模的开采使得地球浅部资源日趋减少和逐渐枯竭，深部开采将成为人类开发矿产资源的新常态[4,5]。然而，由于深部岩体长期处于"三高一扰动"(即高地应力、高地温、高渗透水压和强动力扰动)的复杂地质环境中[6-10]，整个生命周期都会遭遇机械开挖、凿岩爆破、车载振动及自然地震等动荷载扰动作用，如图 1-1 所示，从而诱发诸如冒顶、片帮、岩爆、矿震、板裂和大规模坍塌等工程动力灾害[2,11-18]，且难以有效预测和防治，致使设备损坏、人员伤亡、结构失效、工程延期、开采难度加大、作业环境恶化和生产成本增加等一系列工程和社会问题，并对日常安全生产构成了严重威胁，给深部矿产资源开采带来了严峻考验和巨大挑战。

众所周知，在地下矿床开采过程中，经常会在采场留设部分暂时或永久性矿(岩)柱，用于支撑采空区上覆岩体，起到了保障采场工作面安全施工的作用。然而，由于过去长达几十年的高强度、粗放式、无规划、大规模的过度开采和严重滞后的采空区处理，数量庞大、空间分布错综复杂的矿(岩)柱及采空区永久遗留在了废旧矿区，有些矿山的矿柱群分布在垂直方向高达数百米，水平方向绵延数十公里[19-23]，给矿山开采活动留下了潜在的安全隐患。

矿山采空区作为矿产资源开采中(后)遗留的特殊空间，无论是开采中暂时留设的，还是开采后永久废弃的，矿山行业(金属矿和煤矿)都统一称之为"采空区"[20]。不同的是，煤矿采空区更侧重于永久废弃和不再继续维护的空间，即

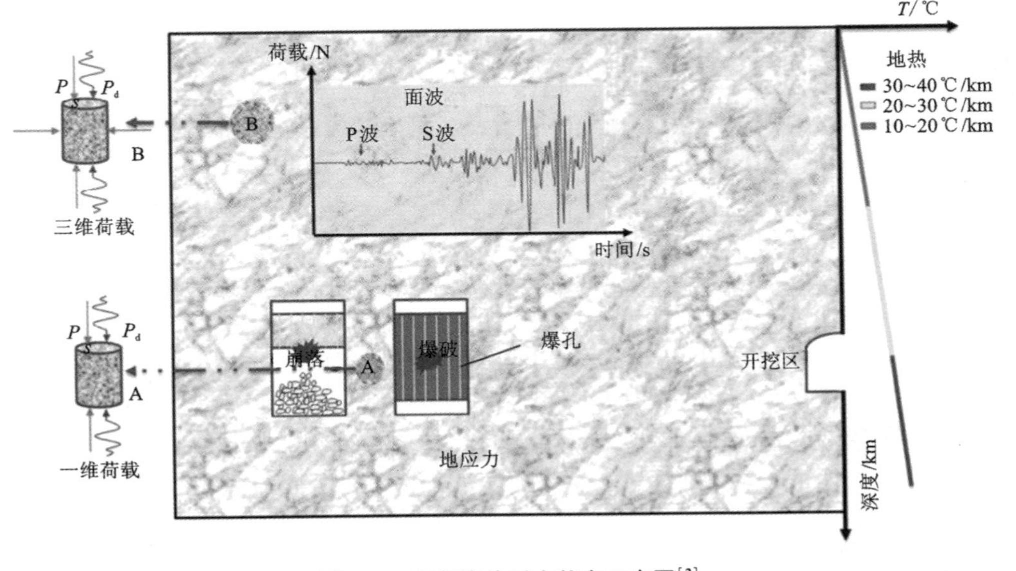

图 1-1　深部岩体受力状态示意图[2]

“遗弃”空间；而金属矿采空区则侧重于开采矿石后产生的空间，即“开挖”空间，如图 1-2 所示。随着时间的推移，采空区的存在必将成为矿山开采中潜在的安全隐患[24-26]，不仅严重降低整个矿区的稳定性，而且衍生出各类次生灾害，严重阻碍着矿业的良性发展和影响着矿山城市居民的正常生活。多年来，地下采空区失稳致灾事故频繁发生，且诱发的次生灾害层出不穷，造成巨大的人员伤亡和财产损失。

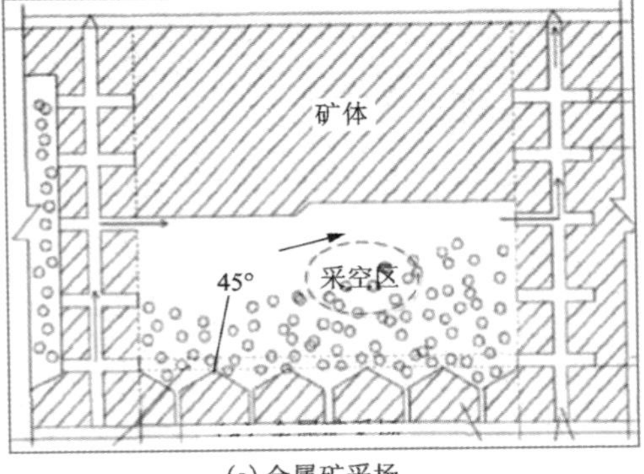

(a) 金属矿采场

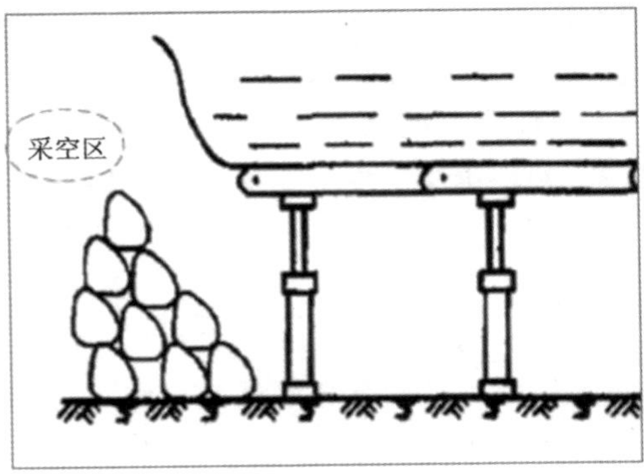

(b) 煤矿采场

图 1-2　地下采空区示意图[20]

随着采空区暴露时间的增加，矿(岩)柱除承受巨大的静应力外，还不断遭受外界各种动力载荷(如机械开挖、爆破凿岩、车载振动及自然地震等)的扰动影响，极有可能诱发地下采空区产生严重的冒顶、片帮、岩爆、矿震、大面积坍塌等动力灾害[11, 27]，如图1-3所示。根据初步统计[28]，截至2015年底，我国仅非煤矿山就有采空区1.28×10^9 m^3，分布在全国28个省(市、区)，总体呈现出总量大、范围广和分布散的特征，典型案例如云南兰坪铅锌矿和甘肃厂坝铅锌矿、广西大厂矿、广东大宝山矿、安徽铜陵狮子山铜矿及河南栾川钼矿等诸多矿山都存有大量历史遗留的采空区，且坍塌事件至今时有发生。在煤矿采空区方面，素有“煤海”之称的山西省，作为全国煤炭产量最大的省份，采空区塌陷灾害也较为严重，曾发生因煤矿开采致使整个村庄塌陷的灾难事件。

图1-3 地下采空区各类典型灾害

由于采空区自身结构组成的复杂性和周围赋存环境的多变性，采空区的失稳致灾是各类因素共同作用的后果，且失稳致灾过程具有明显链式特征[29-31]，往往会导致地下矿产开采停滞、机械设备受损和施工人员伤亡等生产事故，同时还会造成地面房屋裂缝或倒塌、饮用水干涸和道路破坏等地质灾害，进而引发大量良田损毁、鱼塘水位下降、水库泄露严重等次生灾害，造成的土地资源浪费和生态破坏难以估量，产生的经济损失和负面影响范围之广，危害程度之深，令人触目惊心，严重影响了一个地区的和谐与稳定，已然由矿山生产安全问题演变为社会公共安全问题。随着采空区动力灾害问题的愈发凸显，采空区稳定性分析及动力灾害防治工作已得到各国政府的高度关注。例如，从2008年开始，澳大利亚昆士兰州政府就针对Ipswich地区的废弃矿山开展了系统的现场调查和风险性评价，并对部分矿区进行了回填处理[32]。我国国务院安全生产委员会办公室于2016年6月23日印发了关于《金属非金属地下矿山采空区事故隐患治理工作方案》(安委办〔2016〕5号)，要求矿业界尽早完成采空区事故隐患治理任务，坚决遏制采空区引发的重特大事故[28]；同年12月29日，国务院办公厅印发了《国家综合防灾减灾规划(2016—2020年)》的通知，明确要求全社会大力推进地质灾害隐患整治，妥善应对破坏性地震等自然灾害，进一步加强基础理论研究和关键技术研发，着力揭示重大自然灾害及灾害链的孕育、发生、演变和时空分布等规律和致灾机理[33]。

我国由于地处环太平洋地震带与欧亚地震带之间，受太平洋板块、印度板块和菲律宾海板块的共同挤压，分布于台湾地区、西南地区、西北地区、华北地区、东南沿海地区5个区域和23条地震带上的地震活动十分频繁，是全球震灾最严重的国家之一。同时，我国80%的矿区分布于华北、西北、西南和东南沿海等地震活跃区内，强震区与地下采空区分布高度重叠，地震作用将对地下采空区的稳定性造成严重威胁。因此，地下采空区结构体系的动力灾害除源于机械扰动、爆破开采、运输振动等动力作用外，自然地震也可以诱发地下采空区结构体系失稳破坏。典型案例如下：1976年，中国唐山大地震(M_L 7.8级)导致部分煤矿井巷工程严重受损[34-36]；1977年，苏联伊斯法拉-巴特干特地震致使舒拉别矿井平巷、硐室等遭受不同程度的破坏[37]；2003年，日本Miyagi-Hokubu地震(M_L 6.2级)，以及2011年，东日本大地震(M_L 9.0级)均对废弃褐煤矿山产生了不同程度的损伤破坏[38, 39]。

采空区塌陷导致的次生动力灾害也是层出不穷，触目惊心，典型灾害当属矿区局部塌陷诱发的矿震。2002年5月，山东峄城石膏矿发生采空区顶板大面积垮塌事件，坍塌面积超过1.4×10^5 m^2，释放出相当于M_L 3.6级地震的能量，巨大的气浪将井筒的顶盖直接掀翻，造成井口周围的矿石发生不同程度的破碎，短时间内形成一座小型的“石膏矿石山”。2004年10月至11月，陕西省榆林市神木县(现为神木市)和府谷县相继发生了3次不同等级的矿震(分别为M_L 4.2级、M_L 3.2级和M_L 3.4级)，均因煤矿采空区塌陷而引起[40]；2005年6月，陕西省榆林市神木县店塔镇马家盖沟煤矿发生M_L 3.6级的矿震，附近村民居住的土窑洞出现了轻微裂痕[41, 42]。此外，2007年8月和2010年12月，榆林地区因采空区突然塌陷分别发生了M_L 3.3级和M_L 3.0级的矿震。2012年9月，云南省彝良县与贵州省威宁彝族回族苗族自治县交界处的煤矿采空区发生M_L 5.7级的地震，给当地老百姓的生命和财产造成了极大的损失[43]，新闻媒体以《彝良地震之痛：夺命煤矿采空区》为题报道了此次地震后果，通过实地调查发现，煤矿开采形成的采空区可以加剧地震的破坏性[44]。2015年12月，山东平邑石膏矿因局部矿柱失稳导致邻近矿区出现大规模坍塌，引发 M_L 4.0级的地震，坍塌面积超过 2×10^5 m^2，造成数十人失联[45]。由此表明，采空区结构体的抗震安全问题同样是采空区动力灾害防治中不可回避且亟待解决的地质动力灾害问题[46]。

地下矿(岩)柱、顶底板及采空区围岩体作为采矿领域典型的地下结构，具有一定的隐蔽性，人们普遍认为地下结构在地震作用下遭受破坏程度远比地表结构要轻得多，因此历史遗留或正在投产的采空区在开采前普遍未考虑抗震防灾设计，在地震动力作用下极有可能诱发矿柱失稳破裂、巷道片帮、顶板冒落、底板鼓起和围岩开裂等岩体损伤失稳致灾，一旦遭遇强震破坏，修复难度极大，很有可能造成局部或大规模采空区坍塌事故，后果不堪设想。遗憾的是，目前关于矿区地下结构体的抗震研究十分匮乏，现有抗震理论也无法满足矿区地下结构抗震设计需要。因此，开展地震作用下地下采空区结构体系动力响应与震损灾变研究，对我国遗留在地震活跃区的大量“矿柱-围岩”结构体的动力灾害隐患防治具有理论参考价值和现实指导意义。

1.2 地下采空区结构体地震灾变研究必要性

中国位于世界两大地震带(环太平洋地震带与欧亚地震带)交汇区域，受太平洋板块、印度板块和菲律宾海板块的相互挤压，断裂带十分发育，地震活动相对频繁，震源也相对较浅，是一个典型的震灾多发国家[47]。由中国地震烈度划分等级可知，中国80%的矿山建在强地震区[48]，随时会遭受烈度Ⅶ级以上地震袭击。因此，开展地下采空区结构体系的地震动力响应研究具有重要的国家资源战略需求和防灾减灾现实意义[49, 50]。中国地震台网官方数据显示，近10年(2011—2020年)全世界共发生779次震源低于15 km的破坏性地震(M_L 4.7级以上)，发生在中国境内的就有282次，中国发生破坏性地震的数量已经占到了全世界的36.2%，如图1-4所示，主要分布在我国台湾地区和西部地区，其中我国西部地区地震数量占大陆地震发生总数量的84.1%，如图1-5所示。此外，由于我国西部矿产资源极其丰富，全国60%的矿产资源分布在西部省份，种类齐全，品位高，开采条件好，开发利用的潜在价值大，未来必将成为我国矿产资源大力开发的主战场[51]，也必将与该区域频发的地震不期而遇。

随着西部大开发持续深入推进，我国西部矿产资源的开采工作正在如火如荼地进行中[52, 53]，西(南)部地下矿区岩体结构不仅受到机械开挖、爆破破岩等动

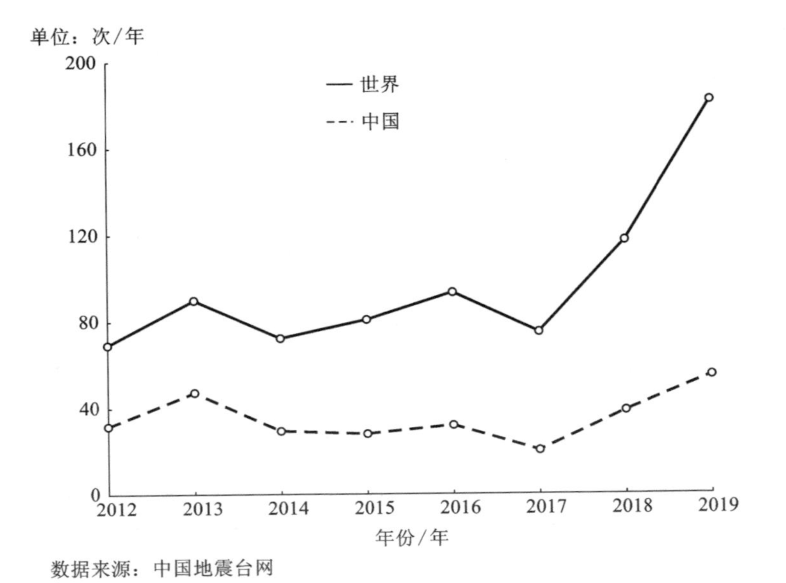

数据来源：中国地震台网

图 1-4　近 10 年世界(中国)4.7 级以上地震数量统计

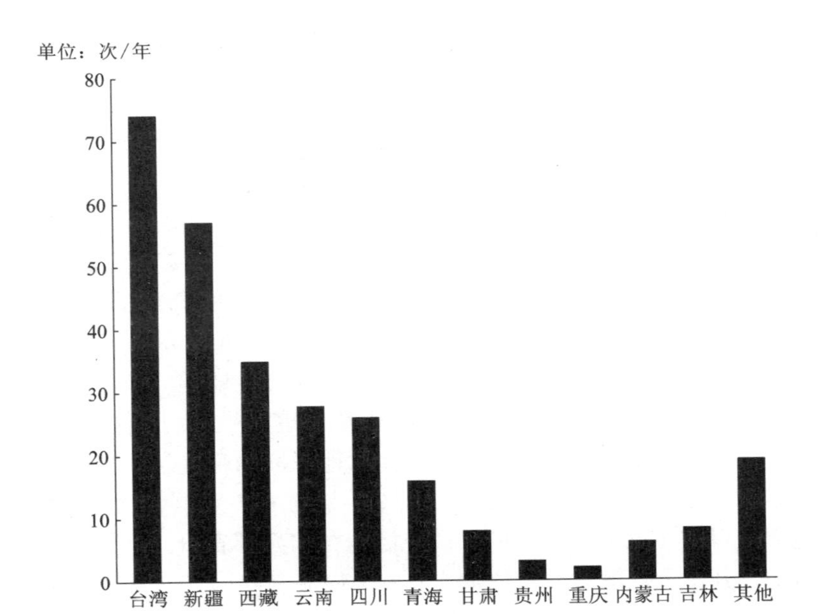

数据来源：中国地震台网

图 1-5　近 10 年中国各省份 4.7 级以上地震数量统计

荷载的扰动作用，而且极有可能遭受具有随机性和突发性的地震荷载作用，使得采空区结构体系损伤破坏机理变得异常复杂，致使采空区动力致灾事故概率大大增加，但目前关于地下矿区岩体的抗震性能的相关研究依旧匮乏，势必难以满足强震区地下采区结构体的工程建设需要，严重阻碍着地下矿产资源安全高效开采。

由于学科专业限制，采矿工程专业领域的学者、专家、工程师及施工人员因缺乏抗震知识而很少就地下采空区结构开展地震动力响应和损伤破坏研究[54-62]。同时，土木工程专业领域的专家、学者、设计者及工程师等更是很少涉足地下采空区地震致灾研究[63-66]，再加上地下采空区震害案例的缺乏，导致工程界和学术界对地下采空区结构地震灾害缺乏关注，几乎未对采空区结构体系（矿柱、巷道及围岩体）的动力响应、震损机理、抗震性能及灾变控制等方面开展相关研究，致使地下采空区结构体系受震灾变和防控工作严重停滞不前。2018 年 11 月 1 日，尽管我国住房和城乡建设部和市场监督管理总局联合颁布了我国首个针对地下结构抗震设计的国家标准《地下结构抗震设计标准》（GB/T 51336—2018），明确了地下结构抗震设计基本要求、分类体系、抗震计算方法及抗震措施等，填补了我国地下结构设计标准的空白[64]，但是该标准并未针对地下矿山开采设计制定专门条款，也未涉及包括沉管结构和深部地下结构的抗震设计。

地下结构埋藏于地下岩土体中，隐蔽性强，可见性差，人们普遍认为地下工程结构在周围土（岩）体介质的约束下，具有良好的抗震性能，不会在地震中产生震害。然而，近些年的一些地震，如 1995 年的神户地震[67]、1999 年的集集地震和土耳其地震[68, 69]、2008 年的汶川地震[70]及 2016 年的熊本地震[71]等，都对地下结构造成了非常严重的破坏。尤其是 1995 年 1 月 17 日发生在日本神户的里氏 7.2 级大地震给人类敲响了警钟，位于震中的神户市大量地面建筑、铁路、公路、桥梁及隧道发生严重破坏和倒塌，而地下结构（地下车库、隧道、地铁及停车场等）同样遭受严重的破坏，如图 1-6 所示，距震中位置约 15 km 的大开地铁站几乎完全坍塌，地震导致 35 根钢筋混凝土中柱中的 30 根完全被压碎折断，致使钢筋屈曲外露和顶板垮落，进而造成上方道路发生严重塌陷，最大沉降量高达 2.5 m，成为有史以来地下结构地震破坏最为严重的经典案例[72-79]。神户地震引发的各类震害让全世界范围内的地震工程专家、学者、设计者、工程师以及施工者对地下结构的抗震性能研究有了全新的认识，由此也引发了民众、政府及学术界对地下结构抗震问题产生前所未有的持续关注和空前的高度重视。

事实上，由于地下岩体结构具有较高的隐蔽性，一旦发生地震破坏，很难及时开展修复工作，进而可能诱发更大，甚至是致命性的地质灾害（难），由此带来的人员伤亡和经济损失也远高于地面建筑物。目前国内外专家学者针对地下洞室[80-82]、深埋隧道[83-87]、城市地铁[88, 89]、地下框架结构[90, 91]、地下厂房[92-96]、

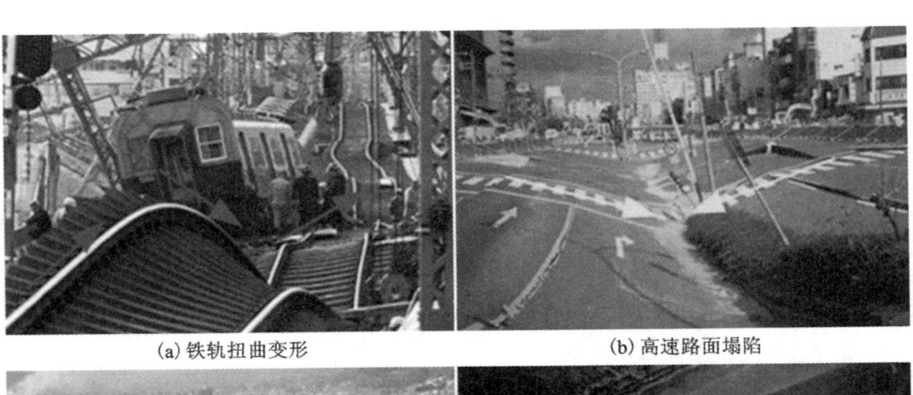

(a) 铁轨扭曲变形　　(b) 高速路面塌陷

(c) 高架桥整体坍塌　　(d) 地铁中柱压碎

图 1-6　日本神户大地震各类结构震害

油气储存库[97, 98]及地下管道[99, 100]等开展了大量的抗震性能研究，也取得了可喜的研究成果，但关于地下采空区岩石结构体系的地震动力稳定性研究则相对较少。因此，针对地下采空区工程结构体系(包括矿柱及围岩体)系统地开展地震荷载作用下矿柱及采空区围岩体动力响应与震损机理的研究，不仅具有重要的理论研究价值和广泛的工程应用前景，还有利于深部资源科学高效开发和有效遏制动力灾害萌生致灾。总之，开展此项工作意义重大，迫在眉睫，正当其时。

1.3　国内外研究现状

1.3.1　地下采空区失稳致灾研究进展

历史上，采空区坍塌灾难事故层见叠出，变化无穷。例如，1960 年 1 月，南非的 Coalbrook 矿山因矿柱群失稳诱发了一次大矿难，造成约 3 km^2 的矿区坍塌和 437 人遇难[101]；1967 年 9 月，江西盘古山钨矿因大规模的地压活动导致全矿 4 个中段，400多个采场瞬间塌陷，坍塌面积高达$1\times10^5\ m^2$[20]；1980年6月，湖北远安磷矿，由于采空区的突然塌陷导致山体出现大规模的崩塌[102]；2001年5月，广西合浦县恒大石膏矿发生重大冒顶事故，造成了29人死亡和456万元直接经济损失的大矿难[103]；2005年11月，河北邢台康立石膏矿采空区因不规范开采导致上覆岩层坍塌，造成30多人死亡，10多人受伤[104-106]；2005—2006年，云南昭通铅锌矿采空区坍塌引起地表严重塌陷，塌陷面积多达600 m^2，造成了严重的土地浪费和经济损失[107]；截至2007年12月，内蒙古自治区因煤炭开采形成的采空区塌陷面积高达225 km^2，原本美丽的大草原现如今"天坑"遍野，地表严重开裂、错动和塌陷，草场退化，土地沙化[108]，如图1-7所示。中国煤炭"黄金十年"（2002—2012年）期间，高强度、野蛮式和无序性的煤矿开采为山西留下了大面积的采空塌陷区，曾一度出现震惊全国的"悬空村"，导致数千村庄房屋受损、耕地毁坏及饮水困难等社会问题[109, 110]，170万百姓被逼背井离乡，严重影响了当地居民正常生产和生活。据不完全统计，在过去的15年间，我国发生采空区死亡事件就高达200多起，造成直接经济损失高达500多亿元。

(a) 裂缝　(b) 错动　(c) 塌陷　(d) 天坑

图1-7　内蒙古煤炭采空区引发地表塌陷

综上所述，地下采空区因突然坍塌引发的各类次生灾害严重阻碍着矿山正常生产和影响着周围居民正常生活，导致矿区工民关系紧张，产生一系列不和谐的社会问题。随着矿工生活的逐渐富足和安全意识的不断提升，采空区隐患监管和灾害研究日益成为国家安全治理乃至全社会关注的焦点。

通过中国知网引擎检索“采空区”关键词统计分析相关检索文献显示，近10年(2011—2020年)学术界和工程界的专家、学者和工程技术人员对地下采空区的学术研究总体呈现出持续递增态势，如图1-8所示。

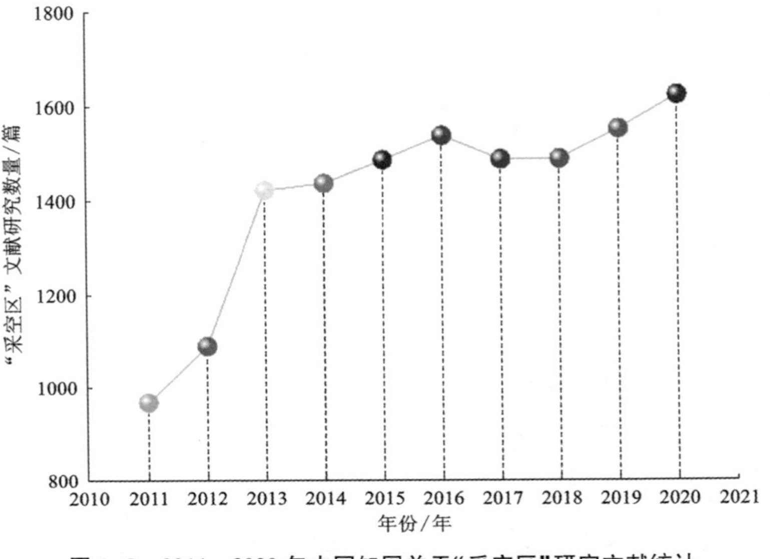

图1-8　2011—2020年中国知网关于“采空区”研究文献统计

同时，近10年专家学者针对采空区灾害防控的研究表明，无论是研究内容还是研究方法，整体都呈现出“百花齐放、百家争鸣”的局面。从采空区结构组成角度来看，采空区可以概括地认为是由支撑体和采空区围岩体(即矿柱、顶板及围岩)共同组成，并赋存于复杂应力环境中的特殊地下空间结构体[30]。在地下采空区结构体系损伤破坏机理研究方面，马海涛和谢芳[111]针对不规则形状点柱支撑顶板的复杂采空区结构，通过Voronoi方法确定了顶板受力面积，以此圈定采空区塌陷范围和模拟矿柱体系损伤破坏时应力重分布；周宗红等[112]基于平衡拱理论，以跑马坪铅锌矿为研究对象进行了采空区顶板临界冒落面积计算，揭示了采空区顶板岩层变形破坏机理，并提出相应控制方法；张瑶和贾蓬[113]通过RFPA^{3D}三维数值模拟分别研究串行和并行矿柱体系的损伤演化和破坏机理发现，弹性模量和高宽比会影响矿柱体系的损伤破坏过程；王中秋[114]利用FLAC^{3D}数值软件模拟分析了单个矿柱突然失稳致使矿柱群和顶板体系产生的扰动效应，并分析了采空区体系演化过程与应变能熵的变化关系；周子龙等[115-118]通过室内试验和数值模拟分别开展了矿柱体系变形破坏和矿柱群系统可靠性研究，探索了矿柱体系失稳时发生的应力迁移规律和连锁失稳效应；周晓超[119]在总结分析矿柱和顶板体系失稳破坏基础上，结合实际矿山建立了地下采空区矿柱-顶板系统协同作用力学模型，并阐述了采空区系统非线性作用机制；卢宏建等[120]通过开展多次开挖下地下硬岩矿柱损伤破坏的大型二维相似物理模型试验，运用 VIC-3D 非接触全场应变、应力及声发射监测系统分析研究了矿柱损伤、变形及坍塌等不同阶段演化特性，有效揭示了动态开挖下矿柱破裂失稳演化规律；李东阳等[121, 122]通过大型三维相似模型方法开展了城市地下采空区岩层稳定性分析，得出了采空区顶板先于矿柱出现受拉开裂破坏的结论，然后矿柱发生剪切破坏。上述代表性研究成果很好地揭示了地下采空区结构体系的损伤破坏机理，也反映了当前地下采空区体系研究方法的多元化和试验模型的大型化，研究成果能够更好地服务于实际工程生产，也将会推动“产学研”深度融合发展。

当然，在深部资源开采过程中，采空区体系除受周围岩体静态高地应力作用外，还时刻遭受外界各类动载荷扰动的影响，使得高地应力赋存环境下的采空区围岩体的力学特性变得更加复杂[123-128]，这主要是由于岩石材料的非线性特性，当矿区岩体发生局部失稳破坏时，致灾结果是不可逆的，且引发的次生灾害具有突发性、危害广、尺度大和连锁性等强破坏效应，进而造成严重的经济损失和社会负面效应，这表明采空区结构体系内各个组成结构是否动力失稳破坏成为决定采空区致灾与否的关键，在采空区防治过程中必须予以足够的重视。

目前，关于地下采空区结构体系灾变的研究主要关注静载作用下矿柱损伤破坏连锁失稳、采空区顶板垮塌及地表沉降变形等，而关于动力荷载对采空区岩石结构体系的动力响应与失稳致灾相关研究还有待进一步深入开展。从历年自然科学基金项目立项结果来看，仅西安科技大学的来兴平教授、大连大学的麻凤海教授、太原理工大学的冯国瑞教授及中南大学的周子龙教授开展过此项研究工作；目前正在开展此类研究工作的有中国矿业大学的陈彦龙、北京科技大学的付建新、太原理工大学的赵国贞和白锦文、中南大学的周子龙、山东科技大学的王俊、汪锋、王春秋、蒋邦友及江宁等。更为重要的是，2015 年以中南大学资源与安全工程学院周子龙教授和以中国科学院武汉岩土力学研究所盛谦教授为首席科学家分别承担的“973”计划项目《复杂采空区大规模坍塌的灾害孕育机理研究》和《强震区重大岩石地下工程地震灾变机理与抗震设计理论》的成功立项，标志着我国在地下采空区致灾防治和地下岩体抗震减灾方面已得到学术界及工程界的高度关注，为确保持续开展地下采空区各类地质灾害的研究和工程防治提供了坚实的理论保障。

矿山采空区作为地下开采形成的地下特殊“构筑物”，受结构组成、赋存环境及开采工艺等诸多因素影响，实际中的采空区既是一个复杂、开放和动态的巨系统，也是一个安全性受各类致灾因素相互影响且灾害频发的灾害系统。采空区引发的各类灾害严重阻碍了矿山日常生产和矿业持续发展。一直以来，采空区涉及的灾害种类繁多，表现形式多样，但首要问题是采空区结构体系的稳定性问题，其实本质是岩石力学问题。

在过去近一个世纪，关于地下采空区力学特性研究，主要集中在矿柱、顶板、覆岩及围岩体的损伤破坏方面。1928 年，学者针对采空区与上覆岩层承压关系提出了“压力拱假说”[129]；1954 年，苏联库茨涅佐夫教授提出了可用于定量分析矿压现象的“铰接块体”学说[130]，极大促进了上覆岩体变形研究的发展。20 世纪 60 年代，钱鸣高院士提出了采场上覆岩层活动规律的“砌体梁”理论，此后又提出了针对岩层整体移动的“关键层”理论[130, 131]；20 世纪 80 年代，宋振骐院士提出了“老顶传递岩梁”学说[132]。这些理论学说的提出很好地评价了顶板和围岩体的稳定性。

矿柱作为采空区结构体系中最重要组成部分，单个矿柱的失稳破坏常常会引发矿柱群产生连锁效应，进而会影响采空区系统的整体稳定性，因此国内外专家学者对地下矿柱体系的损伤破坏规律进行了广泛研究。以王金安教授为代表的研究团队针对邢台汪庄石膏矿发生的特大坍塌事故利用现场调查、理论分析、数值模拟及风险评价等手段对矿柱链式失稳破坏诱导采空区坍塌开展了一系列相关研究[104, 111, 133-136]，研究成果很好地揭示了采空区受矿柱破坏而产生坍塌灾害的致灾机理。近年来，以周子龙教授为代表的研究团队从矿柱破坏诱发采空区失稳致灾的角度入手，分别开展了双矿柱[115]、多矿柱力学试验[137-139]，如图 1-9 所示，矿柱群链式失稳致灾的数值模拟和可靠度评价[117, 118, 140]以及多矿柱体系循环扰动力损伤特性研究[116]，研究结果认为矿柱的力学特性、关键矿柱的失稳破坏和矿柱群连锁失稳均是影响采空区大面积坍塌的重要因素，研究成果可为金属矿山工程实践和理论研究提供很好的参考和借鉴。同时，以冯国瑞教授为代表的研究团队通过物理试验和数值模拟对煤矿开采中的遗留煤柱和刀柱残采区的矿柱塑性区分布规律和采场应力分布特征进行了相关研究[141-143]，认为采空区中最先发生失稳的遗留煤柱为关键矿柱[144]。此外，Wang 等[145]利用 RFPA^{2D} 模拟软件研究了联级平行矿柱渐进破坏过程，模拟结果表明刚度和强度均影响矿柱的失稳破坏；Cui 等[146]针对大同侏罗纪煤层受浅部采动引起的地表塌陷现象，利用多边形森林法估算表明单矿柱破坏导致载荷发生转移，致使周围矿柱破坏，并通过相似材料模拟试验验证了理论计算结果；张淑坤和王来贵[147]依据矿柱与顶板变形关系建立了薄弱矿柱与相邻矿柱的应力分布函数，并进一步研究了顶板-矿柱体系应力传递规律。罗一忠[148]、刘夏临[149]、马海涛[20]分别从危险源辨识、坍塌临界突变值和灾害风险分级等方面进行了采空区稳定性分析。上述研究表明，地下采空区结构体失稳研究主要涉及采空区体系的矿柱、顶板、底板及围岩体等损伤破坏问题。

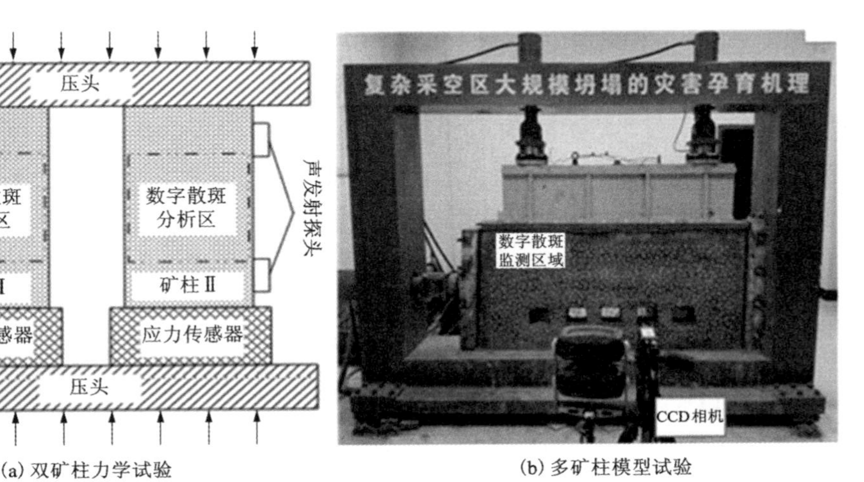

(a) 双矿柱力学试验　　(b) 多矿柱模型试验

图 1-9　矿柱室内力学实验[137, 138]

事实上，随着开采不断向深部延伸，采后形成的地下采空区结构体系完全置身于“三高一扰动”环境中，“一扰动”的含义也早已突破了传统强开采扰动的界限，主要涉及水力[150]、建筑[151]、机械[152]、车载[153]等人造动载，而且包括矿震[154]、岩爆[155]、地震[156]等衍生动载或自然动载，这不但会增加矿山开采难度，也会产生一系列深部岩石动力学问题[157-159]，给地下采空区结构体系的安全稳定性造成了极大的威胁，已成为矿区防灾减灾的首要任务之一。

针对地下采空区结构体系的动力响应、变形及破坏等动力学问题，专家学者们已开展了大量有意义的研究工作。李夕兵等[160]利用 FLAC^{3D} 软件研究了动力扰动下深部高应力矿柱的力学响应规律，研究表明外部动力扰动可以明显影响高应力岩体矿柱的破坏特性，较小的动力扰动可能导致矿柱产生塑性破坏；童立元等[161]开展了高速公路与下伏煤矿采空区相互作用的数值模拟研究，总结了采空区二次活化机制；张海波等[162]利用 GTS 建立模型分析研究了列车动荷载作用下采空区上地层响应规律，得到了采空区上方地表沉降曲线；金解放等[163]针对地下高应力采空区围岩体的动态受力状态，利用 SHPB 岩石动静组合加载装置，开展了不同轴压下花岗岩在循环冲击中的动态强度与破坏特性；陈阳洋[61]利用波动理论和数值模拟开展了地震荷载下采空区的动力响应研究，获得了强震动和高应力共同导致煤柱失稳破坏的结论；王国伟[164]基于框架结构法开展了采空区群动力失稳响应的理论研究，甄别出了采空区群“短板”单元区；周子龙等[165]针对地下矿柱回采诱发的动力响应问题进行了数值模拟和理论研究，结果表明矿柱的动力回采能够诱发相邻矿柱失稳破坏；李玉飞[166]综合理论分析和数值模拟研究方法构建了机械施工扰动下采空区顶板突变失稳判据，地面施工动荷载下采空区顶板失稳破坏的充要条件取决于顶板内在特性和外部动力的共同作用；姜立春等[167]通过构建多自由度结构响应模型方法，研究了远场爆破水平应力波扰动下分层胶结充填体矿柱的动力响应机制。此外，姜立春和罗恩民[154]还利用 Newmark-β 方程迭代求解的方法开展了地下采空区群在矿震扰动下的动力响应规律研究。从动载类别、结构部位和研究方法等方面将上述文献详细列出，如表 1-1 所示。

表 1-1　不同动载下采空区结构体灾变研究典型文献统计

作者姓名	文献题目	动载类别	结构部位	研究方法
李夕兵等	动力扰动下深部高应力矿柱力学响应研究	动力扰动	矿柱	FLAC3D 模拟
童立元等	高速公路与下伏煤矿采空区相互作用规律探讨	二次扰动	覆岩	ANSYS 模拟
张海波等	列车动荷载作用下采空区上地层响应分析	列车振动	覆岩	GTS 建模分析
金解放等	轴压和循环冲击次数对砂岩动态力学特性的影响	循环冲击	围岩	SHPB 试验
陈阳洋	煤矿采空区的地震动力响应特性分析	地震振动	煤柱	波动理论分析
王国伟	基于框架结构法的采空区群失稳响应及控制研究	层间剪切	采空区群	FLAC3D 模拟
周子龙等	Dynamic Response of Pillar Workings Induced by Sudden Pillar Recovery	动力回采	矿柱	PAT 理论分析
李玉飞	机械施工荷载作用下采空区顶板突变失稳判据	机械扰动	顶板	突变理论分析
姜立春等	远场爆破水平应力波扰动下分层胶结充填体矿柱的动力响应机制	爆破扰动	矿柱	集中质量离散
姜立春等	矿震扰动下立体采空区群动力响应研究	矿震扰动	采空区群	Newmark-β 法

以上研究结果综合反映了矿山采空区实际遭遇不同类型动力荷载扰动的现状，凸显了地下采空区动力荷载类型的多样性，也预示着灾害频发的可能性，同时进一步论证了地下岩体动力特性和静力特性的差异性。因此，地下采空区结构体系作为典型的地下岩体结构，其动力损伤破坏致灾及次生灾害触发与演绎等诸多疑点亟需科研界和工程界进一步研究解答。

1.3.2　地下采空区地震灾变研究进展

地震荷载是一种典型的反复循环性动力荷载，受地球板块之间相互挤压碰撞产生错动和破裂引起，以弹性波的形式向四周传播并引起介质产生振动，整个过程伴随着能量释放和传递。据不完全统计[47]，地球上每年大约发生 500 万次以上地震，意味着每分钟要发生近 10 次地震，而且强主震之后常常伴随大量的余震发生。通常，4.7 级以上地震（即破坏性地震）会造成一定的人员伤亡和建筑物破坏，还可能引发海啸、滑坡、崩塌和地裂缝等一系列次生灾害。

历史上，几次典型的大地震给人类带来了巨大的人员伤亡和经济损失，如 1920 年 12 月 16 日的 8.5 级海源大地震造成 28.62 万人死亡，数十座县城遭到破坏；1923 年 9 月 1 日的 7.9 级日本关东大地震造成约 10 万人伤亡，导致霍乱流行；1976 年 7 月 28 日的 7.8 级唐山大地震造成 24.2 万人死亡，整个唐山市瞬间夷为平地；1995 年 1 月 17 日的 7.3 级神户大地震造成约 5 万人伤亡；2008 年 5 月 12 日的 8.0 级汶川大地震造人 69227 人遇难，17923 人失踪；2011 年 3 月 11 日 9.0 级东日本大地震造成 19533 人死亡，2585 人死亡，并引发具有毁灭性破坏的巨大海啸和福岛第一核电站泄露。其中，1995 年的神户大地震（又称阪神大地震）刷新了人类对地下结构抗震性能的传统认识，因为该地震首次打破了地下结构在地震面前坚不可摧的神话，造成地铁车站、地下车库、地下商场等发生了严重塌陷，钢筋混凝土中柱直接剪切破坏。此后，2008 年汶川大地震同样造成深埋隧道、地下洞室及水电站厂房等地下结构产生了拱顶直接垮落、边墙产生裂纹及地面严重隆起等严重的震害。图 1-10 展示了地震造成地下结构的典型震害。

地下采空区结构体系作为典型的地下框架结构，在 1976 年我国唐山大地震（M_L 7.8 级）、1977 年苏联伊斯法拉-巴特干特地震、2003 年日本 Miyagi-Hokubu 地震（M_L 6.2 级）和 2011 年东日本大地震中均有相关结构体产生震损的记录。国内外专家学者针对采空区各类地震致灾机理开展了一定的研究，例如 1976 年唐山大地震之后，王景明[34, 168]和刘恢先[35]分别现场普查了唐山地区的地下煤矿受震情况，结果发现煤矿井巷工程遭受地震之后，多数巷道表面出现裂缝和剥落现象，破坏位置主要发生在应力容易集中的薄弱部位，震害由深至浅逐渐变得严重。依据我国 1976 年唐山大地震和 1977 年苏联伊斯法拉-巴特干特地震有关调查资料，1987 年张永成[37]针对地下井巷工程受地震损坏现象从震后现场描述、地震波传播路径及震害预防等进行了理论计算分析，研究表明井巷工程受震破坏主要是由于地震拉压波（P 波）和剪切波（S 波）复合作用而产生，位于破碎带和断层带的平巷和硐室容易受震产生破坏。黄保大等[169]通过现场调查探讨了 1995 年唐山 5.0 级地震造成煤矿采空区破坏作用机理。

在模型试验研究方面，我国顾大钊院士等[170]针对煤矿地下水库和地面水库

(a) 地铁中柱剪切破坏　(b) 隧道拱顶二衬垮落

(c) 地下厂房侧墙产生裂缝　(d) 隧道混泥土路面隆起

图 1-10　地震造成地下结构破坏的典型震害

分别开展了不同烈度条件下的地震动力破坏试验研究，从地震破坏形态、抗震薄弱环节及影响因素方面对比分析了两者的抗震安全性，研究结果发现，受顶底板约束影响，煤矿地下水库晚于地面水库进入塑性工作状态。相比之下，前者具有更好的抗震安全性，同时也表明煤矿地下水库在高烈度地震作用下同样会产生地震破坏。这也说明国内学者正在逐渐开始关注地下采空区相关地下结构的抗震安全问题，有助于该领域研究深入推进。

国外学者中，加拿大的 Lee 教授[36]在时隔唐山大地震 6 年之后（1982 年 7 月）调查唐山滦县时发现 8 个地下煤矿均产生不同程度破坏，且破坏程度随着井深而减弱。从 2003 年开始，现任国际岩石力学与岩石工程学会（ISRM）副主席（2019—2023 年）、琉球大学的 Aydan 教授（曾就职于日本东海大学）和土耳其 Bülent Ecevit 大学的 Geniş 教授针对日本境内多处地下褐煤采空区的动力响应和震损破坏问题陆续开展了一系列现场调查、数值模拟和室内试验研究[171-176]，研究结果表明：

（1）地震或余震有引起废弃采空区塌陷和井筒剥落的可能性；

（2）低幅值地震可以诱发严重的采空区地表塌陷，主要取决于岩体性质；

(3) 与地表建筑相同，矿井内的地震加速度同样存在高程放大效应；

(4) 浅埋采空区容易发生顶板破坏震害，而深埋采空区则容易发生矿柱破坏震害；

(5) 地下水对地震中的采空区稳定性起副作用，产生各类怪异现象；

(6) 地震更容易引起房柱法采空区出现塌陷和产生震害。

最引人关注的是，Aydan 首次利用小型地震模拟振动台开展了地下矿柱-采空区体系地震动力响应研究，如图 1-11 所示，并模拟开展了垂直正断层赋存环境中地下采空区振动台试验，如图 1-12 所示，开创了此类研究的先河，对采空区结构体的动力响应、损伤破坏和失稳致灾等研究方向的发展起到了积极推动作用，研究手段可为后继专家学者深入开展相关研究提供参考和借鉴。

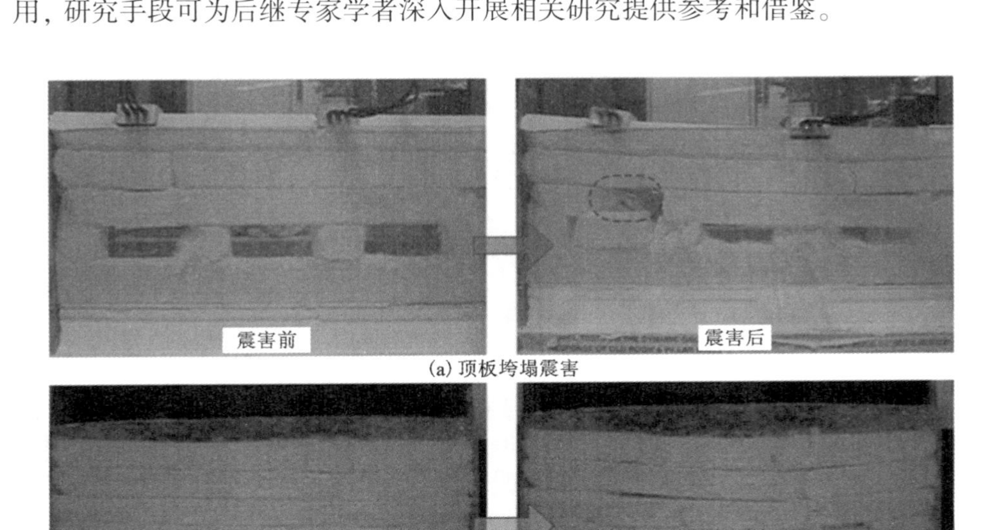

(a) 顶板垮塌震害

(b) 矿柱破坏震害

图 1-11 地下矿柱-采空区地震模拟振动台试验[171]

在数值模拟研究方面，刘刚和李明[177]开展了地震波作用下采空区煤柱动力响应的研究，数值计算结果表明，地震波作用下的煤柱，两侧屈服程度升高，应力降低，应力开始向煤柱中部迁移，塑性区向煤柱内部和顶底板发展，煤柱稳定性明显降低；张彦宾等[178]利用 $FLAC^{3D}$ 有限差分数值计算软件，通过动力时程分析方法分析研究了地震波对条带开采岩体稳定性影响，结果发现，地震荷载严重降低了条带煤柱的稳定性，建议开采设计必须考虑动荷载的影响。同样，唐礼忠等[179]

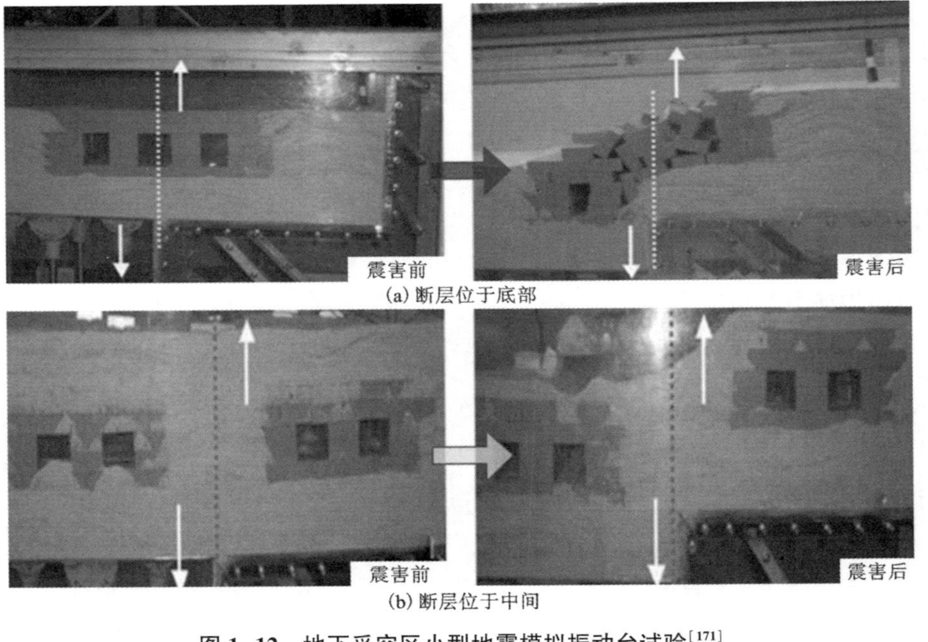

图 1-12　地下采空区小型地震模拟振动台试验[171]

通过有限差分数值分析软件 FLAC^{3D} 模拟了冬瓜山铜矿地下采场遭受周边爆破开采侧向冲击下的动力破坏特征，分析结果显示爆破地震波会对围岩体产生扰动，导致围岩产生新的塑性变形，质点位移明显增加。基于 1976 年唐山大地震监测数据，Zhang 等[180, 181]利用 FLAC^{3D} 软件模拟研究了开滦赵各庄煤矿地下 1000 m 处采空区上方地表的地震响应加速度、峰值加速度及位移，研究认为采空区的存在不利于地震波的传播，明显弱化了采空区正上方的地表加速度响应。此外，刘向峰[182]利用二次开发的 ANSYS 有限元分析软件对采场结构中的煤柱和顶板进行了地震动力响应分析，分析结果表明，拉伸波极有可能诱发顶板中部产生拉伸破坏，而剪切波则导致顶板端部更多产生剪切破坏。王春丽[183]基于工程结构波动理论和结构动力学，利用有限元软件 ABAQUS 从加速度和位移响应两方面对煤矿采空区开展了地震响应研究，得到了煤柱上顶和下底最容易遭受破坏的研究结论。刘书贤等[184]利用有限元计算分析模型分析讨论了地震作用下地下巷道结构的动力破坏特征，认为巷道结构受震后会产生周期性的高应力集中区，巷道最容易产生破坏的位置是顶底部和两侧部位。

由于地震作用下采空区动力灾变研究属于采矿工程、土木工程、安全工程、地震工程及结构工程等多个学科交叉研究领域，由于学科专业领域限制和震害案例缺乏，尽管国内外学者针对该课题已经开展了大量富有意义的研究，也取得了一定的研究成果。遗憾的是，目前已开展或正在开展的课题基本停留在震后现场震害描述和数值模拟分析层面。此外，目前世界各国尚未专门针对地下矿山开采制订相应的抗震设计规范，从而导致国内外关于地下采空区结构体系的地震响应规律和震损破坏机理研究步伐相对滞后。同时，地震作用下相关损伤演化尚不明晰，发生动力灾害时荷载如何演化发展尚不清楚，当形式复杂多样、分布纵横交错的采空区结构体系遭遇具有随机性、突发性和强破坏性的地震荷载后，极易产生各类震害，进而可能诱发大规模的采空区坍塌事故[185, 186]。由此表明，地下采空区结构体系的抗震安全和防灾减灾问题已成为当下亟须解决的重大科学问题和工程技术难题，有待科研界和工程界进一步深入研究和重点突破。

1.3.3 地下结构抗震性能研究方法

地下结构抗震性能研究方法的发展，是在地下结构的震害推动下不断向前推进[187]，尤其是 1995 年的日本神户大地震和 2008 年的中国汶川大地震发生后，地铁车站、埋深隧道和地下厂房等典型地下结构受到了不同程度的震害，由此也激发了广大科研学者针对地下结构开展了大量卓有成效的抗震研究，使地下结构抗震性能研究获得重大进展。但是，与地表结构相比，由于所处周围环境的不同，地下结构在地震作用下往往受围岩(土)体的约束作用更为显著，且结构动力反应不表现出自振特性，震损破坏一方面由地震波在传输过程中引起；另一方面由围岩体失效诱发产生，主要出现在结构断面形状和刚度发生明显变化的薄弱部位。通过归纳和总结前人开展地下结构抗震性能研究方法可知[188-192]，目前开展地下结构抗震性能研究主要途径有 3 种，即原型观测、模型试验和理论分析，其中理论分析方法因分类标准不同而较为庞杂，如图 1-13 所示。

1. 原型观测法

原型观测法是通过对地下结构在地震作用下的真实情况进行震后现场实际调查或实时动力响应监测，主要包括震害调查和地震监测两种方法。该方法可以获取地下结构遭遇地震时的动力响应、抗震性能及动力灾害的第一手资料，是一种天然的“原型试验”方法，也是揭示地下结构破坏机制的重要途径。例如 1976 年唐山大地震[35]、1995 年神户大地震[193]及 2008 年的汶川大地震[194]等发生后，国内外科研工作者都进行了广泛的现场调查，收集了大量具有参考价值的资料。

(1)震害调查一般是在地震结束后开展相关工作，可能受观测地点、时间及手段等影响。

(2)地震监测是通过在地震高发区域的地下结构周围预先布置地震观测点并安装地震传感器，实时记录地震期间的动力响应过程，但地震发生的偶然性和随机性可能影响监测数据的准确性。尽管原型观测方法存在诸多缺陷，但它是地下

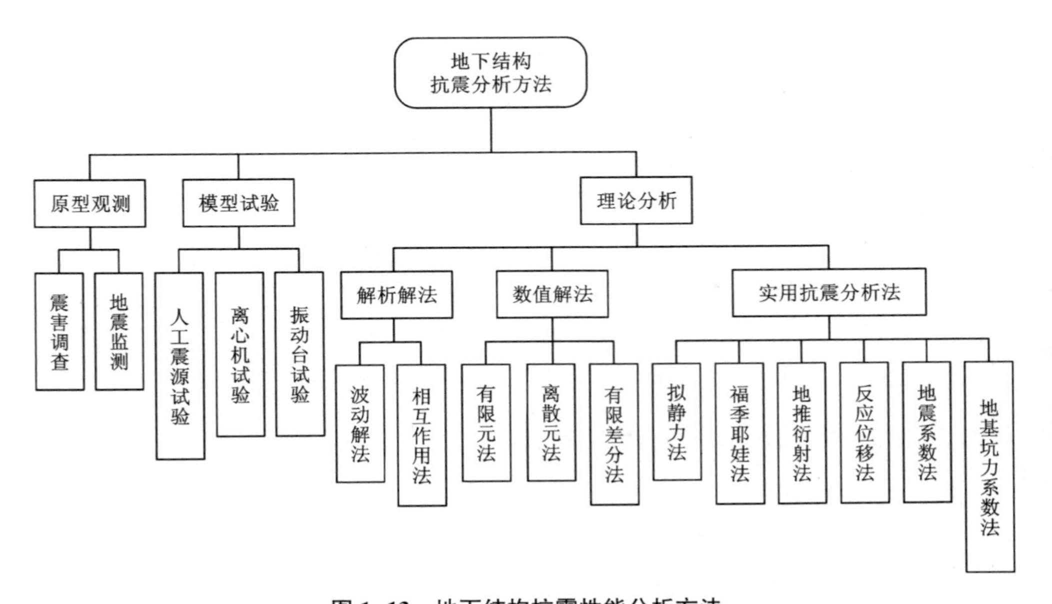

图 1-13　地下结构抗震性能分析方法

结构抗震研究中不可缺少的手段之一。

2. 模型试验法

模型试验是通过地震激励研究地下结构的动力响应特征和灾变过程的方法，该方法主要分为人工震源试验、离心机试验和振动台试验 3 种方法。

(1) 人工震源试验是一种通过人造地震(例如爆破、核爆等)引发地震动力研究试验模型的地震响应的方法，由于该方法在强度、频谱及持时上与真实地震存在差异，很难真实反映结构的非线性特性，从而限制了该方法的广泛应用。

(2) 离心机试验则是通过高速度旋转来增加模型重力，让模型与原型具有相同的自重应力，使得模型与原型产生相似的变形和破坏，主要用于土体液化、桩基等地下结构的试验研究。

(3) 振动台试验是一种通过输入地震台网所记录地震波激励手段，可以真实再现结构动力灾变响应过程，能够实现多方向、多维度和非同步等多种形式地震激励的输入，可以让人们直观认识地震对地下结构产生的破坏现象，已被世界各国广泛应用于各类地下结构抗震试验中，是目前研究结构抗震性能最直接和最有效的试验方法[195]。现代地震振动台最早源于美国，20 世纪 60 年代由加利福尼亚大学伯克利分校太平洋地震工程研究中心(Pacific Earthquake Engineering Research Center，PEER)研制了世界第一座三向六自由度模拟地震振动台，台面尺寸为 6.1 m×6.1 m，最大承载为 45.35 t。我国 20 世纪 80 年代在同济大学朱伯龙教授推动下建造了国内第一座振动台，此后迅速在全国各大科研院所掀起了建造热潮。目前，世界各国已利用地震模拟振动台就地铁车站[196-198]、山岭隧道[199-201]、沉管隧道[202, 203]、地下中柱[204-207]、地下洞室[208]等地下结构开展了大量抗震试验研究，也取得了较为丰硕的成果，但关于地下矿山采空区的振动台试验研究，仅日本学者 Aydan[174]在 2003 年开展过简化的小型采空区振动台模型试验[174]，此后一直处于停滞状态，未有新的研究见于报端。

3. 理论分析法

理论分析法是基于原型观测和模型试验研究结果，以具体工程为背景，结合地震反应特点，考虑工程重要因素，合理假定和简化研究问题，是一种可以快速获得相对合理结论的理论计算方法，研究结果可以很好地补充原型观测和模型试验的不足。该方法因分类标准不同而略显庞杂，主要分为解析解法、数值解法、实用抗震分析法 3 大类[190]，每一大类根据考虑的因素、采用的理论及应用方法的不同，又可以分为多个小类。在地铁车站研究方面，曹炳政等[209]利用复反应分析方法研究了日本神户地震中大开车站地震破坏机理，研究表明水平和竖直地震动在中柱产生了较大的内力，是整个地下结构破坏的主要根源；刘如山等[210]建立了地铁车站土-结构二维平面应变有限元分析模型，模拟了地震破坏过程，研究发现中柱是整个结构体系中最薄弱的部位，水平地震动是造成破坏的主要原因，竖直地震动加速了中柱的破坏。汪国良[211]基于反应位移法研究了地铁站单柱段和三柱段的地震动力特性，发现地震作用在侧墙与顶底板交接部位的弯矩和剪力比较大；杜修力等[212]通过近场非线性波动模拟数值分析方法研究了大开地铁地下结构的地震破坏机理和失效模式，研究认为中柱和侧墙是地下结构的关键竖向承载构件，竖向地震动是影响整个结构破坏的关键因素，原因是它显著改变中柱的轴压比。庄海洋等[213]、蒋录珍等[214]及杜修力等[215]利用 ABAQUS 有限元软件，吕高峰和孙星亮[216]、杜兴华[217]及孟益平等[218]利用 ANSYS 有限元软件，陶连金等[219]利用 $FLAC^{3D}$ 有限差分软件针对日本大开地铁车站的震害现象、地震响应、变形规律及震损机理等开展了一系列数值模拟研究。

地下采空区实际上是众多极其不规则的大型地下洞室(或厂房)的集合体，大型地下洞室的地震动力研究对分析地下采空区的变形、损伤及破坏具有重要借鉴作用。近年来，学术界和工程界已对地下洞室和厂房在变形损伤破坏和动力响应失稳方面进行了广泛的数值模拟研究，李海波等[80]利用 $FLAC^{3D}$ 有限差分软件研究了地震动荷载作用下地下岩体洞室埋深、形状、地应力对位移特征的影响；隋斌等[220]利用 $FLAC^{3D}$ 有限差分软件模拟了地下洞室群围岩的地震动力响应，对围岩应力场、位移场及能量耗散进行了分析；赵宝友等[221]基于损伤力学推导出了适合地震荷载作用下地下洞室结构动力时程非线性分析的 ABAQUS 损伤塑性模型；张志国等[222]开发了能够再现地下洞室地震灾变过程的三维动力有限元数值模拟系统；张雨霆等[92]通过 FLAC^{3D} 有限差分软件开展了汶川地震期间映秀湾地下厂房的动力响应分析，大致解释了实际震害调查中的震损现象；杨阳[223]围绕水电站地下厂房围岩与结构地震响应科学问题，开发了动力三维有限元程序，研究了厂房结构震损特性，并提出了相应的减震理念。上述三种研究方法都可以从各自优势方面来获取地下结构抗震性能，相互取长补短，互相验证结果。事实上，协同研究地下结构地震灾变特性，方能构建更为稳定的地下空间。

综上所述，尽管国内外专家学者已对地下结构抗震性能开展了大量的试验和理论研究工作，也取得了丰硕的成果。然而，矿山采空区结构体系作为典型的地下结构体，受专业学科的限制和传统观念的影响，目前在地震作用下的动力响应与震损演化的动力灾害研究还十分缺乏，与全球矿业高速发展的步伐严重不协调，为矿山安全生产埋下了潜在的隐患。因此，非常有必要从模型试验和数值模拟两方面系统地研究地震作用下地下采空区结构体系的动力响应特征和震损演化规律，模拟地下采空区地震动力灾变过程，揭示采空区动力震损灾变机理，有效识别抗震薄弱构件，为矿业安全持续发展保驾护航。

1.4 研究内容与方法

1.4.1 研究内容

通过广泛查阅和梳理国内外研究文献，系统总结和归纳前人研究成果，本书针对“地震作用下地下采空区结构体系动力响应、震损灾变及应力场演化”这一关键科学问题，采用物理模型试验和数值模拟相结合的研究方法，利用国际先进的多功能地震模拟振动台试验系统，结合加速度、声发射(AE)和数字散斑(DIC)等无损检测技术和 FLAC^{3D} 有限差分数值模拟软件开展了一系列试验、理论和模拟研究，主要研究内容如下所述。

1. 地震作用下矿柱体系动力响应特征研究

对比分析不同工况水平地震动和水平-竖直耦合地震动作用下矿柱体系顶底端位置的加速度变化规律，探讨竖直地震动分量对矿柱动力响应的影响，模拟地下矿柱地震动力失稳灾变过程，进而揭示地下矿柱体系的地震动力响应特征。

2. 地震作用下矿柱体系震损演化规律研究

通过研究不同工况下矿柱顶底部位的变形、矿柱表面 DIC 应变场及各矿柱内部损伤声发射(AE)特性，“由点到面、由表及里”分析矿柱损伤变形演化规律，结合震后矿柱损伤破坏形态识别出矿柱体系易损关键构件和薄弱部位。

3. 地震作用下采空区围岩动力响应与变形震损研究

通过分析顶底板和边墙围岩部位的加速度响应规律，研究不同工况下地下采空区围岩动力响应特征，模拟地下采空区围岩体地震动力失稳灾变过程；并分析各部位不同工况下的动力变形特性，探明地下采空区围岩体系地震易损部位，最终绘制出采空区围岩体系震害空间分布图。

4. 地下采空区体系地震动力特性数值模拟研究

利用 $FLAC^{3D}$ 有限差分软件对采空区振动台试验开展 1：1 的数值模拟，验证模型试验结果的可靠性。通过分析不同工况下采空区应力场演化规律，揭示采空区各结构体系应力迁移致灾机制，并探讨分析不同埋深对地下采空区结构体系的地震动力特性的影响，确定地下采空区结构体系地震灾变临界埋深。

1.4.2　研究方法

针对上述研究内容，本书以地震作用下地下采空区结构体系动力响应和震损灾变为研究主线，以采空区内矿柱和围岩承灾体的地震动力响应、动力破坏特性和震损演化机理为研究目标，遵循由整体到局部、由现象到本质、由试验到模拟的研究原则，采用物理模型试验和数值模拟分析相结合的研究方法，重点研究不同地震工况下矿柱体系和围岩体系的动力响应特征、累积损伤效应、震损变形特性、震害形态分布及应力场演化规律，从而揭示地下矿山地震动力致灾机理，助力矿业安全可持续发展。

第 2 章　基于地震模拟振动台的采空区相似试验设计

2.1　引言

地震模拟振动台试验是通过输入由地震台网监测到的真实地震波或人工合成波来激励固定在振动台面上结构的反应，进而模拟地震动力过程，是实验室研究各类结构地震反应和破坏机理最直接和最有效的方法[224]。当然，地震模拟振动台试验是一项极其复杂的精细工作，整个过程需要系统设计和循序开展。试验前各项准备工作至关重要，各个细节直接决定着模型试验的成败。因此，本章系统地介绍采空区模型设计、相似关系构建、相似材料配比、相似模型浇筑、模型边界处理、测试系统与测试元件布置、试验加载方案及数据采集和处理等工作。

2.2　模型几何尺寸设计

本书中地下采空区地震相似模型试验是基于我国西(南)高烈度地震区某地下 100 m 处采用房柱法开采的金属矿山现状，构建出采后留设多矿柱的三维采空区相似模型系统。根据地下矿山开采设计要求[225-227]，首先选取矿房宽度为 20 m 和长度为 42 m 的地下采空区系统作为研究对象。

同时，考虑到试验设备的局限性和模型制作的复杂性，分别对实际采空区形态、采空区内矿柱尺寸大小以及采空区结构体的赋存环境(如高温条件、地下水等)进行部分简化，在所选采空区内对称布设了 8 根高 8 m 和宽 3 m 的正方体点柱，相邻两根矿柱净间距为 6 m，采空区顶底板厚度分别设置为 6 m 和 3 m。为了反映出 100 m 深的实际垂直应力状态，上覆岩层平均容重取 27 kN/m^3，矿柱轴向应力为 2.7 MPa，除顶板材料的自重外，上覆岩层的自重还通过堆放大量的铅块来满足负重。根据相似理论，综合考虑试验平台边界效应影响、模型的可操作性、试验经费以及时间等因素，本试验采用相似材料缩尺模型，几何缩尺比为 1∶20(模型∶原型)，试验实际模型尺寸及布局如图 2-1 所示。整个采空区结构体(矿柱、顶底板和围岩体)均采用提前配置好的相似材料一体浇筑，模型外侧用模型箱来模拟半无限自由应力场，整个采空区模型通过 C40 混凝土基座固定在多功能地震模拟振动台面。采空区地震模拟振动台相似试验示意图如图 2-2 所示。

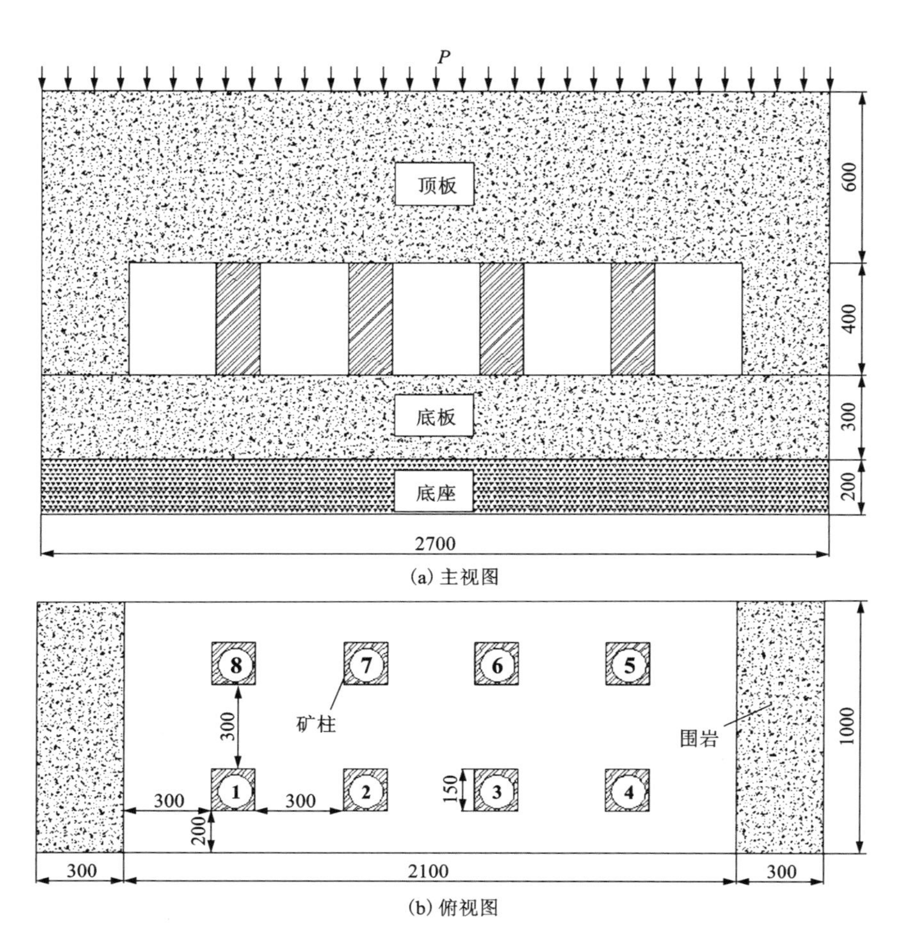

图 2-1　相似模型平面分布图(单位：mm)

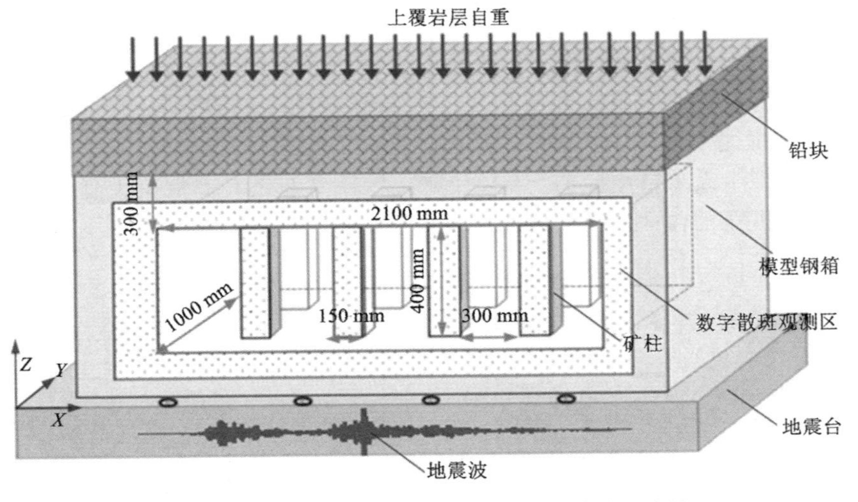

图 2-2　地下采空区地震模拟相似模型试验示意图

2.3　振动台试验相似关系构建

相似模型试验基于相似理论设计出能够反映原型结构相似工作状态的缩尺模型结构，它具有原型的部分或全部特征[228]。设计的核心是如何按照相似理论构建模型与原型之间各相似常数的相似关系，具体的相似模型设计中往往涉及几何相似、材料相似、荷载相似（动力与静力）、质量相似、刚度相似、时间相似及边界条件相似等[229, 230]。相似试验模型主要分为定性模型和定量模型两种类别，前者通过试验定性推测原型中发现现象的机理，后者则需要尽量满足主要的相似常数。

通常，模型结构与原型结构之间的相似关系（即相似条件）通常由方程式分析法和量纲分析法来确定。当研究对象的规律尚未掌握，整个系统还比较复杂，模型与原型二者之间的相似关系无法通过明确函数关系式确定时，一般采用量纲分析法来确定相似关系。量纲分析法的使用一般需要遵循两个相似定律，即第一相似定律和第二相似定律（Buckingham π 相似定律）。

2.3.1　第一相似定律

在模型试验中，当原型与模型在弹性变形范围内的力学物理量相似，可将原型系统记为 m，模型记为 p，用 q_{im} 表示原型系统 m 中的第 i 个物理量，用 q_{ip} 表示与其相似模型系统 p 中对应物理量，则二者之比定义为相似常数，记为 C_i：

$$C_i = \frac{q_{ip}}{q_{im}} \tag{2-1}$$

通过式(2-1)可以将两个系统中对应物理量进行相互变换。

2.3.2　Buckingham π 相似定律

Buckingham π 相似定律是指任何一个物理过程，包含 n 个物理量，涉及 m 个独立的基本因次，则这个物理过程可由($n-m$)个无因次量所表达的关系式来描述[231]。可以说，如果一个关系式 $f(q_1, q_2, q_3, \cdots, q_n)=0$ 具有 n 个物理量，k 个独立的基本量纲，则该关系式可以转化为具有($n-k$)个无量纲 π 项的关系式 $F(\pi_1, \pi_2, \pi_3, \cdots, \pi_{n-k})=0$，在不知道关系式 f 和 F 的具体函数表达式的情况下，可以通过 k 个相似系数的乘幂推算出来，进而解释任何相似物理现象的关系。这就是著名的 Buckingham π 相似定理，通常又称为第二相似定律，k 个物理量也称为相似控制量。

2.3.3　振动台试验相似设计方法

量纲(或因次)是在研究物理量的数量关系时产生的，用于量测物理量时所采用单位的性质，各物理量之间的量纲关系实际满足的是一种量纲协调[232, 233]。量纲分析法确定相似条件时的步骤可以总结为：

(1)列出与研究对象的物理过程有关的物理参数；

(2)根据相似定律让模型与原型参数相等，得到模型设计的相似条件；

(3)遵循量纲协调原理，确定所研究各物理量的相似常数。

同时，在模拟地震振动台试验相似设计时，除要考虑基本量长度 L 和力 F 之外，还需要考虑时间 t 这个基本量，因为作用于结构上的主要荷载是结构的惯性力。

$$m[\ddot{x}(t) + \ddot{x}_g(t)] + c\dot{x}(t) + kx(t) = 0 \tag{2-2}$$

公式(2-2)为结构动力学基本方程。在动力学问题中通常要模拟惯性力、阻尼力和恢复力，因此对模型材料的弹性模量和密度也要求较为严格，各动力方程物理量的相似关系需要满足方程：

$$S_m(S_{\ddot{x}} + S_{\ddot{x}_g}) + S_C S_{\dot{x}} + S_k S_x = 0 \tag{2-3}$$

由弹性模量、密度、长度、加速度相似常数表达式(2-2)，可以推导出：

$$S_\rho S_l^3(S_E + S_a) + S_E\sqrt{\frac{S_l^3}{S_a}}\sqrt{S_l S_a} + S_E S_l^2 = 0 \tag{2-4}$$

$$\frac{S_E}{S_\rho S_a S_l}=1 \tag{2-5}$$

公式(2-5)为振动台试验相似设计基本方程式，各物理量相似常数需要满足的相似要求。

因此，振动台试验相似设计的基本方法是：

(1)确定式(2-5)中的 3 个可控变量；

(2)求出满足动力试验要求的第 4 个相似常数；

(3)校验由主控相似常数设计模型是否满足试验条件；

(4)利用似量纲分析法推演出其余全部的相似常数。

综上可知，模拟地震振动台模型试验相似设计流程可表述如图 2-3 所示。

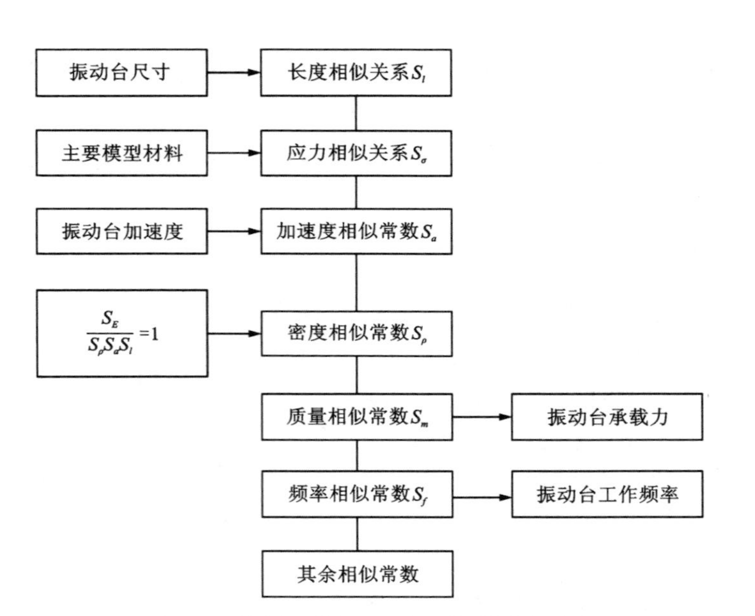

图 2-3　模拟地震振动台模型相似设计流程

根据量纲分析法，本次模型设计首先选取 3 个物理量(长度、荷载和加速度)的量纲作为基本量纲，其余物理量的量纲则通过第一相似定律和第二相似定律(Buckingham π 相似定律)使得模型与原型的 π 数相等，最终确定各物理量的相似常数。考虑到振动台尺寸和原模型的大小，长度相似关系取 1/20。同时，由于振动台最大负重不得高于 30 t，结合模拟结构模型自重和上部覆岩所需自重，应力相似关系取 1/20；试验的最终目的是保证结构体产生宏观破坏，则取加速度相似关系为 3/2。根据相似设计基本方程，得出密度相似关系为 2/3。通过量纲计算，得出其他参数的相似关系比，如表 2-1 所示。

表 2-1　模型试验相似关系及相似比

类型	物理量	量纲	符号及相似关系	相似比
几何性能	长度 l	L	C_l	1/20
	面积 A	L^2	$C_A=C_l^2$	$1/(20^2)$
	惯性矩 I	L^4	$C_I=C_l^4$	$1/(20^4)$
	截面抵抗矩 W	L^3	$C_W=C_l^3$	$1/(20^3)$
载荷性能	集中荷载 F	F	$C_F=C_EC_l^2$	$1/(20\times20^2)$
	线荷载 q	FL^{-1}	$C_q=C_EC_l$	1/(400)
	面荷载 p	FL^{-2}	$C_p=C_E$	1/20
	力矩 M	FL	$C_M=C_EC_l^3$	$1/(20^4)$
材料性能	弹性模量 E	$FT^{-2}L^{-1}$	$C_E=1/20$	1/20
	密度 ρ	FL^{-3}	$C_\rho=2/3$	2/3
	重度 γ	$FT^{-2}L^{-2}$	$C_\gamma=C_aC_\rho$	1
	应力 σ	FL^{-2}	$C_\sigma=C_E$	1/20
	应变 ε	—	$C_\varepsilon=1$	1
	泊松比 μ	—	$C_\mu=1$	1
	黏聚力 c	FL^{-2}	$C_c=C_E$	1/20
	内摩擦角 φ	—	$C_\varphi=1$	1
动力性能	时间 t	T	$C_t=1/\sqrt{C_a/C_l}$	$1/\sqrt{30}$
	频率 f	T^{-1}	$C_f=C_t^{-1}$	$\sqrt{30}$
	速度 v	LT^{-1}	$C_v=C_l/C_t$	$\sqrt{30}/20$
	加速度 a	LT^{-2}	$C_a=3/2$	3/2
	线位移 x	L	$C_x=C_l$	1/20
	角位移 θ	—	$C_\theta=1$	1

2.4 相似试验模型设计及制作

2.4.1 相似材料选择及配比

在相似模型试验中，相似材料的合理选择、配比及浇筑对试验成功与否起着至关重要的作用，它决定着模拟真实岩体力学性质的精准性和试验操作的实用性[234-236]。在相似模型试验中，相似材料的选择需要满足以下几点原则[237, 238]：

(1)均质性、各向同性及连续性，即模型材料的主要力学特性与原型结构相似，满足一定的相似准则；

(2)试验过程中模拟材料的物理性能具有良好的稳定性，不易受外界温度、湿度和时间等条件影响；

(3)通过改变某个材料的配比，调整模拟材料的某些性质，以适应相似关系；

(4)模型表面易安装测试元件，且具有尽量低的弹性模量，以保证测试仪器有足够的读数，可以测出模型发生的变形；

(5)制作方便，凝固时间短，成型容易，且成型后不易收缩变形；

(6)成本低廉，取材方便，符合经济实用原则。

通常，地下脆性岩体相似材料应该具备高容重、低强度和低弹模等基本特点，但自然界没有绝对理想的材料，必须通过人工方法将几种材料组合配制得到，组成原料分为骨料和胶结材料两类，骨料主要有河砂、石英砂、尾砂、黏土、木屑、云母粉、铁粉、铝粉和硅藻土等；胶结材料主要有石膏粉、水泥、石灰、树脂和石蜡等。

本次相似模型试验所模拟的材质为石灰岩，根据前文所确定的材料性能相似关系常数，利用正交试验和二次细化试验组合试验方法，对岩体相似材料进行了大量不同组合配比室内试验筛选，最终选用三种不同粒径的纯净石英砂为骨料，石膏粉、超细水泥和粉煤灰共同为胶结材料。其中，石英砂的三种目数范围分别为26~40目、40~70目和70~120目，水泥为K700型超细硅酸盐水泥。试验最终确定的水灰比为4：1，骨胶比为5：1，具体配比方案如表2-2所示。在相似材料配比过程中，将相似材料试块制作成70.7 mm×70.7 mm×70.7 mm的立方体，在相对湿度为90%和温度为22℃的恒温箱中养护28天后，测定其基本物理力学参数，原型岩体材料和相似材料的基本力学参数如表2-3所示。利用粗、细颗粒混合石英砂和石膏等胶结材料配制成的相似材料结构致密、空隙较小、脆性较好，与所模拟岩石性质相近，可以满足试验要求。相似材料的称量、配比、脱模、养护和测试等过程如图2-4和图2-5所示。

表 2-2　相似材料配比方案　　单位：%

超细水泥	石英石			石膏粉	粉煤灰	水
	26~40 目	40~70 目	70~120 目			
10. 53	11. 11	22. 22	33. 33	0. 15	2. 66	20

表 2-3　相似材料基本力学参数

材料类型	压缩强度/MPa	拉伸强度/MPa	密度/(kg · m^{-3})	弹性模量/GPa	泊松比
原型岩石	80. 6	8. 37	2712	26. 95	0. 28
相似材料	4. 12	0. 42	1812	1. 13	0. 31

图 2-4　相似材料配比和养护过程

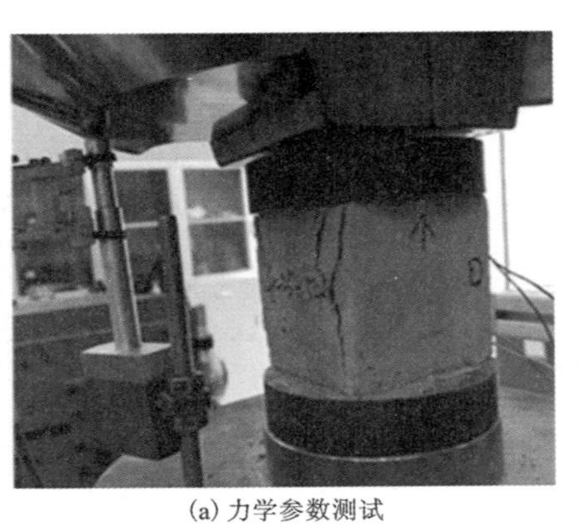
(a) 力学参数测试

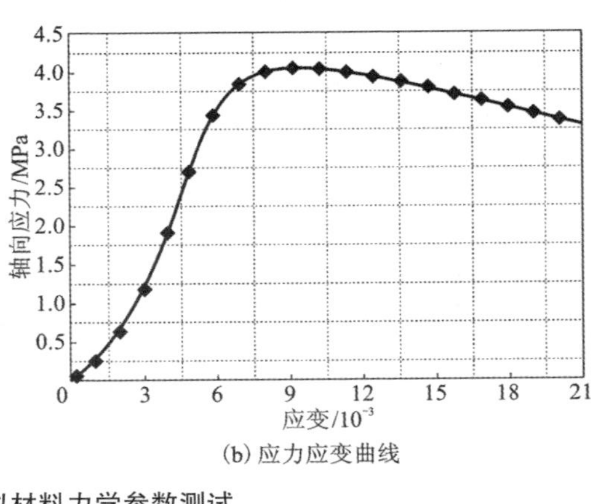

(b) 应力应变曲线

图 2-5　相似材料力学参数测试

2.4.2　采空区试验模型制作

根据拟模拟地下矿柱-围岩结构体系的设计方案，整体试验模型分为两个部分：主体模型和固定基座。主体模型是试验研究的核心对象，固定基座是连接主体模型和固定整个模型的底座。首先，结合主体模型尺寸，采用螺纹钢焊接基座钢筋框架。其次，在两侧对称预留 18 个固定模型的钢管孔，并采用 C40 混凝土浇筑，完成钢筋混凝土基座制作，洒水养护 7 天后拆模，如图 2-6 所示。

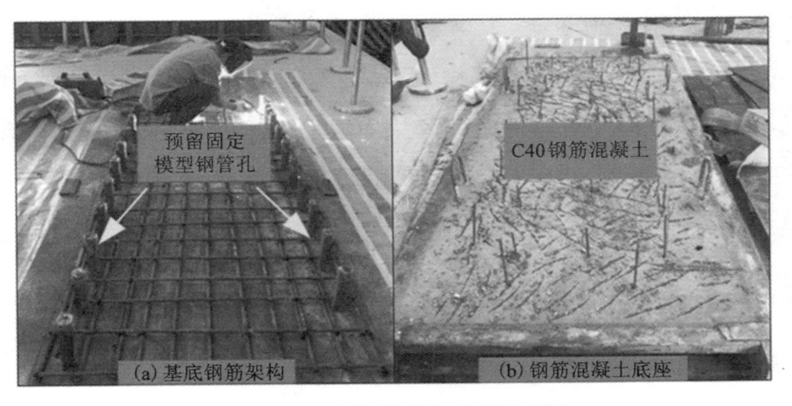

(a) 基底钢筋架构　(b) 钢筋混凝土底座

图 2-6　预制钢筋混凝土固定基座

为了保证整体模型的各部分材质均匀，避免夯压方式[239, 240]和砌筑方式[241, 242]造成局部受力不均和模型存在纵横结构面等问题，本次模型制作采用一体浇筑方式制作模型，一方面可以使模型制作变得简化，另一方面节约时间，提升试验效率。首先，根据主体模型尺寸采用木材制作各结构体（上部顶板、矿柱及边墙）一体贯通的模具箱，如图 2-7 所示。为了防止材料浇筑过程模具受压向外鼓出导致模型变形，通过在模具两侧中间增加受力钢筋和外部四周设置受力斜撑确保其稳定性。其次，按照相似材料配置比例称量好石英砂、膏粉、超细水泥和粉煤灰依次加入搅拌机里，待混合料充分搅拌均匀后，再将称量好的水在搅拌机转动过程中加入，充分搅拌后，快速将混合料浇筑模具中。在模型浇筑过程中，采用多个搅拌机同时搅拌供料，并利用震动机对浇筑材料进行不间断地振动搅拌，保证短时间完成浇筑和混合料密实结合。

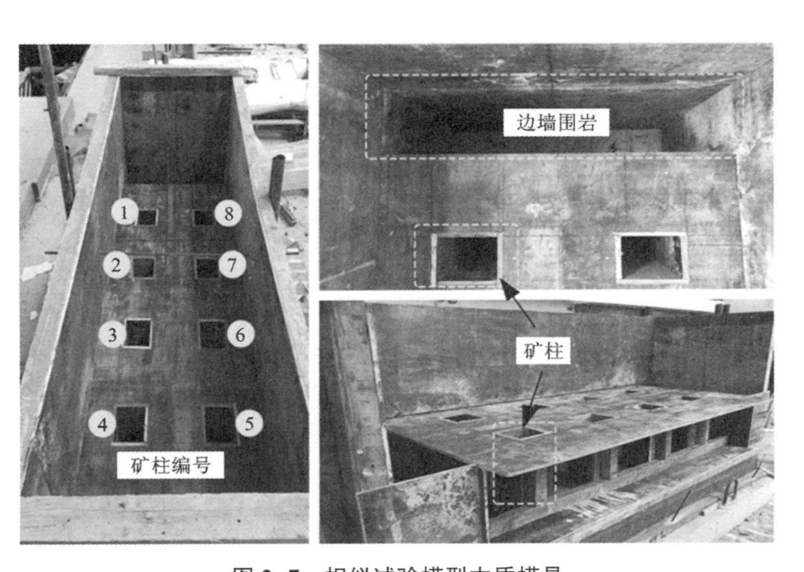

图 2-7　相似试验模型木质模具

模型浇筑完成后，每天早中晚洒水 3 次进行养护；连续养护 7 天后，将模型外侧拆除，每隔 3 小时对外露模型进行全面洒水养护 1 次；同样连续养护 7 天后，利用切割机采用多次分割的方式，对采空区内部结构体的模具分区分步骤进行拆除；再连续 7 天对采空区内侧和矿柱进行喷水养护；最后在空气中风干 7 天，准备吊装至振动台，开始试验。整个浇筑、养护及拆模过程如图 2-8 所示。

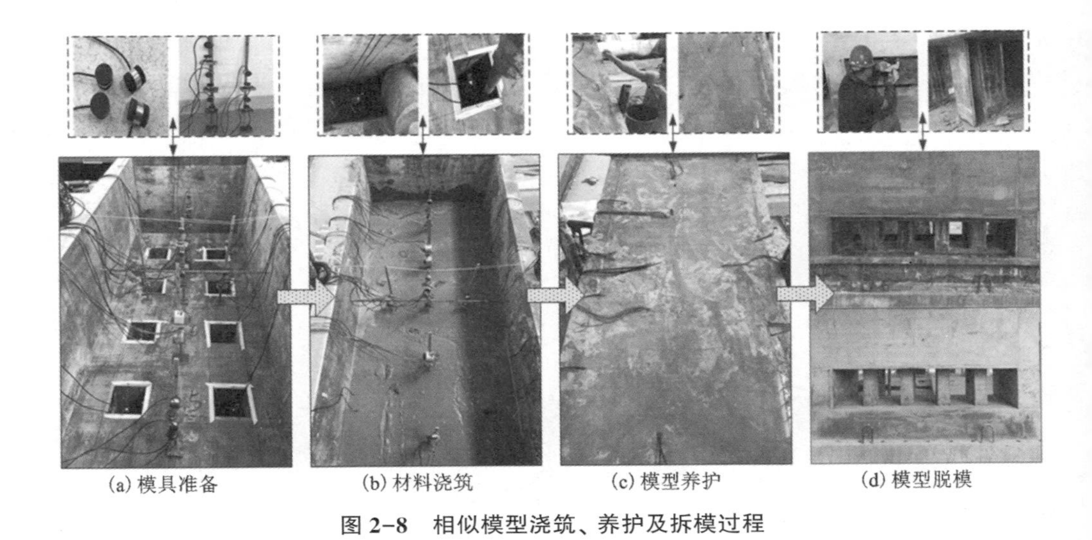

图 2-8　相似模型浇筑、养护及拆模过程

2.5　振动台系统与测试元件

2.5.1　振动台系统及测试元件介绍

本次地下矿柱-围岩结构体地震模拟破坏试验由隶属于中南大学高速铁路建造技术国家工程实验室的高速铁路多功能振动台试验系统完成。高速铁路多功能振动台试验系统由 1 个 4 m×4 m 6 自由度固定台和 3 个 4 m×4 m 6 自由度移动台所组成，4 个振动台均建在同一直线上，可独立使用，也可组成多种间距台阵，单个振动台具有 3 向 6 自由度、大行程和宽频带等特点，台阵模型示意图如图 2-9 所示。振动台主要通过水平作动器、竖向作动器及操作控制系统 3 部分联合驱动，可分别开展单台和多台阵单点一致或多点非一致地震激励输入模拟试验。本次试验由固定 A 台完成。多功能振动台试验系统的基本组成部分如图 2-10 所示。

每个振动台的最大承重为 30 t，具有 X、Y 和 Z 3 个方向 6 个自由度的运动特点，工作频率范围为 0.1~50 Hz，最大抗倾覆力矩为 30 t · m，X 和 Y 方向的最大可移动位移为 250 mm，满载加速度为 0.8 g；Z 方向的最大可移动位移为 160 mm，满载加速度为 1.6 g，多功能振动台系统的基本性能指标如表 2-4 所示。

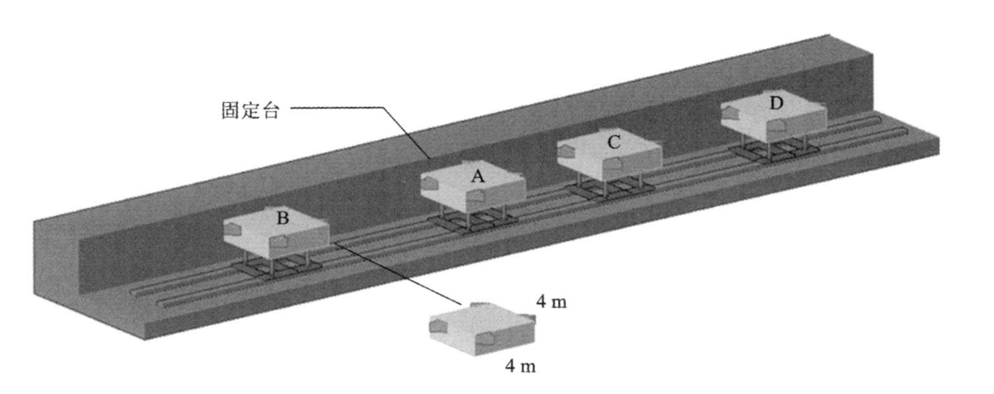

图 2-9　多功能振动台试验系统台阵示意图

(a) 台面尺寸　(b) 作动器　(c) 动力系统　(d) 控制系统

图 2-10　多功能振动台试验系统台阵示意图

表 2-4　多功能振动台基本技术指标

项目名称	技术指标	
	A 台(固定台)	A、B、C 台(移动台)
台面尺寸(长×宽)/m×m	4×4	4×4
自由度数目	3 向 6 自由度	3 向 6 自由度
台联动自由度	24 自由联动	

续表2-4

项目名称		技术指标	
		A 台(固定台)	A、B、C 台(移动台)
双台间距/m		6~25	
最大承重/t		30	
最大位移和加速度	X 向	250 mm, ±0.8 g(满载)	
	Y 向	250 mm, ±0.8 g(满载)	
	Z 向	160 mm, ±1.6 g(满载)	
正弦波振动速度/(mm · s^{-1})		750	
最大地震峰值速度/(mm · s^{-1})		1000	
最大倾覆力矩/(t · m^{-1})		30	
最大偏心力矩/(t · m^{-1})		20	
工作频率范围/Hz		0.1~50	

本次试验数据采集工作由德国 IMC 集成测控有限公司生产的 128 通道 C 系列数据采集系统完成，该系统可采集包括加速度、应变、位移等多种类型数据。同时，辅助利用美国物理声学公司(PAC)生产的 PCI-2 型多通道声发射系统对各矿柱实时产生的声发射数据进行采集。同时，采用美国 CSI 公司(Corrected Solutions, Inc.)生产的 Vic-2D/3D 非接触应变测量系统对前排 4 根矿柱及围岩表面全视野的数字散斑图像进行实时采集，试验结束后利用该系统关于图像相关性运算法则获得位移及应变图像(数据)。

本次地震模拟振动台试验主要对采空区系统内包括矿柱、顶板和围岩等结构体的不同位置的动力加速度、应变值、位移值、声发射、DIC 图像等信息进行采集。试验过程中采用的数据采集系统主要有 IMC-CL5012 型多功能动态信号测试系统、PCI-2 型多通道声发射系统及 Vic-2D/3D 非接触应变测量系统。采用的测试元件主要包括 B-32VDC 单向加速度传感器、BX120-100AA 箔式电阻应变片、Nano30 声发射传感器等。试验所用测试系统和测试元件如图 2-11 所示。

2.5.2 测试系统与测试元件布置

本次试验主要是研究地下采空区结构体在不同工况下的动力响应和损伤变形行为，试验过程中对采空区结构体的主要部位安装(制作)了电阻应变片、加速度计、声发射传感器及数字散斑区等测试元件(区域)进行应变、加速度和声发射数据(图像)采集。试验对部分测试元件(区域)采用“对称减半”的原则进行各类测

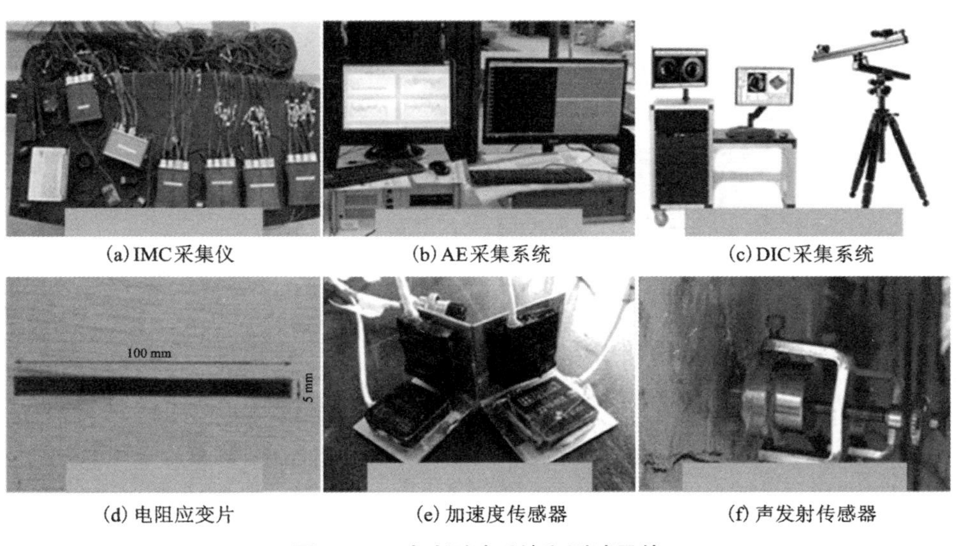

图 2-11　试验测试系统和测试元件

点(区)布置，详细布置方案如下：

(1)分别在每根矿柱上端和下端位置竖向各粘贴 1 片 BX120-100AA 箔式电阻应变片、在采空区顶板中轴线不同位置沿 X 水平方向布置电阻应变片以及在右边墙中部位置竖向不同位置布置应变片，主要用来测试水平方向(X 向)地震激励下各位置的拉伸应变，用字母 S 代表应变片。

(2)在每个矿柱的中间部位各布置 1 个 Nano30 声发射传感器，用于测试每根矿柱受震损伤产生的声发射信号，用字母 E 代表声发射传感器。

(3)对前排的 1#和 2#矿柱以及后排的 5#和 6#矿柱的上端和下端各安装 1 个 B-32VDC 单向加速度传感器，用于测试水平 X 向加速度，并在上述矿柱的中部各安装 1 个用于测试竖直 Z 向的加速度传感器。同时，在右边墙中部位置安装 1 个测试竖直 Z 向加速度传感器；在采空区顶板中心位置和顶板左端位置各布置 1 个加速度传感器以及在台面各安装 1 个测试水平 X 向和竖直 Z 向加速度传感器，用字母 A 代表加速度传感器。

(4)对前排的 4 根矿柱和边缘围岩表面首先进行喷射一层白色哑光漆，然后利用黑色油性笔随机制造人工散斑点，用于 DIC 全场变形图像采集。

上述相关测试元件(区域)布置情况和试验现场分别如图 2-12 和图 2-13 所示，为了展示后排矿柱，其中 5#矿柱和 6#矿柱进行了特殊处理。

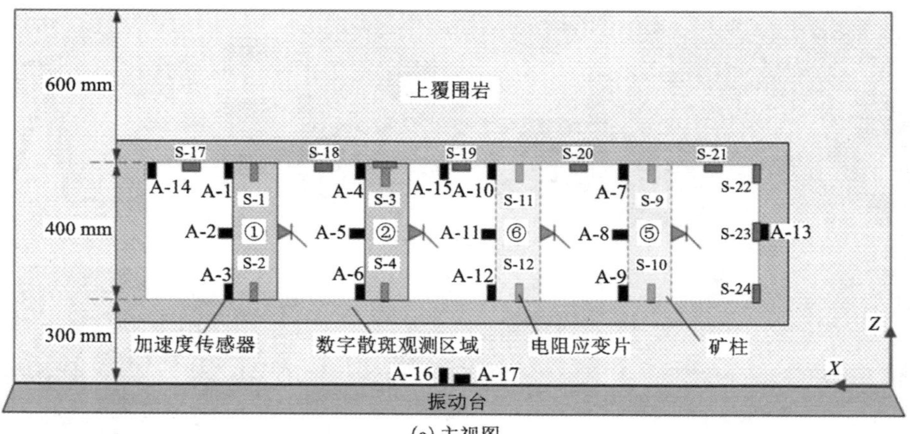

(a) 主视图

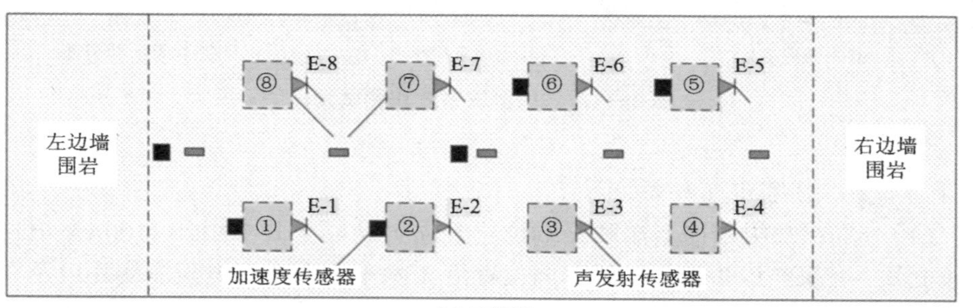

(b) 俯视图

S：电阻应变片　E：声发射传感器

A：加速度传感器（▮：竖直方向 ▬：水平方向 ）

图 2-12　试验监测点传感器布置

2.5.3　模型箱设计及边界处理

首先，在半无限空间地下结构的地震模拟振动台研究中，用于盛装模型材料的模型箱及边界材料对地震激励会形成反射波，致使模型的振动与天然场地震波产生很大差异；其次，在试验过程中，模型与模型箱之间发生摩擦后产生一定的约束作用，从而影响模型的自由变形，即产生“模型箱效应”。因此，模型箱设计与边界处理的合理与否将直接影响试验的准确性和合理性[243]。地震台试验中的模型箱通常具有三方面功能：一是为试验对象提供有限的装载空间；二是将地震波激励传递给试验对象；三是模拟半无限场地周围约束环境。目前，国内外在地下结构振动台试验中根据实际工程通常使用的模型箱有 3 种，即刚性模型箱、柔性模型箱及层状剪切模型箱[244]。地下结构抗震研究中理想模型箱既能够有效消

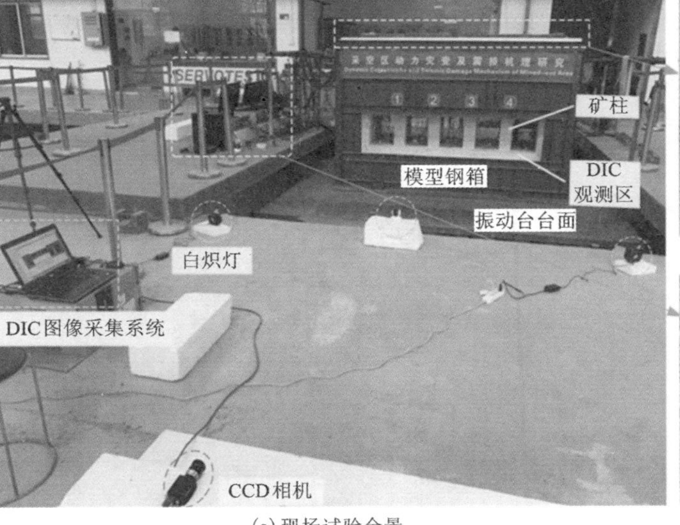

(a) 现场试验全景

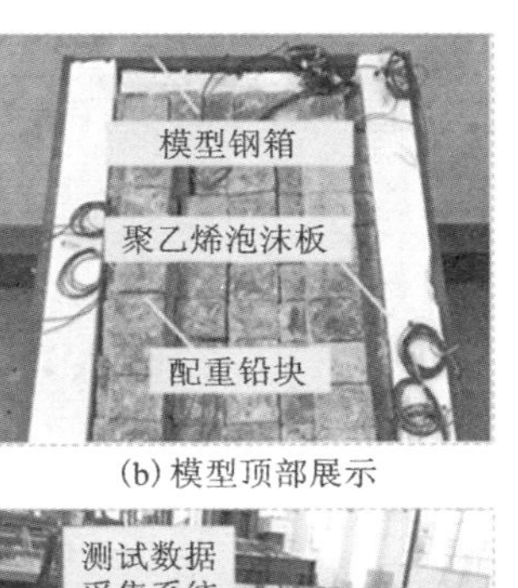

(b) 模型顶部展示

(c) 数据采集系统

图 2-13　相似模型振动台试验现场正面全景图

除边界效应，又能够保证箱体内的模型能够重现半无限空间场的动力响应特性，也就是说，模型箱设计要综合考虑边界效应、动力效应及尺寸效应等原则。

深部地下采空区属于典型的“半无限场空间体”，但又不同于浅部土体结构应力场。本书模拟的采空区场地处于地下 100 m，周围岩土体明显具有很高的强度和刚度，为了保证模型四周具有足够大的刚度，试验中选择了刚性模型箱。同时，为了尽可能减少模型箱对地震波的反射和散射的影响，且要保证采空区结构体在半无限场内产生位移。综合考虑以上各类因素，试验中采用由聚乙烯泡沫板和海绵橡胶共同组成的复合边界层，复合边界层中的泡沫板可以有效减少模型边界效应，而海绵橡胶则可以允许模型发生一定的位移。该复合边界层由 15 cm 的泡沫板和 2. 5 cm 的海绵橡胶组成，由于地震波在聚乙烯泡沫板和海绵橡胶中的传播速度不同，二者的组合设置可以保证地震波在不同界面发生折射与反射，使其能效被充分吸收。在刚性模型箱设计时，在前后两侧各留有一定区域方便对矿柱及围岩进行表面 DIC 图像采集，刚性模型箱和边界处理情况如图 2-14 所示。

图 2-14　模型箱设计及边界处理

2.6　地震波加载方案及数据整理

2.6.1　地震波选择及加载方案

地震波的幅值大小、反应谱和持续时间作为地震动三要素，共同组合描述地震动基本特征。相关震害表明，地震动三要素的组合基本可以揭示结构的稳定性。基于本研究开展的是地下采空区结构体系破坏性探索试验，模型内留设多根矿柱，参考地下结构抗震设计相关规范和建议[64, 88, 208, 245, 246]，试验选取了对地下地铁中柱造成灾难性破坏的典型 1995 年日本神户大地震 Kobe 波作为地震台激励，利用阪神地震神户海洋气象台监测到的水平分量和竖直分量地震动记录，分别开展水平（X 向）单向地震动作用下和水平-竖直（X-Z 向）双向耦合地震动作用下地下采空区结构体系地震模拟振动台试验。模型试验前，对原始地震波按照相似时间比进行压缩，水平方向和竖直方向试验输入加速度时程曲线和相应傅立叶谱如图 2-15 所示。

地震激励输入是通过振动台控制系统将处理后的地震波进行“多次迭代”传递给各个振动台作动器，以此驱动振动台发生振动。本次试验地震波从 0.1 g 开始，一维（X 方向）和二维（X-Z 方向）交替逐级增大输入，且在每个激励等级加载前进行白噪声扫频，测试该阶段模型的固有频率，以此评价结构损伤程度。因此，地震波输入共分为三个阶段，第一阶段：采用不同主频率的正弦波进行粗略扫频，确定模型的固有频率，如图 2-16 所示；第二阶段：在每个等级工况加载前或结束后，利用 0.05 g 小振幅白噪声波对采空区模型进行扫频，进行测试采空区模型系统的整体损伤程度，如图 2-17 所示；第三阶段：利用所确定的主频范围制

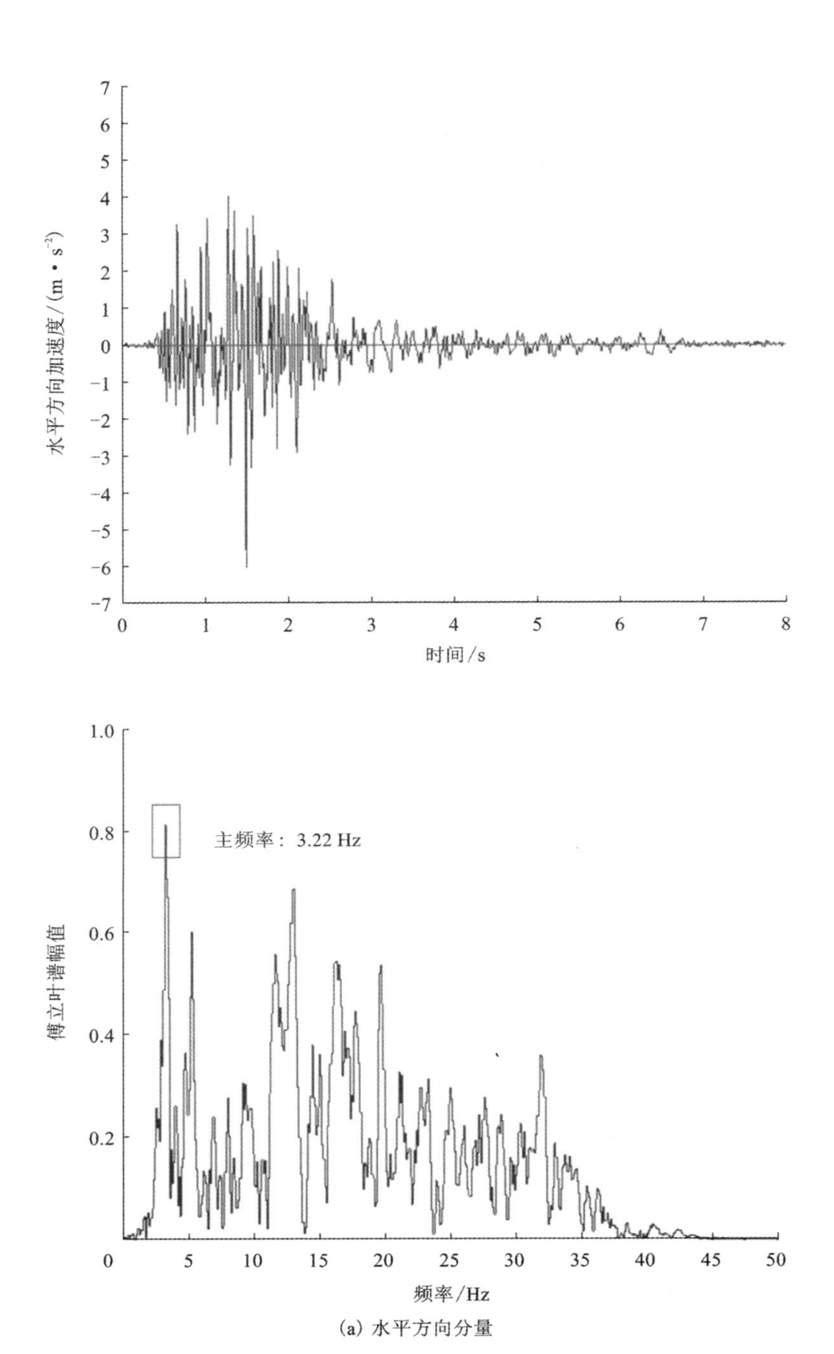

(a) 水平方向分量

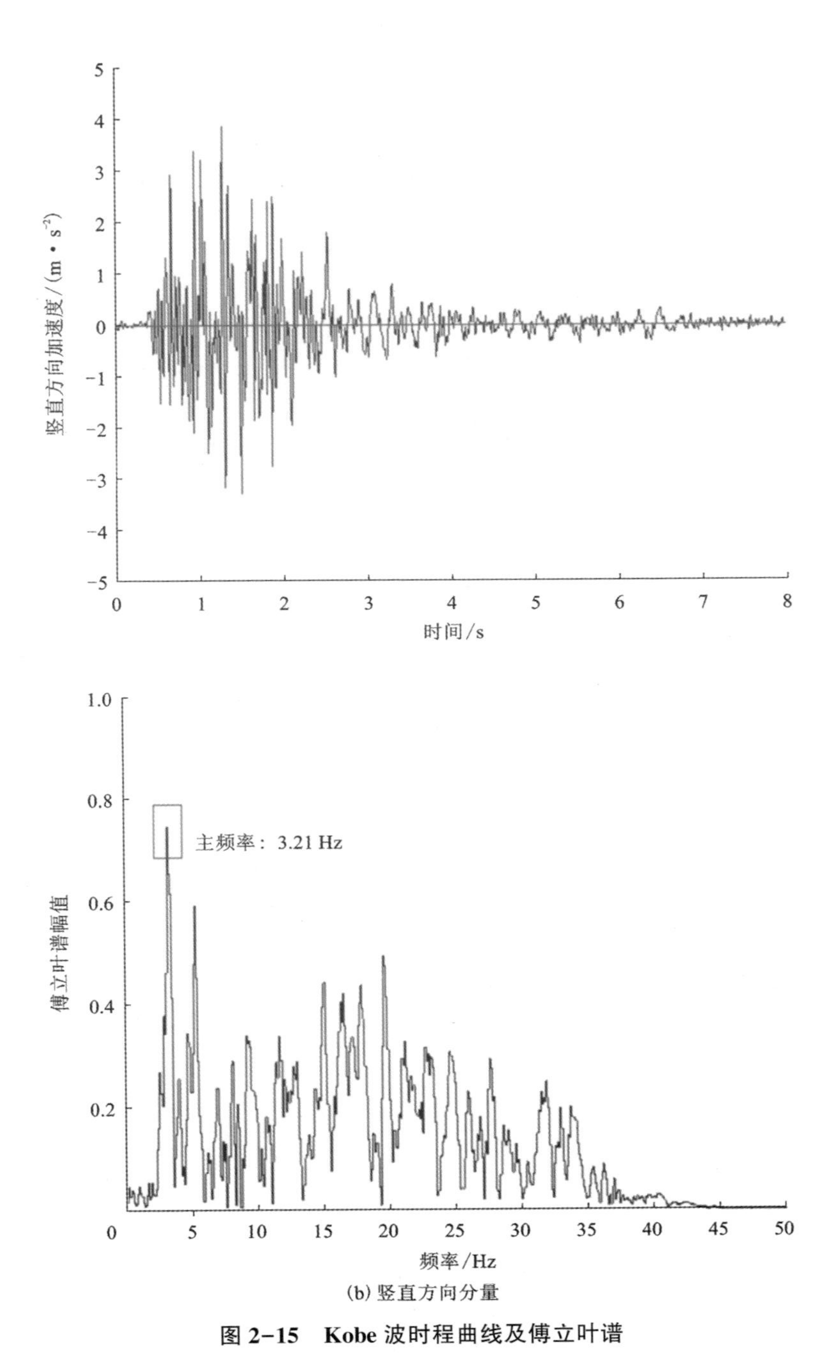

(b) 竖直方向分量

图 2-15　Kobe 波时程曲线及傅立叶谱

作天然地震波加载，分别从一维（X 方向）到二维（$X-Z$ 方向）、由弱到强逐级输入地震波。根据相关统计资料和地震台试验设计推荐[195, 224]，在双向或三向地震激励输入时，不同方向的输入峰值加速度关系需满足 $a_{水平1}:a_{水平2}:a_{竖直}=1:0.85:0.65$ 的关系，因此试验中将竖直加速度的峰值按水平方向峰值的 2/3 调整后加载。地震波激励由模型底部基岩输入，每个等级地震激励又分为两类工况：（1）水平单向激励；（2）水平-竖直双向耦合激励，具体加载方案如表 2-5 和表 2-6 所示。

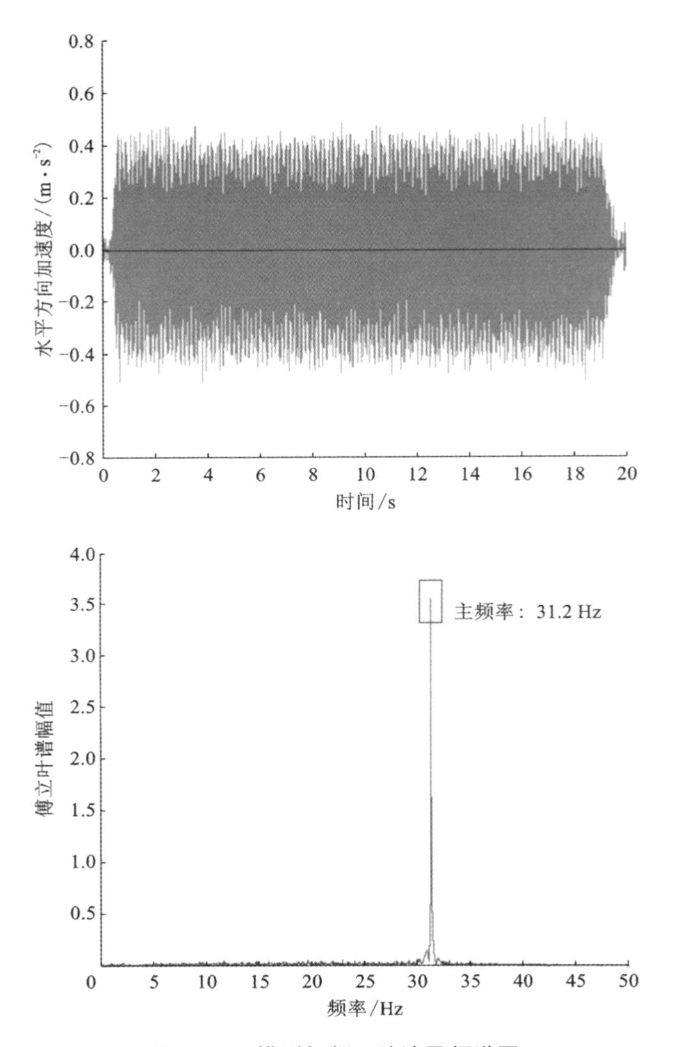

图 2-16　模型扫频正弦波及频谱图

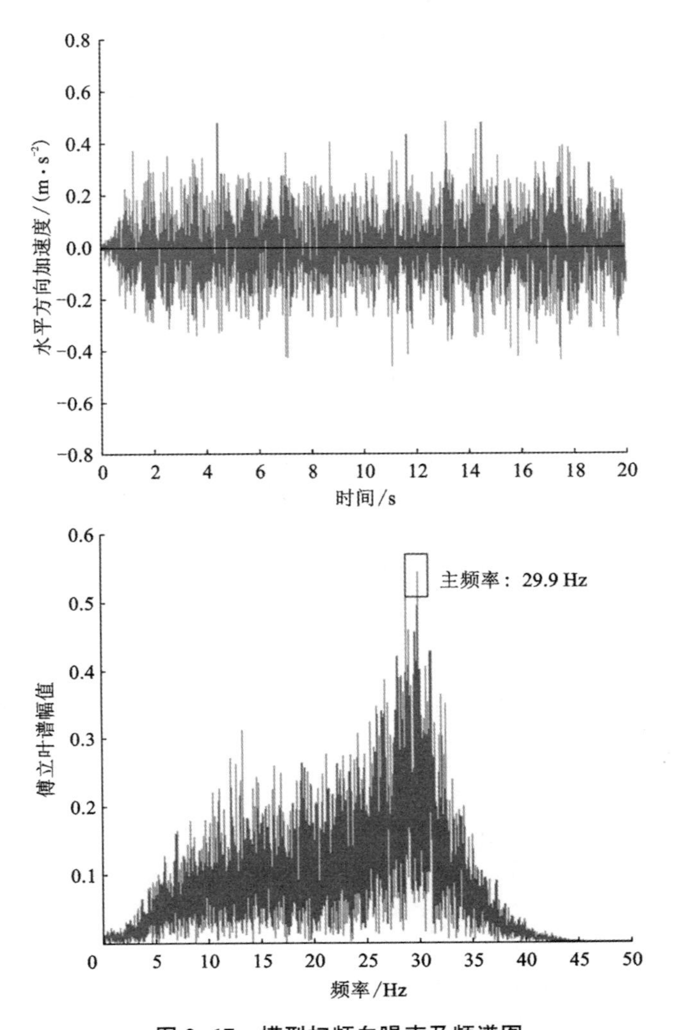

图 2-17　模型扫频白噪声及频谱图

表 2-5　扫频波加载方案

地震波类型	方向	峰值加速度/g			时间压缩比
		X	Y	Z	
正弦波	X-X-Z	0.05	0.0425	0.0325	5.477
白噪声	X-Z	0.05	0.05	0.05	5.477

注：加速度 1 g=9.8 m/s^2，后同。

表 2-6　天然地震波加载方案

地震波类型	方向	峰值加速度/g			时间压缩比
		X	Y	Z	
Kobe-0.1	X	0.1	—	—	5.477
	$X-Z$	0.1	—	0.065	5.477
Kobe-0.2	X	0.2	—	—	5.477
	$X-Z$	0.2	—	0.13	5.477
Kobe-0.3	X	0.3	—	—	5.477
	$X-Z$	0.3	—	0.195	5.477
Kobe-0.4	X	0.4	—	—	5.477
	$X-Z$	0.4	—	0.26	5.477
Kobe-0.5	X	0.5	—	—	5.477
	$X-Z$	0.5	—	0.325	5.477
Kobe-0.6	X	0.6	—	—	5.477
	$X-Z$	0.6	—	0.39	5.477

2.6.2　振动台模型试验流程

本次地下采空区结构体破坏性试验的整个试验流程如下：

(1)按照采空区结构体设计尺寸进行采空区相似模型制作，经过养护后，拆模、吊装及固定在地震振动台上；

(2)将采空区模型箱进行吊装和固定后，对模型边界进行处理；

(3)将各类测试元件布置到设计位置，并开通测试元件进行调试、校准及记录模型初始状态，同时对模型前部 DIC 观测区进行数字散斑制作；

(4)输入正弦波进行扫频确定模型固有频率范围，并输入白噪声开始试验；

(5)输入各工况天然地震波，同步进行数据采集和损伤破坏情况记录；

(6)采空区结构体模型明显出现破坏，终止试验，拆除模型。

本次试验的整个流程如图 2-18 所示。试验过程中模型拆模、吊装、边界处理、配重及试验现场如图 2-19 所示。

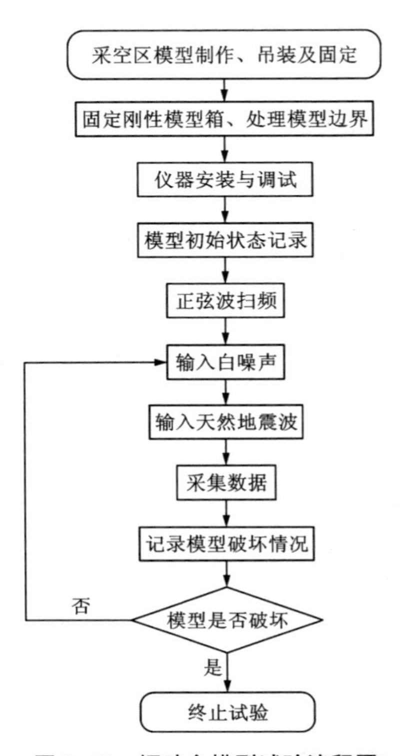

图 2-18　振动台模型试验流程图

2.6.3　试验数据采集及预处理

1. 试验数据采集

(1)利用安装在 1#、2#、5#及 6#矿柱上中下位置以及顶底板和边墙位置的加速度传感器实时采集不同工况下各部位的地震加速度；

(2)利用粘贴在各个矿柱上端、中部、下端及顶底板和边墙位置的电阻式应变片实时监测不同工况下各部位的局部应变值；

(3)利用布置在 8 根矿柱中部位置的 Nano30 声发射传感器，实时监测不同工况下矿柱受震损伤产生的声发射信号；

(4)利用高速摄像仪实时采集采空区模型前排 4 根矿柱和四周围岩表面人工制作的数字散斑图像，用于后续分析表面 DIC 应变场。

2. 试验数据预处理

在试验过程中，所采集到的数据及图像受采集仪器、人为失误或环境因素等影响，不可避免地产生大量波形漂移失真、图像丢帧、信息不全等现象。因此，

(a) 拆除模具　(b) 吊装模型

(c) 处理边界　(d) 施加配重

(e) 采集仪器　(f) 试验全景

(g) 模型正面　(h) 模型背面

图 2-19　试验拆模、吊装、边界处理、配重及试验现场

在波形信号分析和图像处理之前，先对采集到的原始数据(图像)进行预处理，使其能够更为真实地反映试验现象和过程。

(1)在 DIC 图像处理过程中，剔除模糊不清、信息缺失的图片，然后选择清晰可见的图像通过 VIC-2D 数字散斑图像处理软件，获取所需的图像和数据。

(2)在地震波预处理过程中，首先对所采集的波形进行基线校正，然后进行滤波处理，剔除无效数据。基线校正和高频滤波前后对比如图 2-20 和图 2-21 所示。

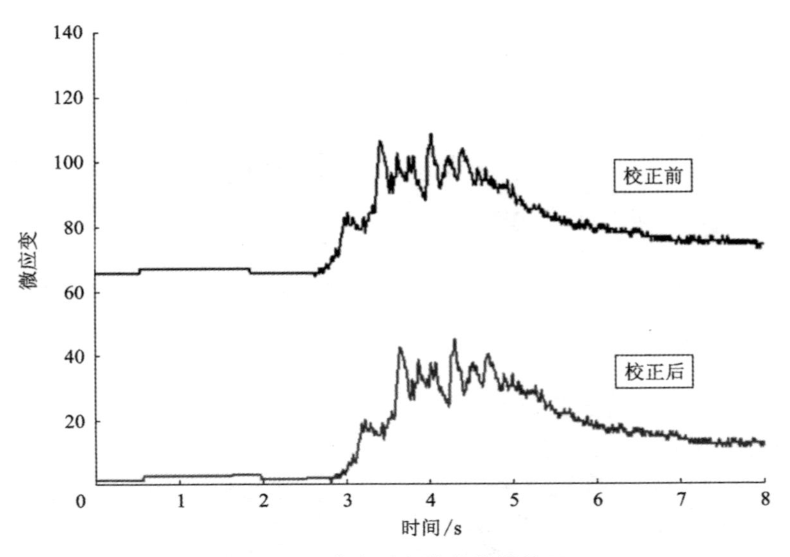

图 2-20　应变时程曲线基线校正

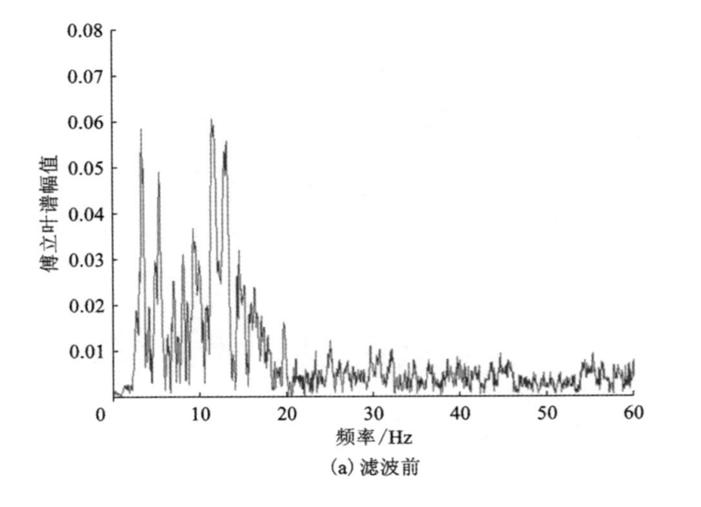

(a) 滤波前

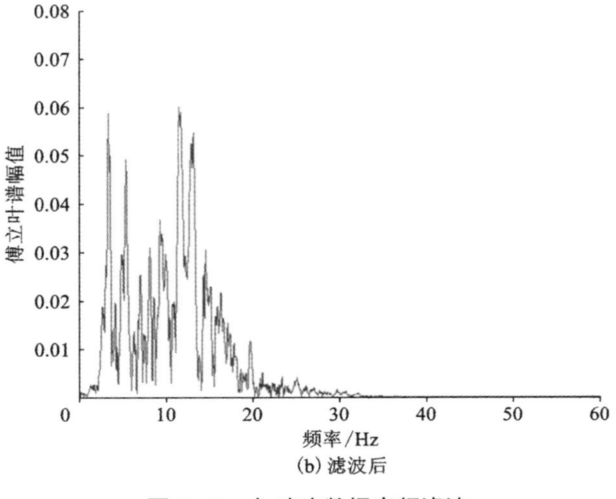

(b) 滤波后

图 2-21　加速度数据高频滤波

2.7　本章小结

本章开展了大型地下采空区地震模拟振动台模型试验准备工作，主要包括采空区模型几何尺寸设计、模型试验相似关系构建、相似试验模型设计与制作、测试系统了解与测试元件布置、模型箱设计及边界处理、加载方案制定与试验流程设计和试验数据采集及预处理等，主要工作总结如下：

(1)结合地下矿山采空区结构体系赋存环境和受力状态，基于相似理论设计了地下 100 m 大型地下采空区相似模型系统；采用一体浇筑成型的方法制作了地下多矿柱-采空区围岩体系试验模型。

(2)介绍了地下采空区振动台试验所用的测试系统和监测元件；采用“对称减半”的原则对各测试元件进行规划布置；设计了与围岩体刚度相一致的刚性模型箱，并通过 15 cm 聚乙烯泡沫板和 2.5 cm 海绵橡胶共同组成的复合边界层有效减少模型箱对地震波的反射和散射的影响，消除模型边界效应。

(3)根据研究对象和试验目的，试验选取对地下结构造成严重破坏的 1995 年日本阪神大地震的 Kobe 波作为地震台激励；给出了阪神地震神户海洋气象台监测到的水平分量和竖向分量地震动加速度和傅立叶谱；制定了“幅值由小到大、方向由一维到二维”的方式逐级增大输入地震波的试验加载方案。

(4)试验结束后，对试验实时采集到的原始波形数据进行以基线校正和高频滤波为主的预处理，校正漂移失真和剔除无效数据。同时，剔除图像丢帧、模糊不清和信息缺失等图像。

第 3 章　地震作用下矿柱体系动力响应特征

3.1　引言

地下结构在地震荷载下发生破坏坍塌的主要原因是结构体系中的竖向承重构件的最大承载已经达到了极限，无法再继续承担额外荷载[75]，地铁中柱地震破坏就是典型案例，1995 年的神户大地震打破了地下结构在地震面前坚不可摧的神话，首次造成大规模地下结构发生极其严重震害，其中 DAIKAI 地铁车站和 KAMISAWA 地铁车站中柱发生了毁灭性倒塌破坏，50%以上的地铁中柱被压碎，顶板多处垮塌，地表沉降高达 2.5 m，为人类上演了一场“原型”地震破坏性试验。此后，国内外学者和工程技术人员利用多种抗震分析方法和手段对地下中柱开展了大量富有意义的地震动力灾变研究[204, 245, 247-249]，使得地下结构抗震减灾理论和技术得到了重大发展。此外，地震发生时会产生水平、竖直及转向等多个地震动分量[250-252]，历史地震中已有多次竖向加速度 a_v 超越水平加速度 a_h 的记录[253]，如 1994 年美国 Northridge 地震竖向加速度与水平加速度之比最高为 1.79[254]，而 1995 年日本神户地震该值则高达 1.96[255]，2008 年中国汶川大地震该值也达到了 1.41[256]，水平和竖向地震动的耦合作用会加剧结构破坏[257, 258]，因此竖向地震分量对地下结构的影响不容忽视。

地下矿柱作为一种典型的地下结构体，是地下矿产资源开发中形成的一系列特殊“构造物”，类似于城市地铁内设的中柱，肩负支撑地下采空区上覆岩层重任，在维护整个矿区稳定性方面起着四梁八柱作用。国内外专家学者针对地下矿柱稳定性，分别从现场调查[259]、强度估算[260, 261]、尺寸优化[262-265]、风险评估[266-268]及力学破坏特性[269, 270]等方面开展了大量的研究，很好地为施工设计和现场开采提供了理论和技术指导。在随机性地震动荷载作用下，地下矿柱经历着反复多次的加载和卸载，整个过程中伴随着能量的吸收、传递和释放，不仅会产生一定的动力现象，还会累积一定的变形损伤，当累积损伤达到极限时，将发生宏观破坏，进而导致局部采空区发生坍塌。

本章主要将通过监测布置在矿柱不同位置的加速度传感器数据，重点分析地下采空区内所留设的矿柱体系在不同工况下的动力响应特征，并探讨竖向地震分量对矿柱地震动力响应特性的影响，模拟地下矿柱体系动力失稳致灾过程。

3.2　采空区模型系统动力损伤特性

在地震振动台试验中，模型的损伤程度通常可以利用不同工况下的固有频率来反映和表征[196]，而固有频率的变化则与整个结构体系的刚度变化有关，刚度越大时固有频率越高。研究表明，结构的损伤是引起结构体系刚度变化的根源，即局部出现损伤时，整体刚度则被改变。通过统计不同工况下白噪声扫描得到采空区相似模型整体的傅立叶谱固有频率发现，随着地震激励加速度峰值的增加，采空区模型系统固有频率范围持续向低频方向移动，主频范围不断收缩，主频也呈现出持续降低变化趋势，如表 3-1 所示。采空区模型系统主频变化趋势和主频范围变化趋势如图 3-1 和图 3-2 所示，由图可以发现，经过白噪声扫频之后，在加速度 0.1 g 地震波激励下，采空区模型系统的主频率出现了一定的下降，但主频范围还基本维持在 3~32 Hz；当结束 0.2 g 地震加速度输入之后，模型系统的主频率进一步降低，主频范围也发生了一定收缩变化，范围缩减至 3~28 Hz；当 0.3 g 地震激励输入后，采空区模型的主频发生了突变，在变化趋势线中出现了明显的拐点，由上一个地震激励等级的 16.14 Hz 下降至 6.82 Hz，主频范围也发生了明显收缩现象，由上一个地震激励等级的 3~27 Hz 收缩为 2~10 Hz，而此时傅立叶谱的幅值显著升高，是上一个地震激励等级的 10 倍之多。随着地震激励加速度的进一步增大，模型系统的主频持续下降，在 0.6 g 激励结束后，模型出现了宏观破坏，主频也降低至 5.74 Hz。

表 3-1　相似模型固有频率范围及中心频率变化统计　　单位：Hz

工况	固有频率范围	主频率	备注
白噪声-0	3~32	18.16	
白噪声-1	3~28	16.18	
白噪声-2	3~27	16.14	
白噪声-3	2~10	6.82	转折点

续表3-1

工况	固有频率范围	主频率	备注
白噪声-4	2~9	6. 49	
白噪声-5	2~9	6. 13	
白噪声-6	2~9	5. 74	

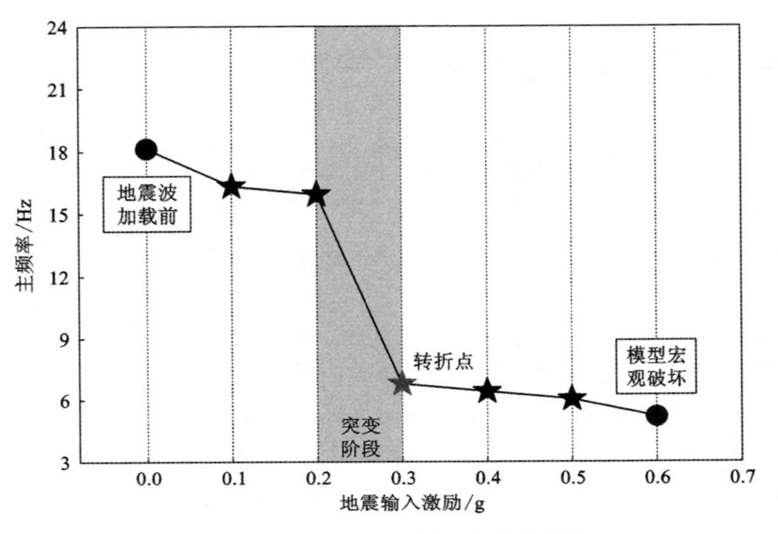

图 3-1　采空区模型系统主频变化趋势

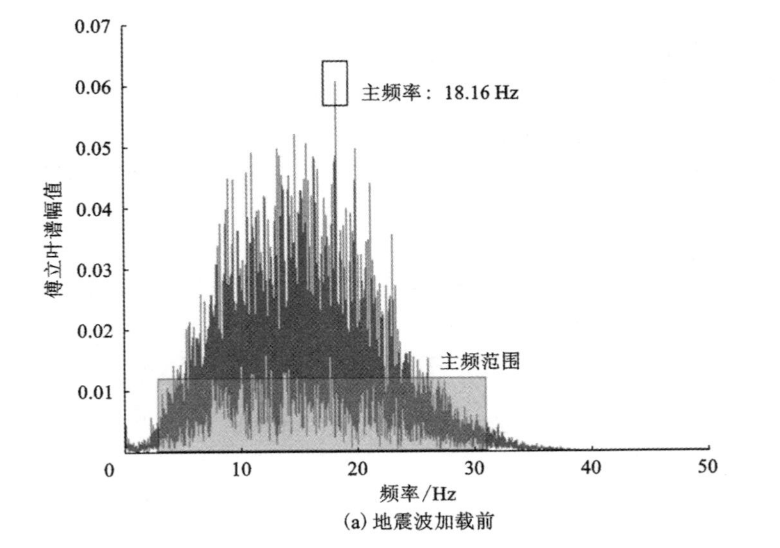

(a) 地震波加载前

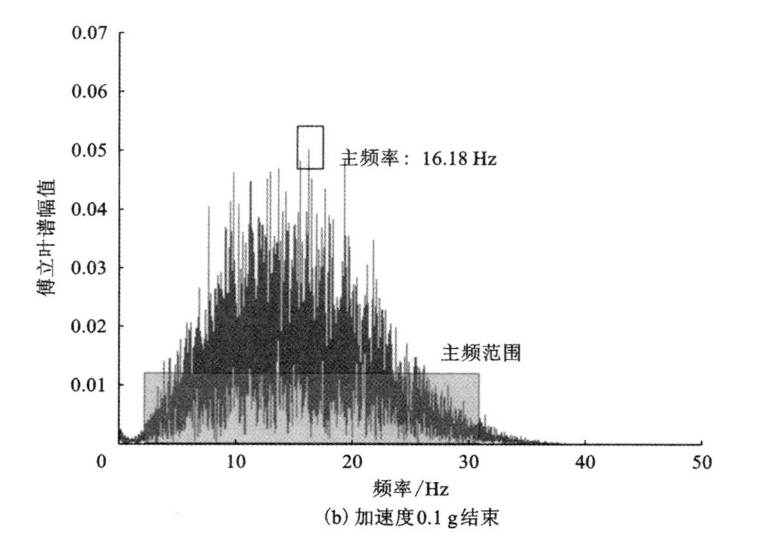

(b) 加速度0.1 g结束

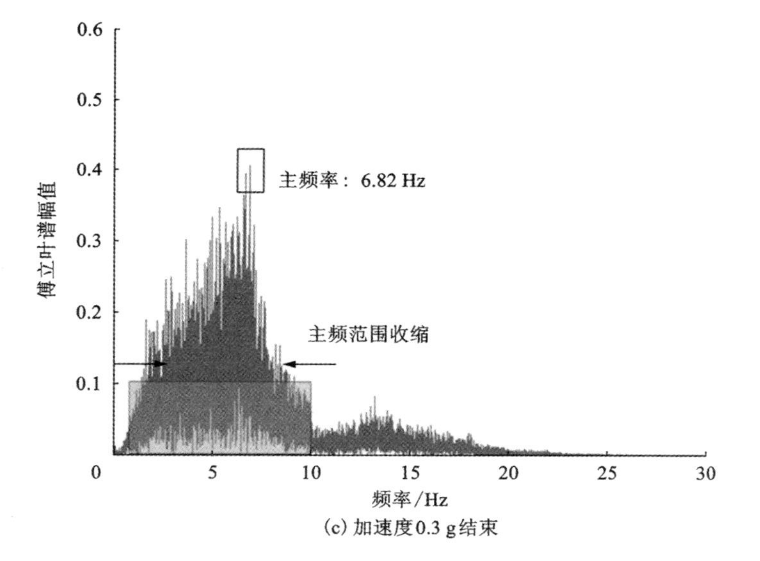

(c) 加速度0.3 g结束

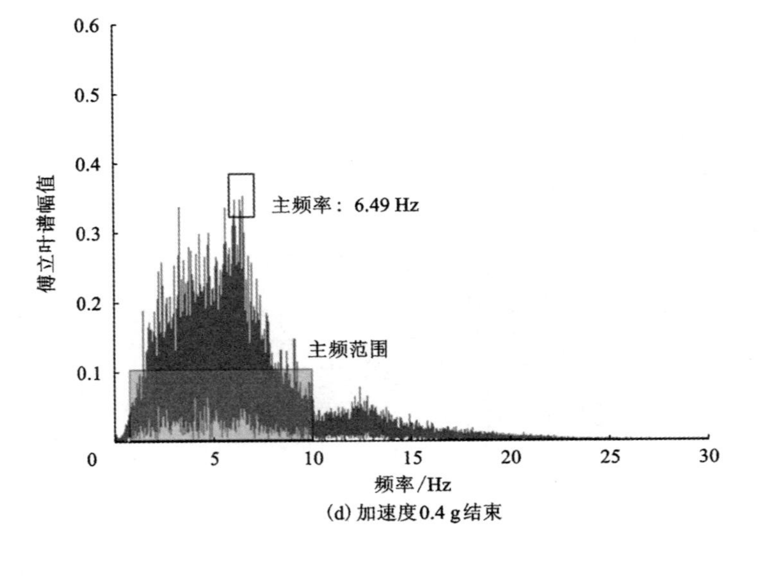

(d) 加速度0.4 g结束

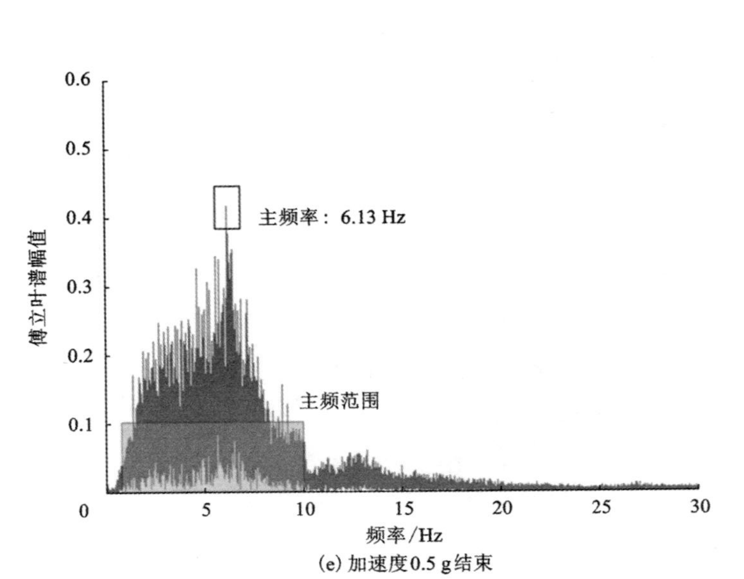

(e) 加速度0.5 g结束

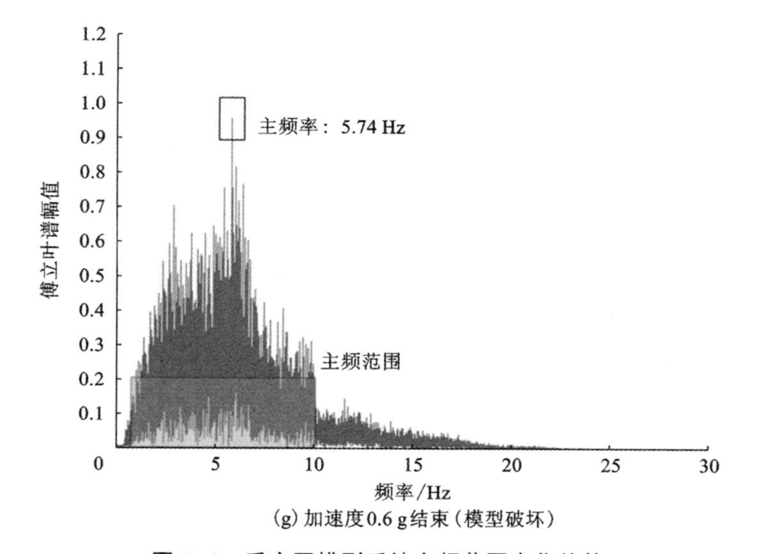

(g) 加速度0.6 g结束（模型破坏）

图 3-2　采空区模型系统主频范围变化趋势

整体而言，随着输入地震激励加速度峰值的增加，采空区结构体系模型的整体刚度不断降低，地震波高频范围段被过滤，低频段被逐渐放大，模型持续产生变形损伤，当损伤累积到一定程度，局部薄弱部位出现了明显的震害。该过程主要经历了以下 4 个阶段。

（1）弹性阶段：0.1 g~0.2 g 阶段，整个模型在地震激励作用下，采空区体系内进行着各种动态调整，随后整个结构体系应力重新分布，达到相对平衡状态，此时各结构体均处于弹性变形状态，尽管模型主频率出现了一定的下降，但是整个采空区模型的变形都处于弹性阶段，刚度可控，变形可逆。

（2）突变阶段：0.3 g 地震激励工况，在经历前期阶段的地震激励作用后，模型内个别结构体产生损伤并持续累积，当输入 0.3 g 地震激励时，整个模型的变形达到了极限状态，局部区域（或结构）出现了塑性变形，导致模型主频发生断崖式降低，主频范围也严重收缩，傅立叶谱幅值也陡然增加，整个模型呈现出弹塑性工作状态，该阶段属于过渡阶段。

（3）塑性阶段：0.4 g~0.5 g 阶段，当模型进入塑性变形阶段，整个系统达到了新的应力平衡状态，但是随着输入地震激励的增加，采空区结构体系大部分构件损伤进一步累积，致使整体刚度进一步降低，主频率持续下降，主频范围也不断收缩，整个系统逐渐完全进入塑性变形阶段。

（4）破坏阶段：0.6 g 地震激励工况，当输入地震激励加速度增加至 0.6 g 时，各结构体发生了不协同振动，不协调变形进一步显现，此时产生了更为严重的损伤，主频率进一步降低至5.74 Hz，与输入天然地震波的主频不断接近，这很容易导致采空区模型与振动台发生共振，模型的宏观震害进一步显现。

3.3 不同工况下矿柱体系地震动力响应特征

为了探究地下矿柱体系地震动力响应特征，在模型试验准备阶段，分别在1#、2#、5#、6#矿柱顶、底端和中间部位布置了用于监测不同激振方向的加速度传感器，如图2-12所示，其中矿柱顶、底端的加速度传感器用于监测不同工况下水平方向（X向）的加速度，矿柱中间位置的加速度传感器用于监测竖直方向（Z向）的加速度，由此利用不同位置不同地震动工况下的加速度时程曲线描述矿柱实时动力响应特性。同时，为了清晰和形象地表征地震作用下矿柱体系的动力响应规律，通过统计抗震设计重要参数加速度峰值（peak ground acceleration，PGA）[271]，并引入加速度放大（或衰减）系数（PGA比）来表征矿柱体系不同位置的地震动力放大（或衰减）效应。首先，定义加速度放大（或衰减）系数（PGA比）A_{ij}等于监测点加速度峰值与台面加速度峰值之比，即：

$$A_{ij} = \frac{a_{(i,\,j)\max}}{a_{(i,\,0)\max}} \tag{3-1}$$

式中：i为输入地震激励工况等级，试验共分6个等级（0.1 g~0.6 g）；j为监测点编号，即加速度传感器的编号；$a_{(i,\,0)\max}$为台面加速度峰值；$a_{(i,\,j)\max}$为监测点加速度峰值。根据规定，当$A_{ij}>1$时，表示地震激励被放大；当$A_{ij}<1$时，表示地震激励被削弱。

在本次振动台试验加载中，地震激励主要涉及水平（X向）单向和水平-竖直（X-Z向）双向耦合激励两种输入方式，因此在水平单向地震激励下只考虑由水平地震动引起的加速度，而在水平-竖直双向耦合地震激励下重点研究水平加速度的同时，进一步探讨竖向地震分量对矿柱体系地震动力响应的影响。

3.3.1 水平单向地震作用下加速度响应

在采空区振动台试验中，各监测点采集到的地震波信号不可避免地含有机械、噪声等干扰成分，会对试验结构分析产生一定的影响[240]，因此试验结束后对原始数据进行了预处理，将这些干扰信号从原始波形中滤除，并对部分漂移失真波形进行基线校正，前文已对相关内容进行介绍，此处不再赘述。限于篇幅和试验数据庞杂，书中只列出模型“对称”部分典型数据进行研究矿柱体系的地震动力响应规律，0.1 g、0.3 g及0.6 g水平（X向）单向地震激励下1#、2#、5#及6#矿柱顶底端位置X向地震加速度时程曲线如图3-3~图3-5所示。

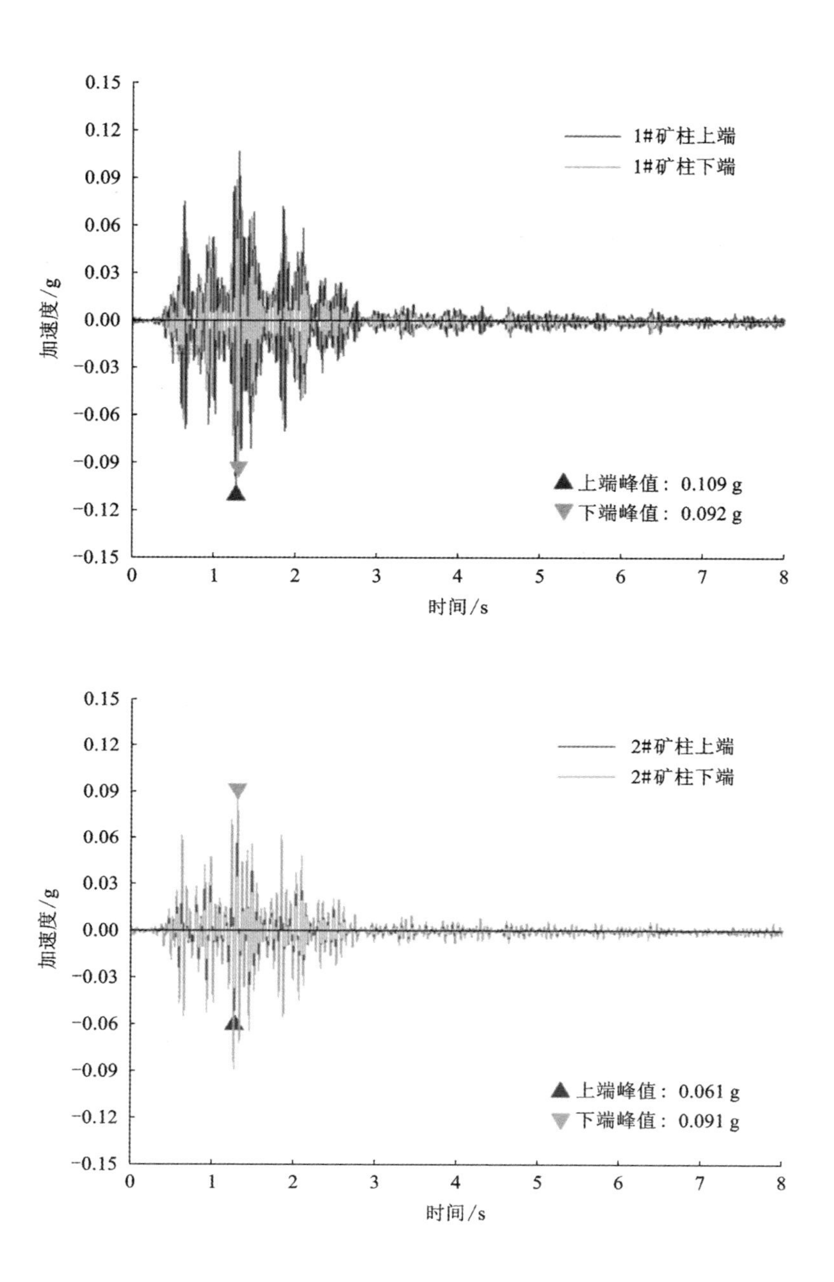
0.15
0.12
0.09
0.06
0.03
0.00
−0.03
−0.06
−0.09
−0.12
−0.15
加速度/g
0
1
2
3
4
5
6
7
8
时间/s
1#矿柱上端
1#矿柱下端
上端峰值：0.109 g
下端峰值：0.092 g
0.15
0.12
0.09
0.06
0.03
0.00
−0.03
−0.06
−0.09
−0.12
−0.15
加速度/g
0
1
2
3
4
5
6
7
8
时间/s
2#矿柱上端
2#矿柱下端
上端峰值：0.061 g
下端峰值：0.091 g

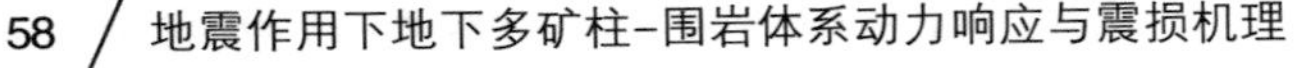

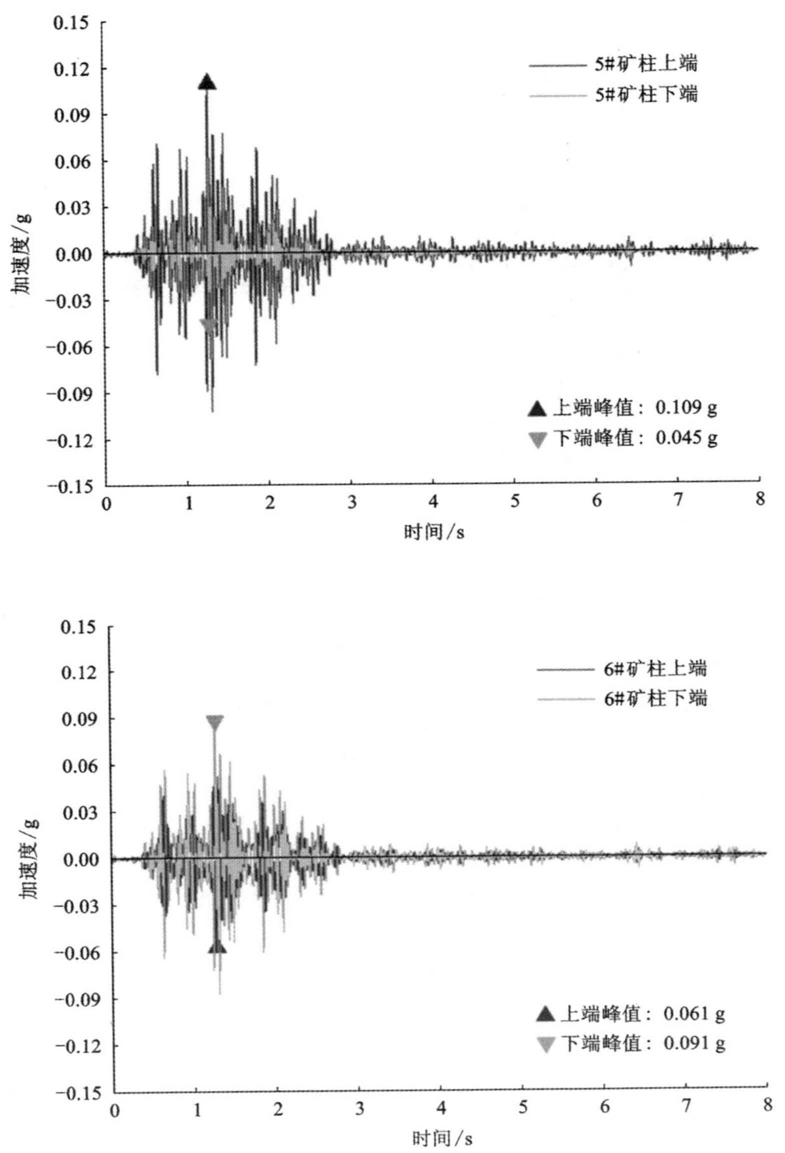

图 3-3　0.1 g 水平(*X* 向)单向地震激励下矿柱顶底端 *X* 向加速度时程曲线

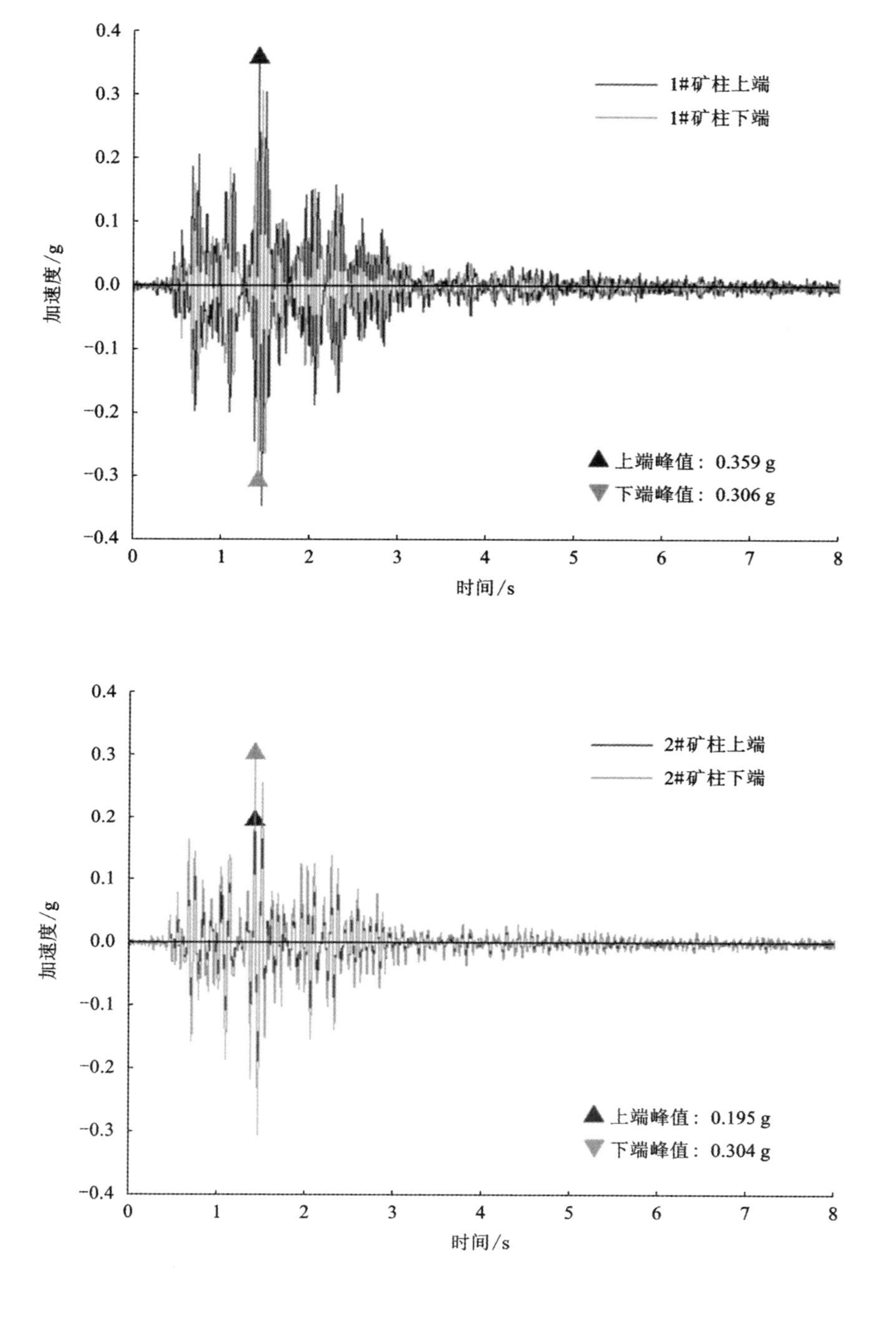

1#矿柱上端
1#矿柱下端
上端峰值：0.359 g
下端峰值：0.306 g
加速度/g
时间/s
2#矿柱上端
2#矿柱下端
上端峰值：0.195 g
下端峰值：0.304 g
加速度/g
时间/s

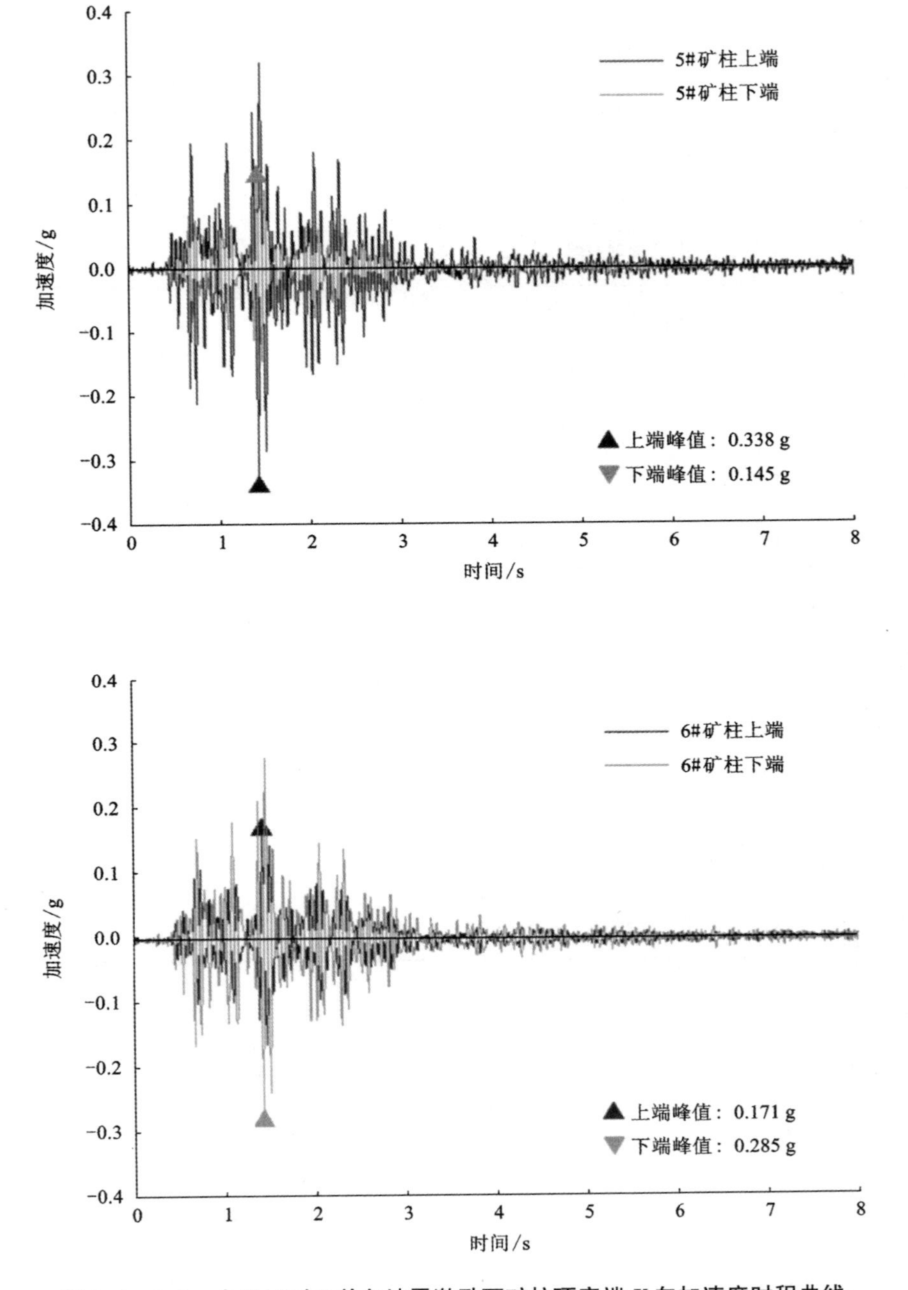

图 3-4　0.3 g 水平(X 向)单向地震激励下矿柱顶底端 X 向加速度时程曲线

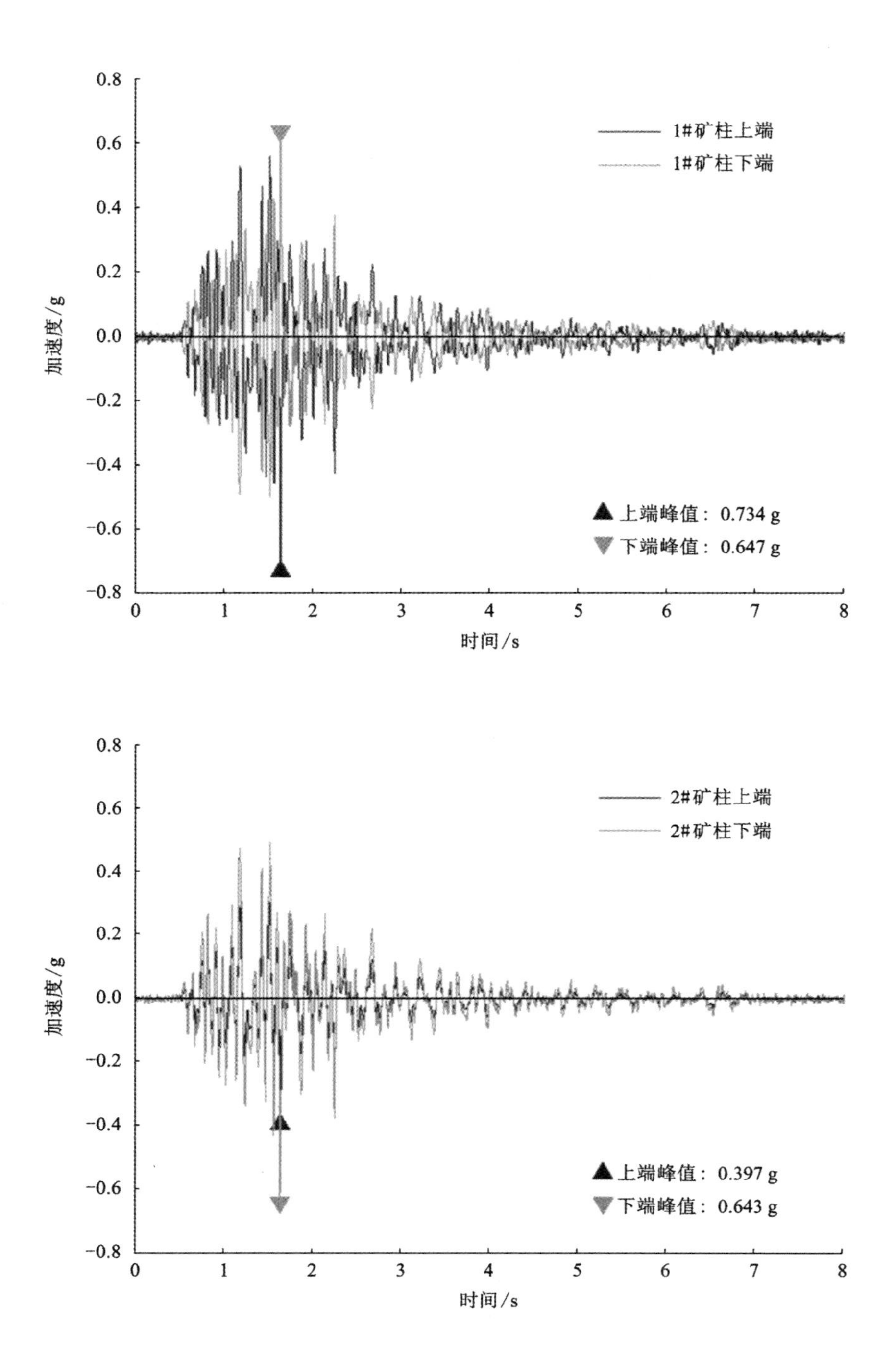
1#矿柱上端
1#矿柱下端
上端峰值：0.734 g
下端峰值：0.647 g
加速度/g
时间/s
2#矿柱上端
2#矿柱下端
上端峰值：0.397 g
下端峰值：0.643 g
加速度/g
时间/s

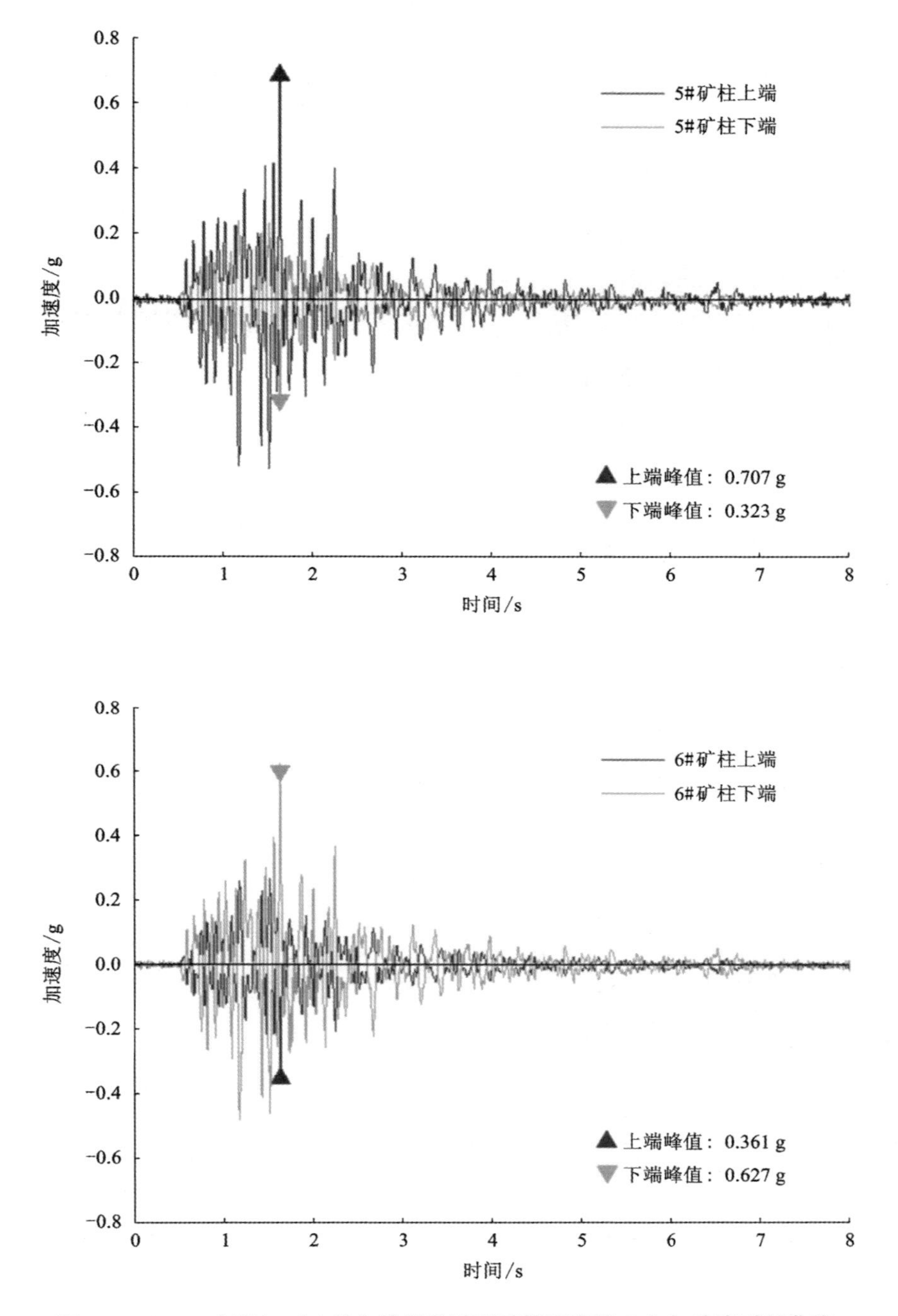

图 3-5　0.6 g 水平(X 向)单向地震激励下矿柱顶底端 X 向加速度时程曲线

在0.1 g工况下，位于采空区模型边缘两侧的1#和5#矿柱上端加速度峰值均为0.109 g，与输入地震激励0.1 g相比，幅值未发生明显变化，而1#柱下端加速度峰值为0.092 g(注：5#矿柱下端水平加速度异常)，说明受到底板材料阻尼作用影响，地震波从台面输入后在底板材料传播过程中发生了轻微衰减。与1#和5#矿柱不同的是，位于采空区中间位置的2#和6#矿柱上端加速度峰值则降低了40%左右，说明尽管采空区模型系统在0.1 g工况下处于弹性阶段，但是地震波在采空区系统内传输过程中一方面受材料阻尼影响，另一方面也受矿柱所处位置影响，从而引发地震波在传播过程中产生了时间差，致使不同位置矿柱上端的加速度产生了不同峰值。鉴于地震波在岩体介质传播中的复杂性以及篇幅和时间限制，这里不专门针对地震波在岩体材料中传播机理展开研究，只对试验采集到的数据进行深入分析，从而获取具有代表性的试验结论。

在0.3 g工况下，尽管整个采空区模型系统逐渐开始由弹性状态向弹塑性状态过渡，但矿柱体系仍然保持着良好的刚性，与台面输入的0.3 g地震激励加速度相比，1#和5#矿柱上端的加速度峰值明显有所增加，增幅分别为19.6%和12.6%。但是，位于中间位置的2#和6#矿柱上端加速度峰值依然呈现出降低态势，降幅分别为35%和43%。由此表明，随着输入地震激励加速度的增加，尽管采空区模型变形开始进入弹-塑性工作阶段，但采空区边缘矿柱体系保持良好刚性，矿柱上端加速度得到了强化，而中间矿柱受所处位置影响，上端加速度被弱化，整个采空区结构体系产生了非协同性地震动力响应。

在0.6 g工况下，整个采空区模型在强震作用下进入破坏阶段，采空区各结构体之间产生的非协同性振动更为明显，由于地震波同一时刻到达各矿柱底端，此时除5#矿柱下端水平加速度值存在异常外，1#、2#和6#矿柱处的加速度均得到了强化且差异不大，分别为0.647 g、0.643 g和0.627 g。当强震传递至矿柱顶端时，位于两侧边缘的1#和5#矿柱的加速度峰值显示出明显高程放大效应，增幅分别为22.3%和17.8%，而中间2#和6#矿柱上端继续受所处位置影响，加速度峰值分别降低了33.8%和39.8%，但与0.3 g输入地震激励相比，所降幅值有所下降，这表明在强震激励作用下，采空区各结构体产生的非协同动力响应更为显著，强振动明显强化了各矿柱顶端的加速度响应。

综上而言，在水平(X向)单向地震激励下，采空区系统内的矿柱随输入加速度幅值的增加出现了非协同振动现象，从0.3 g工况开始，两侧边缘矿柱上端加速度逐渐被强化，动力响应被明显放大。相反，受地震波传输和所处位置影响，中间矿柱则被弱化。上述现象主要有两方面原因：一方面是地震波自身反复循环振动特性致使采空区体系时刻处于水平随机运动中；另一方面是地震波从底部台面整体输入后，沿着两侧边墙和各个矿柱向上传递，最先到达两侧边缘矿柱顶部，因此加速度被强化，而中间位置矿柱受地震波衰减和相向传递相互抵消而弱化。

3.3.2 水平-竖直双向耦合地震作用下加速度响应

0.1 g、0.3 g及0.6 g水平-竖直(X-Z向)双向耦合地震激励下1#、2#、5#及6#矿柱顶底端位置X方向地震加速度时程曲线如图3-6~图3-8所示。与水平(X向)单向地震激励相比，0.1 g水平-竖直(X-Z向)双向耦合地震激励对采空区两

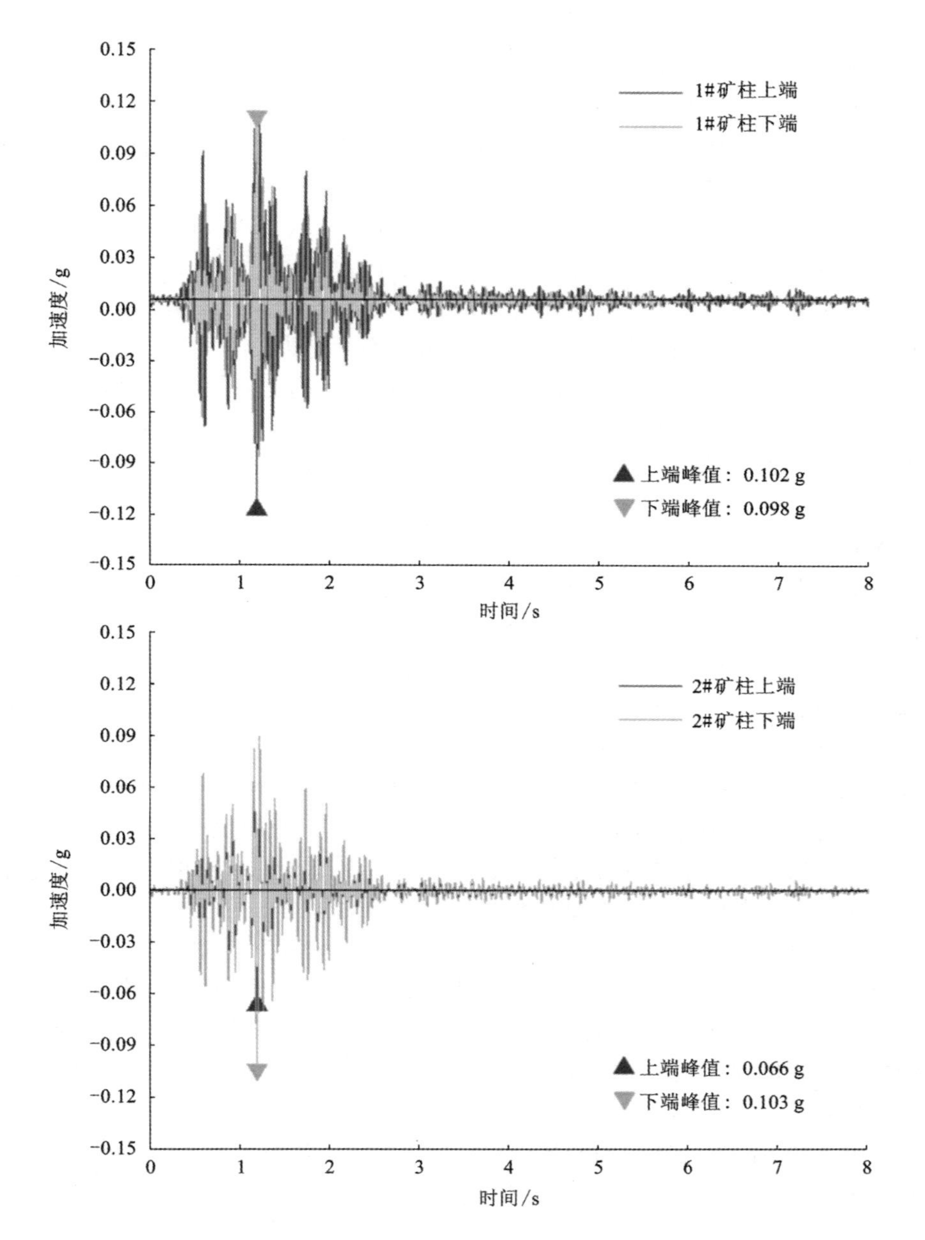

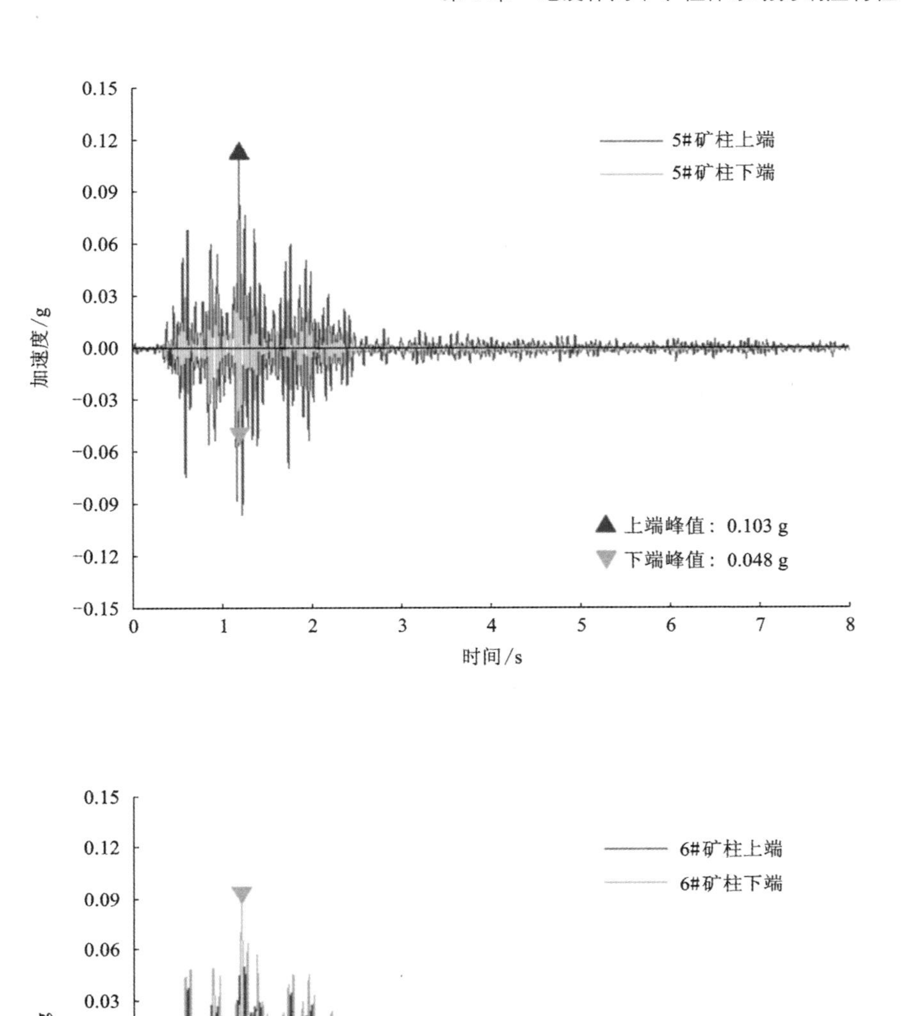

图 3-6　0.1 g 水平-竖直(*X*-*Z* 向)双向耦合地震激励下矿柱顶底端 *X* 向加速度时程曲线

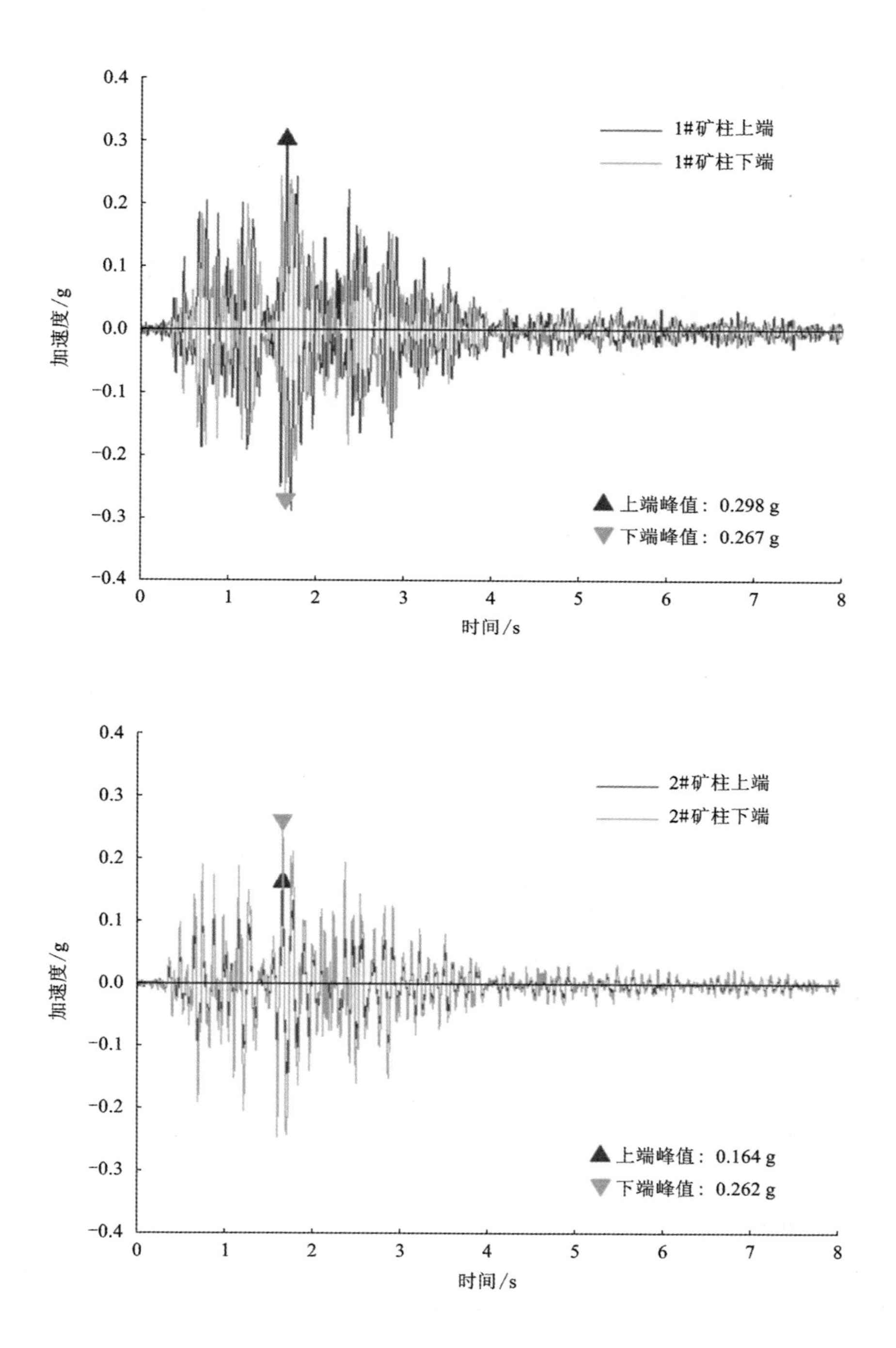
1#矿柱上端
1#矿柱下端
上端峰值：0.298 g
下端峰值：0.267 g
加速度/g
时间/s
2#矿柱上端
2#矿柱下端
上端峰值：0.164 g
下端峰值：0.262 g
加速度/g
时间/s

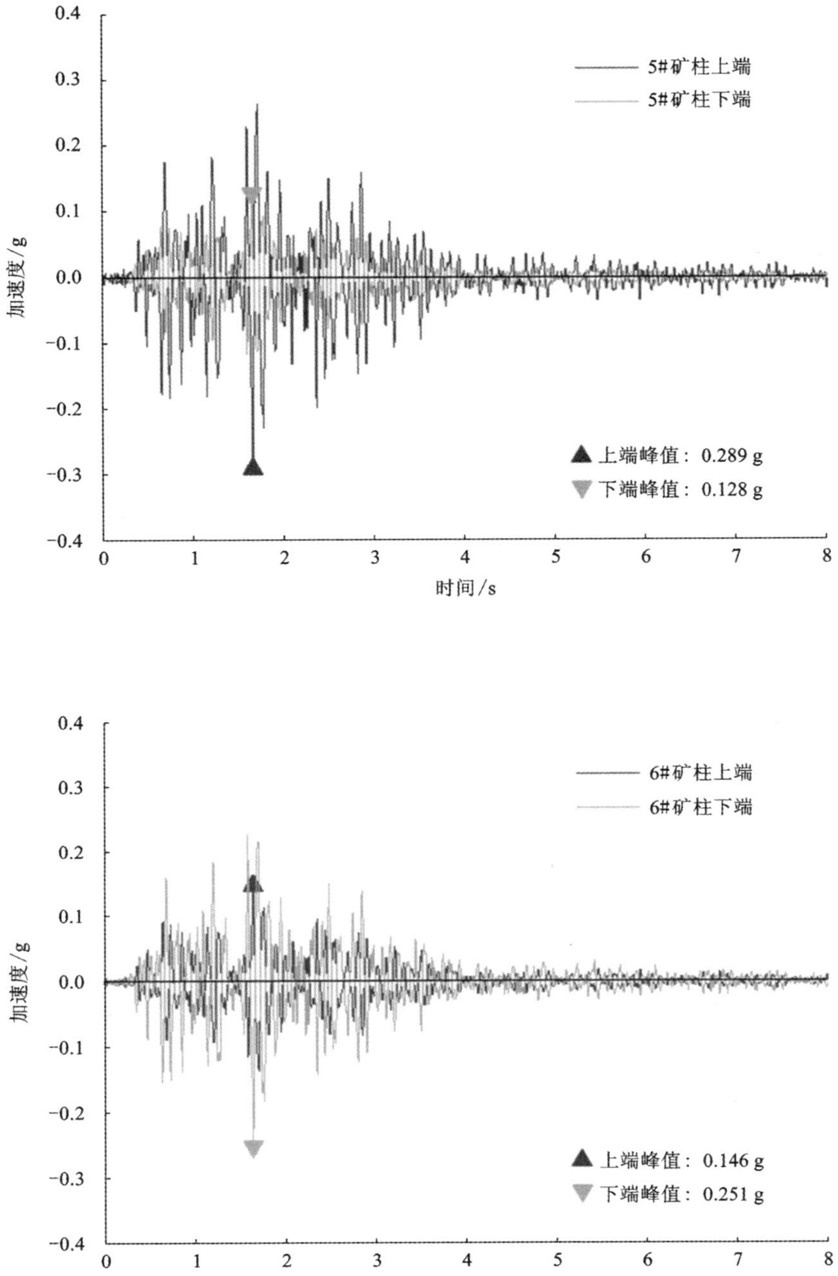

图 3-7　0.3 g 水平-竖直（X-Z 向）双向耦合地震激励下矿柱顶底端 X 向加速度时程曲线

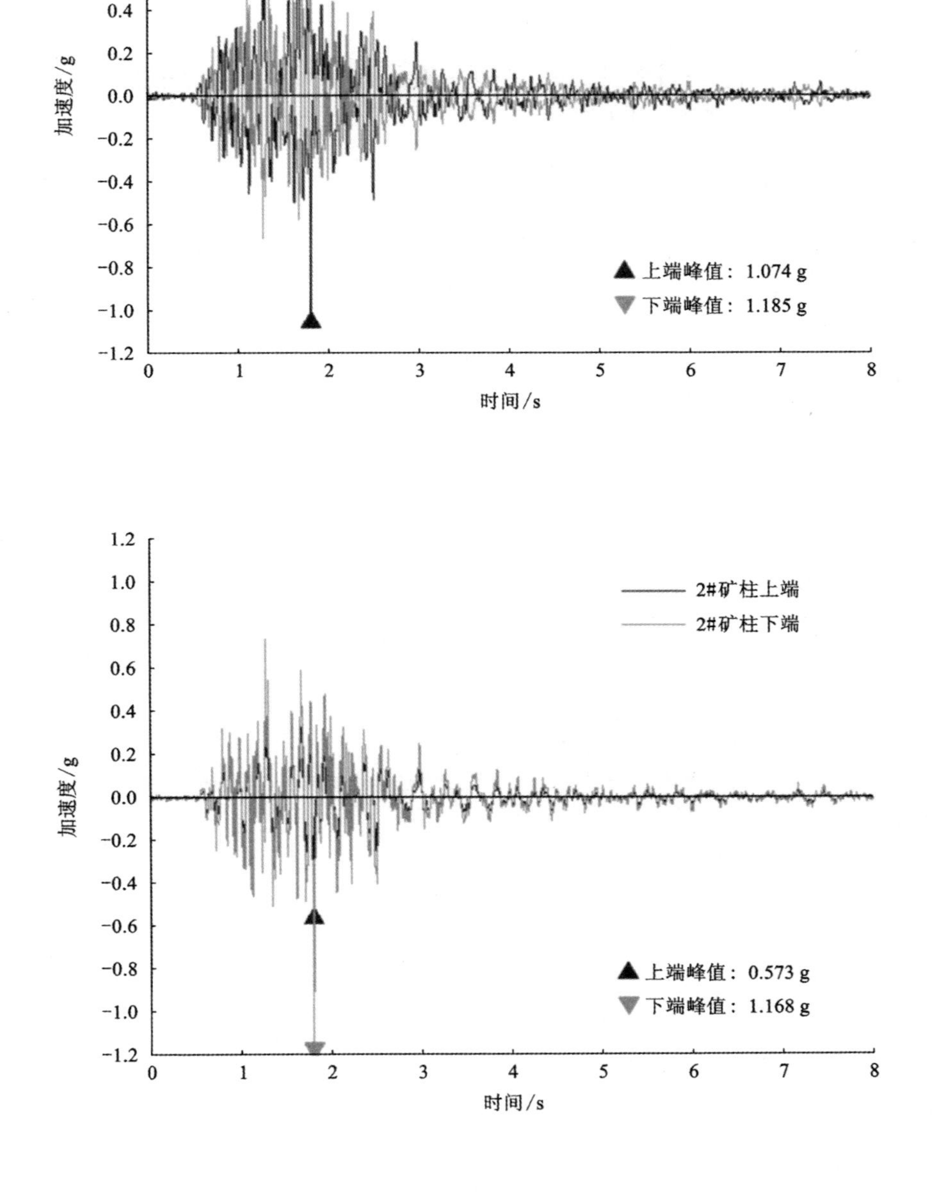
1#矿柱上端
1#矿柱下端
上端峰值：1.074 g
下端峰值：1.185 g
加速度/g
时间/s
2#矿柱上端
2#矿柱下端
上端峰值：0.573 g
下端峰值：1.168 g
加速度/g
时间/s

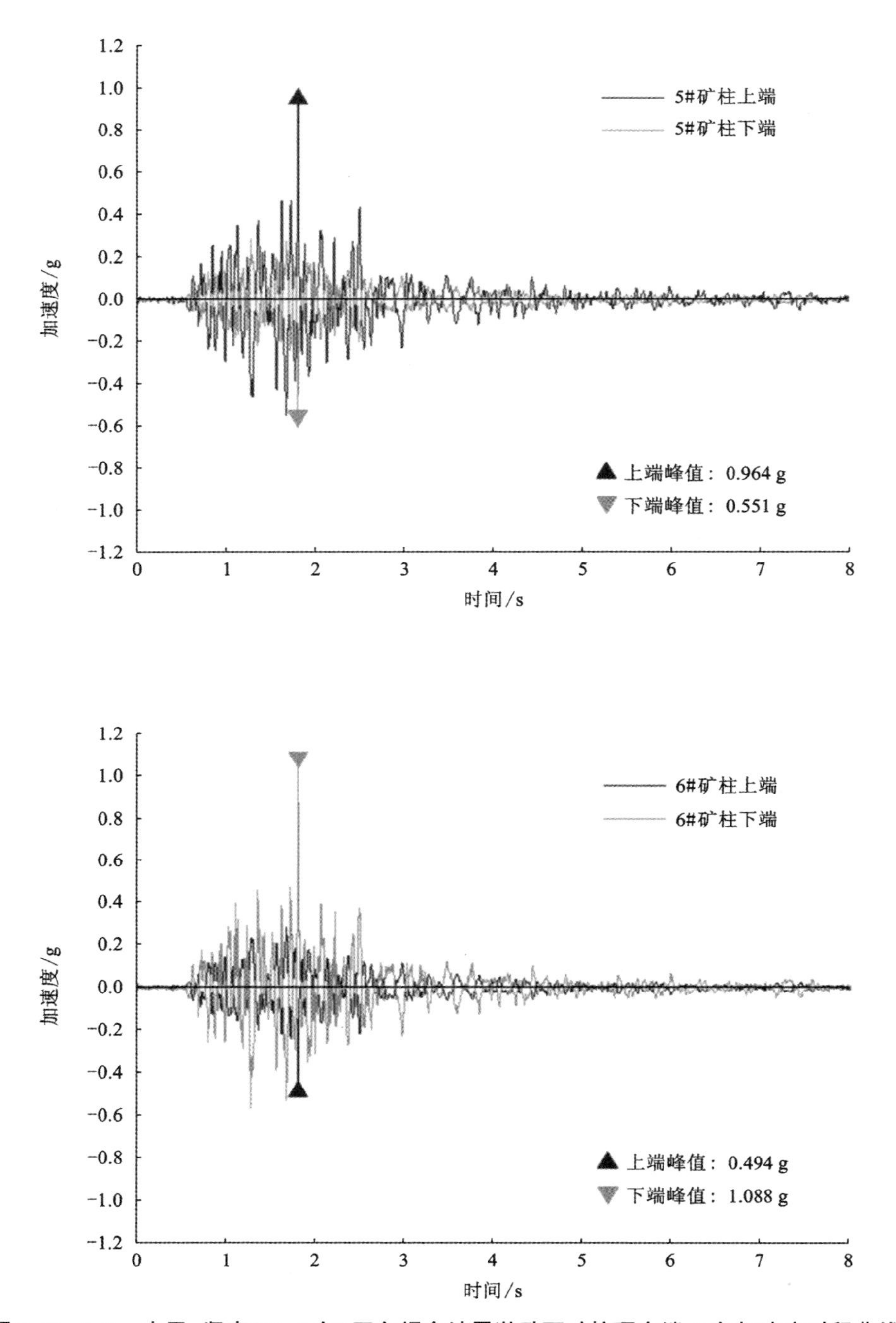

图 3-8　0.6 g 水平-竖直(X-Z 向)双向耦合地震激励下矿柱顶底端 X 向加速度时程曲线

侧边缘 1#矿柱和 5#矿柱上端在水平 X 方向产生的加速度响应相对有所弱化，加速度峰值分别为 0.102 g 和 0.103 g，而对于中间位置的 2#矿柱和 6#矿柱上端的加速度响应基本保持不变，说明有竖向地震分量参与的地震激励对矿柱的动力响应存在一定的影响。

随着输入地震激励加速度增加至 0.3 g 时，采空区边缘 1#矿柱和 5#矿柱上端加速度并没有像水平(X 向)单向地震激励时一样得到强化，基本上保持不变或稍微被弱化。当输入地震激励加速度增加至 0.6 g 强震时，边缘和中间位置各矿柱顶底端加速度响应均被强化，增幅非常显著，各柱底端均被放大了 81%以上。同样，边缘 1#矿柱和 5#矿柱上端分别升高了 79%和 60.6%。这表明在强地震作用下，有竖向地震分量参与的水平-竖直(X-Z 向)双向耦合地震激励对矿柱在水平 X 方向地震加速度具有明显的强化作用，因此在地下岩体抗震研究中，竖向地震分量的破坏效应不应该被忽略。

3.3.3 不同工况下加速度放大(或衰减)效应

3.3.1 节和 3.3.2 节分别分析了各矿柱在不同工况下水平(X 向)单向地震激励和水平-竖直(X-Z 向)双向耦合地震激励下的加速度响应规律，本节结合前文定义的加速度放大(或衰减)系数(即 A_{ij})进一步讨论矿柱体系的动力响应，不同工况下各矿柱顶底端加速度峰值与台面输入地震激励加速度峰值的比值如图 3-9~图 3-11 所示。由图可知，除 5#矿柱下端水平加速度存在明显异常外，当台面分别输入水平(X 向)单向 0.1 g 和 0.3 g 地震激励时，1#、2#和 6#矿柱底端加速度与台面加速度的比值均发生下降，即 $A_{ij} \leqslant 1$，说明地震激励在底板中传播时出现了衰减现象，这主要是地震波受相似材料阻尼而出现的衰减效应。但输入地震激励加速度增加至 0.6 g 时，台面到各矿柱底端的 A_{ij} 大于 1，说明在强震作用下，即使材料存在阻尼作用，地震激励在向上传输过程中依然产生了放大效应。

随着地震波沿边墙和矿柱进一步向上传递至矿柱顶端时，在水平(X 向)单向 0.1 g、0.3 g 和 0.6 g 地震激励下，采空区两侧边缘的 1#矿柱和 5#矿柱顶端均出现了高程放大效应，整体上 $1 \leqslant A_{ij} \leqslant 1.2$。相反，位于中间位置的 2#和 6#矿柱顶端加速度被抑制，产生了衰减效应，A_{ij} 为 0.5~0.7。

与台面输入水平(X 向)单向地震激励相比，由于竖向地震分量的参与，在水平-竖直(X-Z 向)双向耦合地震激励下，0.1 g 工况时，除 5#矿柱外，1#和 2#矿柱底端的 A_{ij} 大于 1，产生了放大效应，而 6#矿柱则发生了衰减。在 0.3 g 工况时，1#、2#和 6#矿柱底端加速度与台面输入加速度的 A_{ij} 均小于 1，产生了衰减效应。在 0.6 g 强震工况时，1#、2#和 6#矿柱底端与台面输入地震激励相比产生了显著的放大效应。

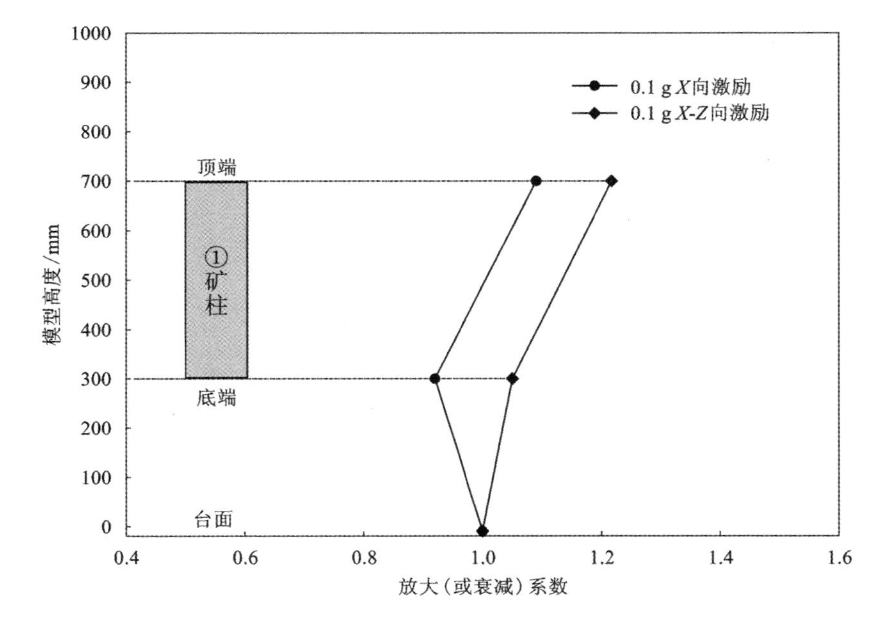
1000
900
800
700
600
500
400
300
200
100
0
模型高度/mm
0.1 g X向激励
0.1 g X-Z向激励
顶端
①矿柱
底端
台面
0.4
0.6
0.8
1.0
1.2
1.4
1.6
放大（或衰减）系数

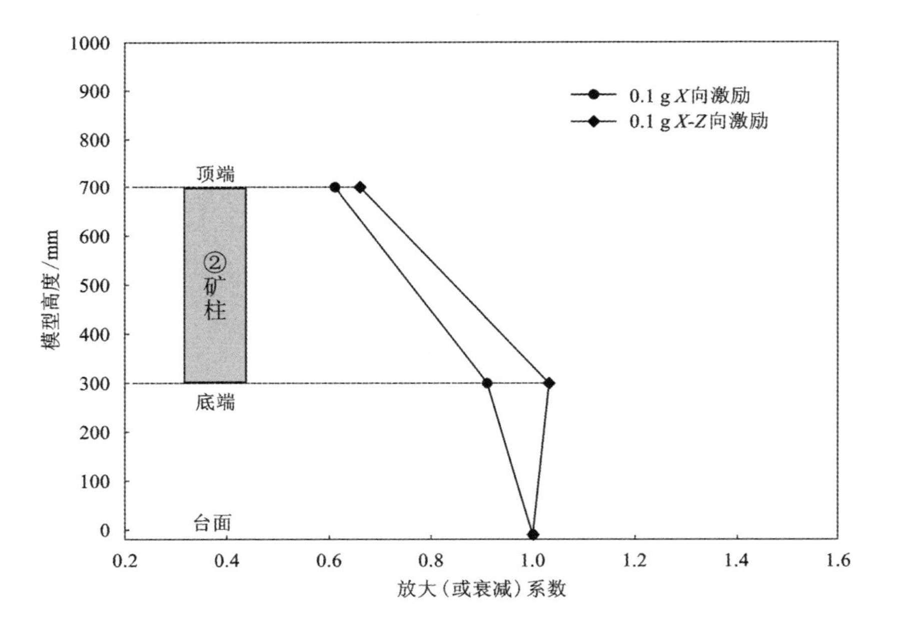
1000
900
800
700
600
500
400
300
200
100
0
模型高度/mm
0.1 g X向激励
0.1 g X-Z向激励
顶端
②矿柱
底端
台面
0.2
0.4
0.6
0.8
1.0
1.2
1.4
1.6
放大（或衰减）系数

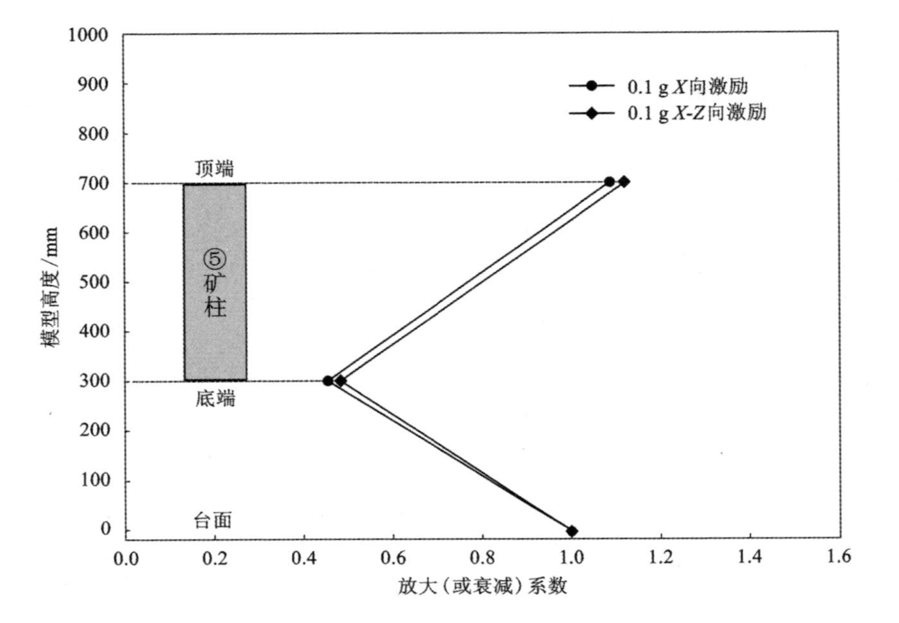

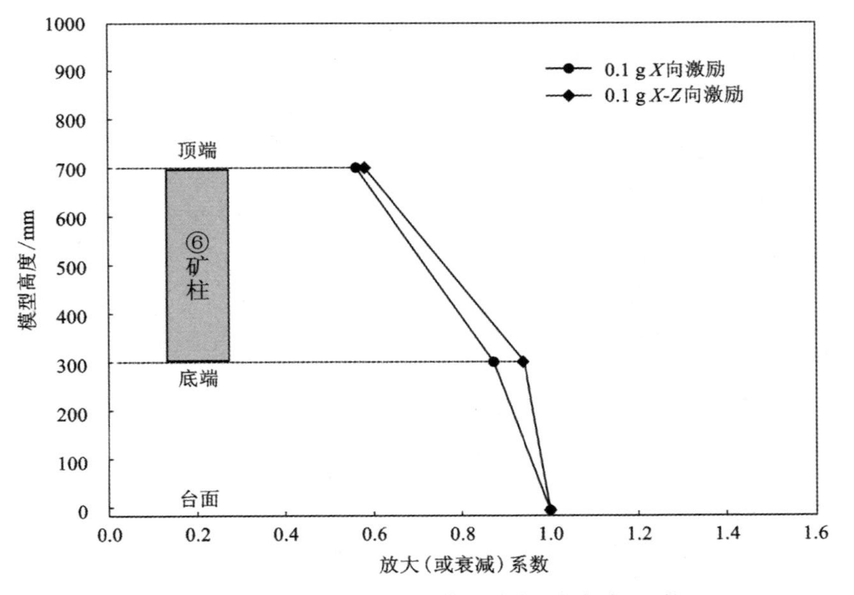

图 3-9　0.1 g 各矿柱不同高程放大(或衰减)系数

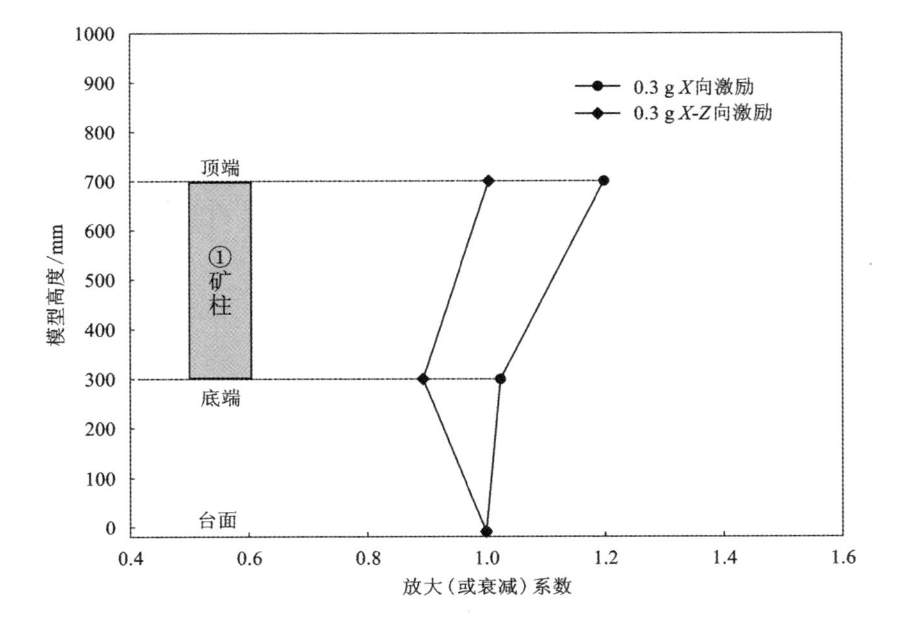
1000
900
800
700
600
500
400
300
200
100
0
模型高度/mm
0.4
0.6
0.8
1.0
1.2
1.4
1.6
放大（或衰减）系数
0.3 g X向激励
0.3 g X-Z向激励
顶端
①
矿
柱
底端
台面

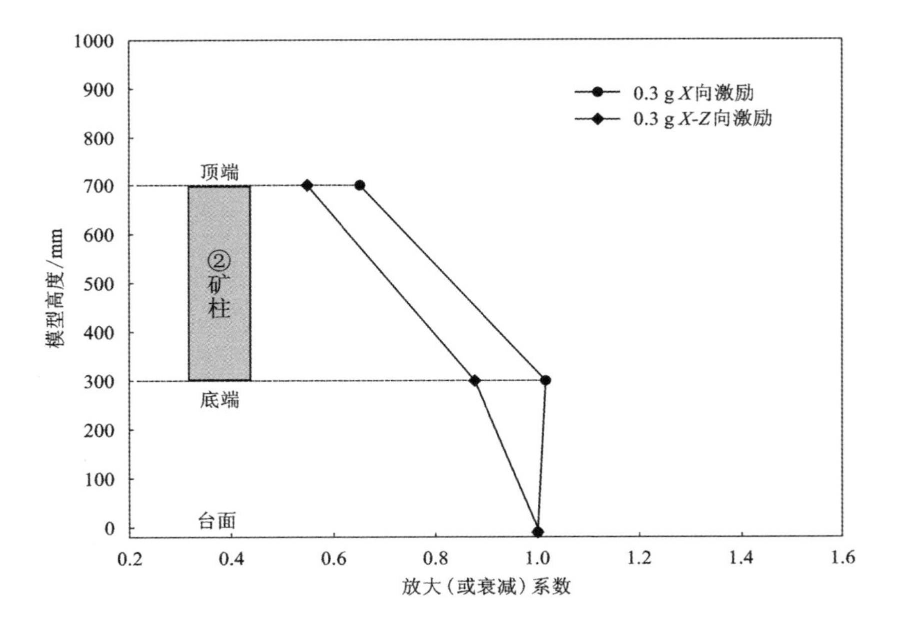
1000
900
800
700
600
500
400
300
200
100
0
模型高度/mm
0.2
0.4
0.6
0.8
1.0
1.2
1.4
1.6
放大（或衰减）系数
0.3 g X向激励
0.3 g X-Z向激励
顶端
②
矿
柱
底端
台面

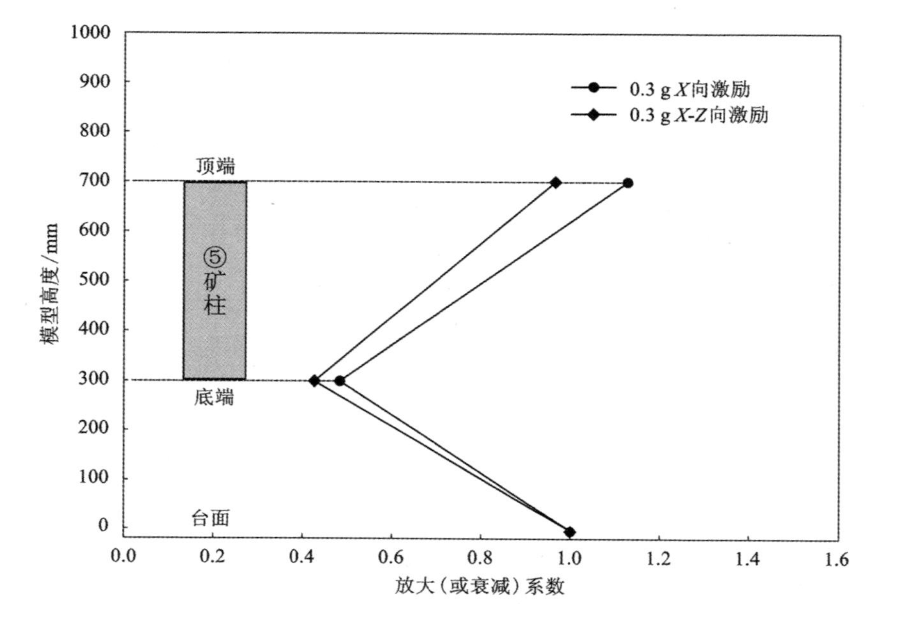

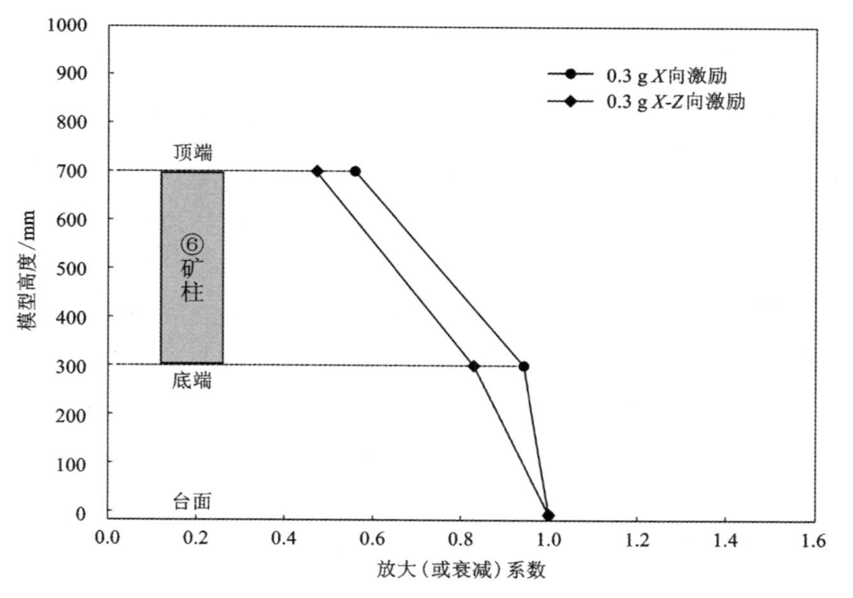

图 3-10　0.3 g 各矿柱不同高程放大(或衰减)系数

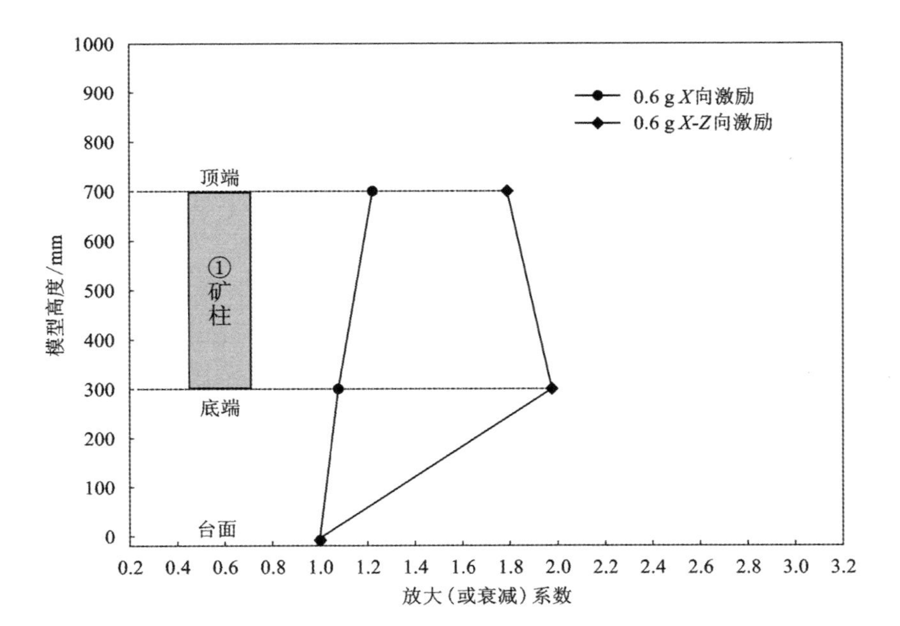

模型高度/mm
1000
900
800
700
600
500
400
300
200
100
0
顶端
底端
台面
①
矿
柱
0.6 g X向激励
0.6 g X-Z向激励
0.2
0.4
0.6
0.8
1.0
1.2
1.4
1.6
1.8
2.0
2.2
2.4
2.6
2.8
3.0
3.2
放大（或衰减）系数

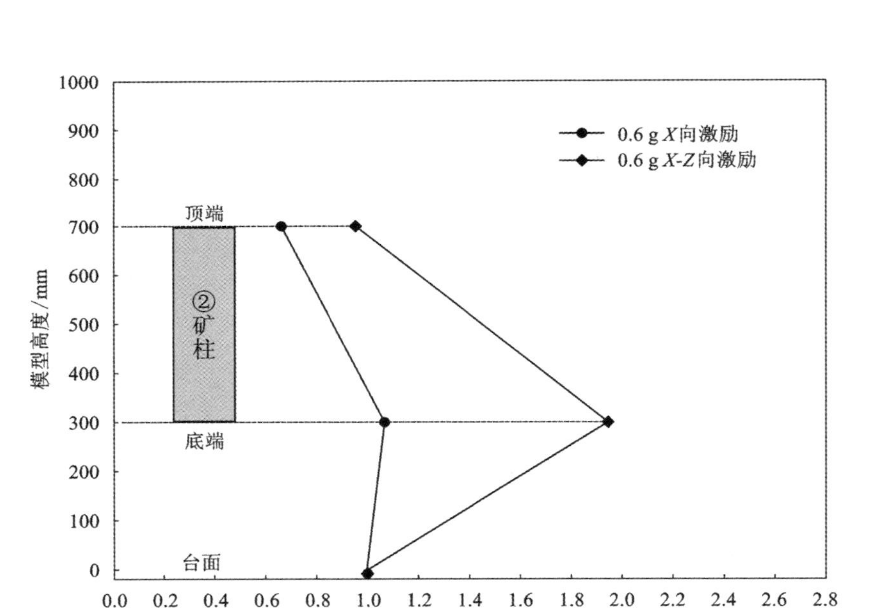

模型高度/mm
1000
900
800
700
600
500
400
300
200
100
0
顶端
底端
台面
②
矿
柱
0.6 g X向激励
0.6 g X-Z向激励
0.0
0.2
0.4
0.6
0.8
1.0
1.2
1.4
1.6
1.8
2.0
2.2
2.4
2.6
2.8
放大（或衰减）系数

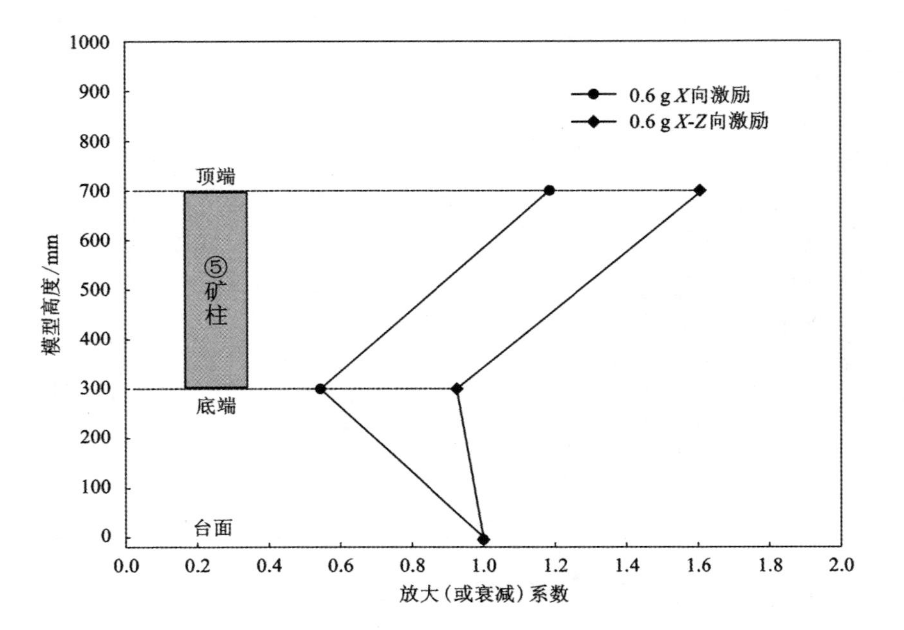

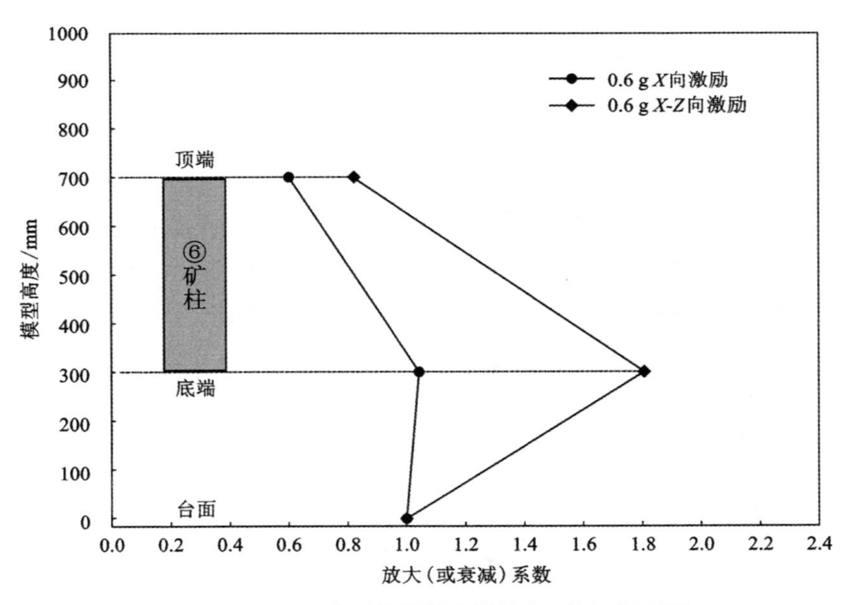

图 3-11　0.6 g 各矿柱不同高程放大(或衰减)系数

当地震激励继续向上传播，在 0.1 g 工况时，采空区边缘 1#矿柱和 5#矿柱顶端产生了高程放大效应，中间位置的 2#和 6#矿柱顶端则发生了衰减。在 0.3 g 工况时，1#、2#、5#和 6#矿柱顶端发生了不同程度的衰减。当输入 0.6 g 强地震激励加速度时，1#和 2#矿柱顶端的 A_{ij} 为 1.6~1.8，产生了显著的高程放大效应，而 5#和 6#矿柱顶端尽管发生了衰减，但 A_{ij} 为 0.8~1，与水平（X 向）单向地震激励相比，A_{ij} 有了一定的提升。

对 1#和 2#矿柱在 0.1 g~0.6 g 不同工况下顶端的 A_{ij} 统计如图 3-12 所示，由此发现，采空区边缘 1#矿柱在水平（X 向）单向激振下，矿柱顶端从 0.1 g 到 0.6 g 均显现出高程放大效应，而在水平-竖直（$X-Z$ 向）双向耦合激振下，输入地震激励为 0.1 g~0.5 g 时，1#矿柱顶端 A_{ij} 依次递减，且在 0.1 g~0.2 g，A_{ij} 大于 1；0.3 g~0.5 g，A_{ij} 小于 1。当输入 0.6 g 水平-竖直（$X-Z$ 向）双向耦合地震激励时，1#矿柱顶端的 A_{ij} 大于 1，产生了显著的高程放大效应。对于 2#矿柱而言，受材料阻尼和地震传播路径影响，无论是在水平（X 向）单向激振还是水平-竖直（$X-Z$ 向）双向激振下，顶端的 A_{ij} 均小于 1，变化趋势与 1#矿柱整体上具有相似规律。

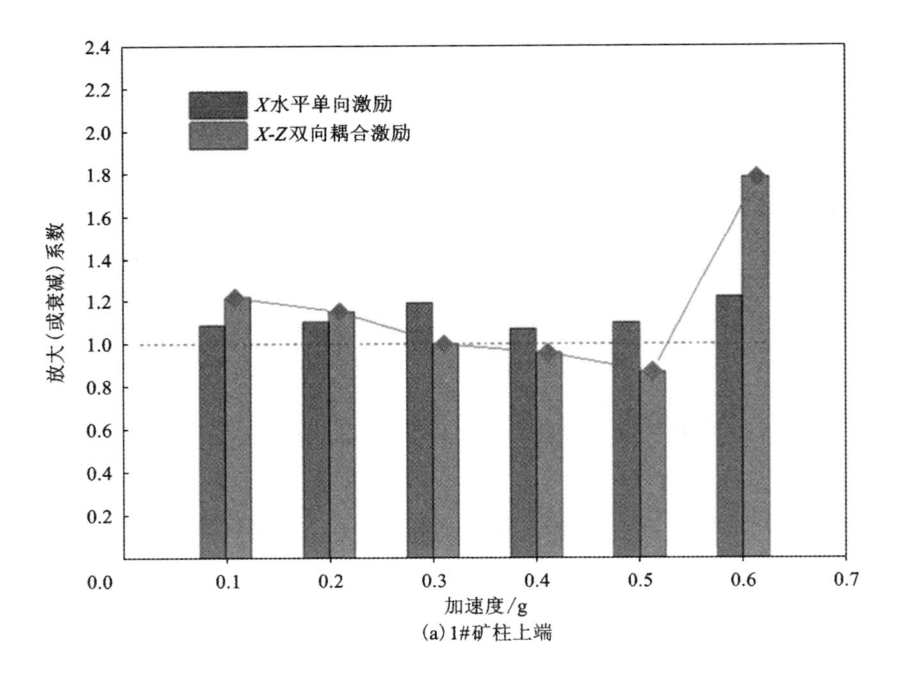

(a) 1#矿柱上端

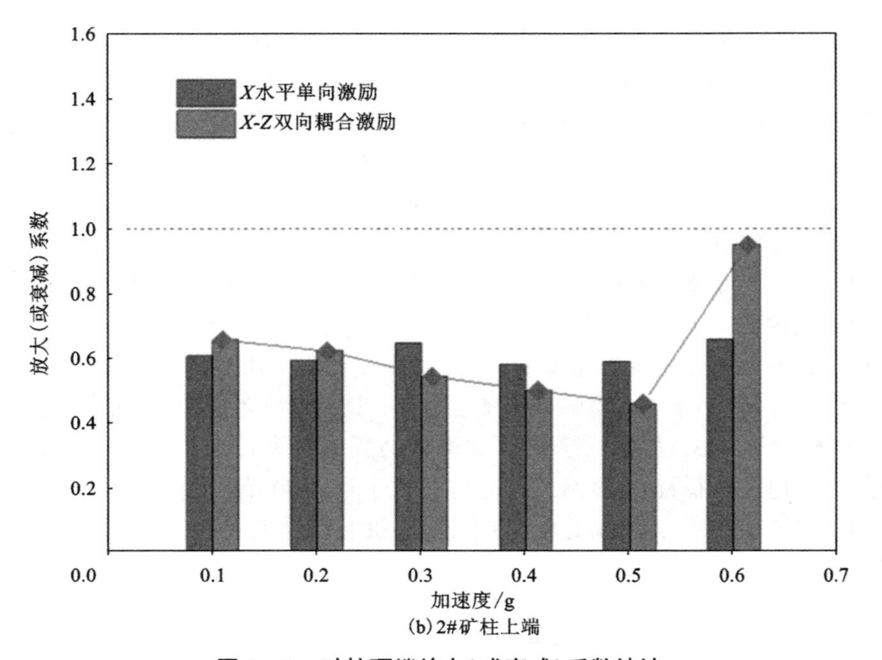

图 3-12 矿柱顶端放大(或衰减)系数统计

综上所述，不同地震激励对矿柱不同位置产生的动力响应存在一定差异性，加速度幅值大小、激振方向、材料阻尼及矿柱位置均是影响因素。其中，水平-竖直(X-Z 向)双向耦合地震激振产生的水平 X 向地震响应更为复杂，竖向地震分量对矿柱顶端的水平 X 向加速度在 0.1 g~0.5 g 工况有弱化作用，0.6 g 时被显著强化。

3.4 不同工况下矿柱体系地震动力频谱特性

天然地震波本质上是由多个不同频率的简谐波组成宽频域的非线性随机地振动，因此频率也是输入地震波三大基本特征(包括峰值、频谱、持时)之一。当输入地震波与结构体产生作用后，输出地震波一方面保留输入波的部分原始特征，另一方面也印上了所作用结构体的部分新特征，由于频率是结构体刚度与质量的函数，当结构的某个区域产生损伤后必将引起结构输出地震波的频率发生变化。在结构抗震研究中，专家学者通常将监测到的地震波信号进行 Fourier 变换分解，获取地震波信号所包含的所有频率成分，进而开展结构体的频谱特性研究，以此分析受震结构体的损伤程度。

1. Fourier 变换

通过 Fourier 变换公式可以将一个复杂的地震波函数分解为若干个不同频率的正余弦函数，Fourier 变换公式为：

$$F(\omega) = \int_{-\infty}^{+\infty} f(t) e^{-j\omega t} dt \tag{3-2}$$

当然，也可以通过 Fourier 逆变换，将分解的简谐波成分合成原信号。Fourier 变换的最大优势是能够得到信号所包含的所有频段的成分，然后将所有频率从小到大进行分组列出。但是，该方法劣势也比较突出，那就是 Fourier 变换结果将信号分量在整个时域内的结果进行了叠加，并不能直观判断出任一频率的实际发生时间的具体位置。

2. 短时 Fourier 变换

为了克服 Fourier 变换在时域分析方面的缺陷，借鉴参考文献[272]，在开展地震加速度傅立叶变换的同时进行了短时傅立叶变换的时域分析。该方法的原理是，在进行信号分析时，加入一个较短的时间窗函数，同时进行 Fourier 变换，利用时间窗函数在整个时域轴上进行平移，得到任意时间段内的频谱，进而实现每一个频率分量的时间定位。短时 Fourier 变换公式为：

$$STFT_x(t, \omega) = \int x(\tau) g(\tau - t) e^{-j\omega t} \tag{3-3}$$

实际上，短时 Fourier 变换和 Fourier 变换原理上是相同的，不同的是由 $g(\tau-t)e^{-j\omega t}$ 替代了 $e^{-j\omega t}$，由此实现了对局部信号的 Fourier 变换分析。

水平（X 向）单向地震激励下 1#和 2#矿柱上下端水平 X 向加速度傅立叶频谱及上端短时傅立叶时频如图 3-13～图 3-15 所示。由图可知，在 0.1 g 工况下，1#矿柱和 2#矿柱上端和下端的加速度傅立叶谱的主频范围为 5～30 Hz，与采空区模型整体主频范围 3～32 Hz 相比，1#和 2#矿柱上下端主频范围发生了一定收缩。此时，二者的主频维持在 15 Hz 左右，与采空区模型未受震时主频为 18.16 Hz 相比，产生了一定的下降，说明在低幅地震激励作用下，矿柱体系顶底端均产生了一定的变形损伤。通过短时 Fourier 变换得到的时频结果显示，1#和 2#矿柱上端的傅立叶主频发生在 0.954 s 时刻，说明在小振幅工况下，矿柱内部变形损伤主要由原始节理裂隙引起，并未产生新的损伤，因此材料阻尼作用并未增加，也没有影响波的传递速度。

随着输入地震激励加速度的增大，在 0.3 g 工况下，1#和 2#矿柱上下端高频地震波被显著过滤而发生衰减，从而致使加速度傅立叶谱的主频范围产生了明显收缩效应，并向低频方向移动，二者的主频范围大体保持在 1～6 Hz，此时主频也发生了明显下降，均降低至 3.02734 Hz，说明在该工况下矿柱体系顶底位置发生

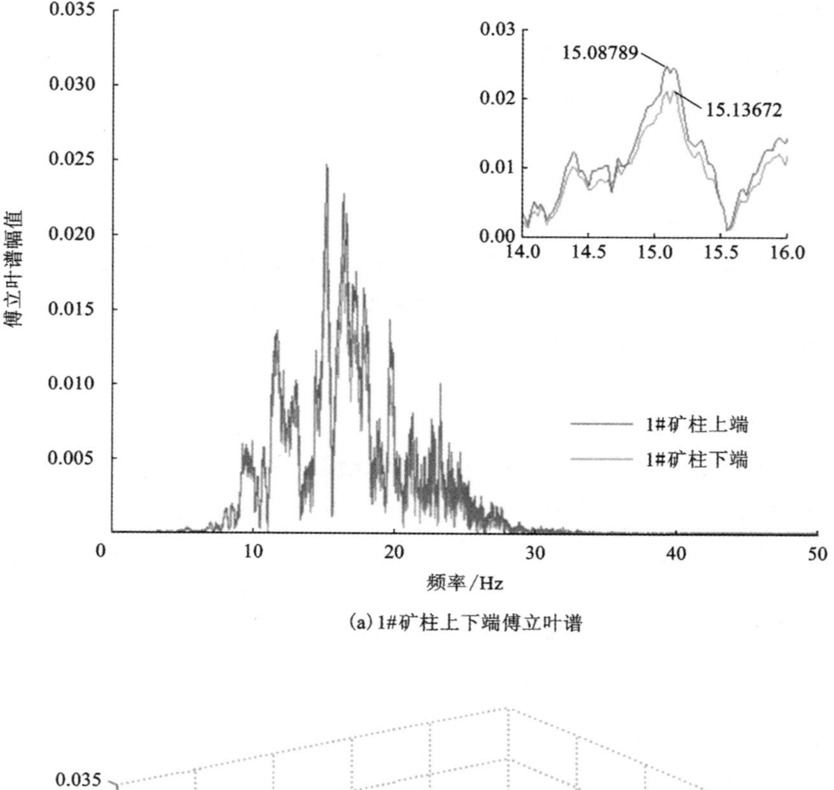

(a) 1#矿柱上下端傅立叶谱

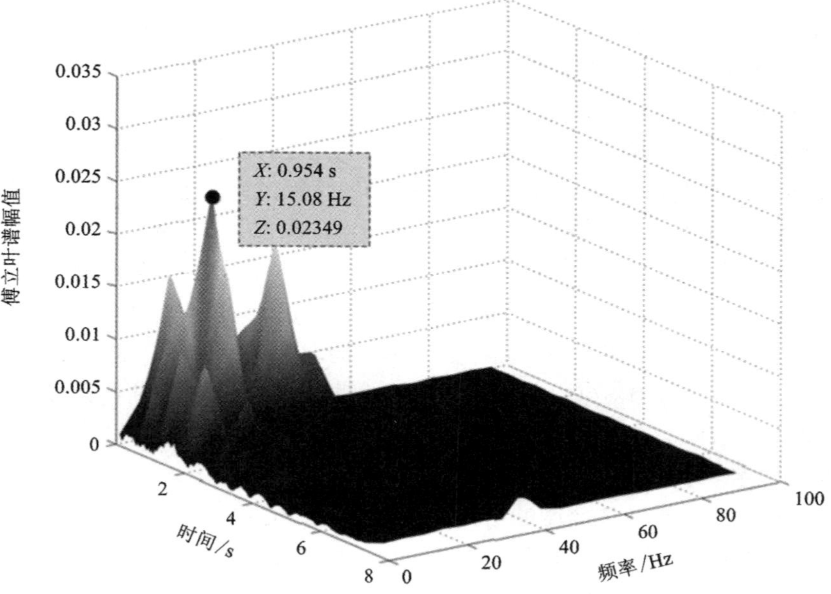

(b) 1#矿柱上端短时傅立叶时频

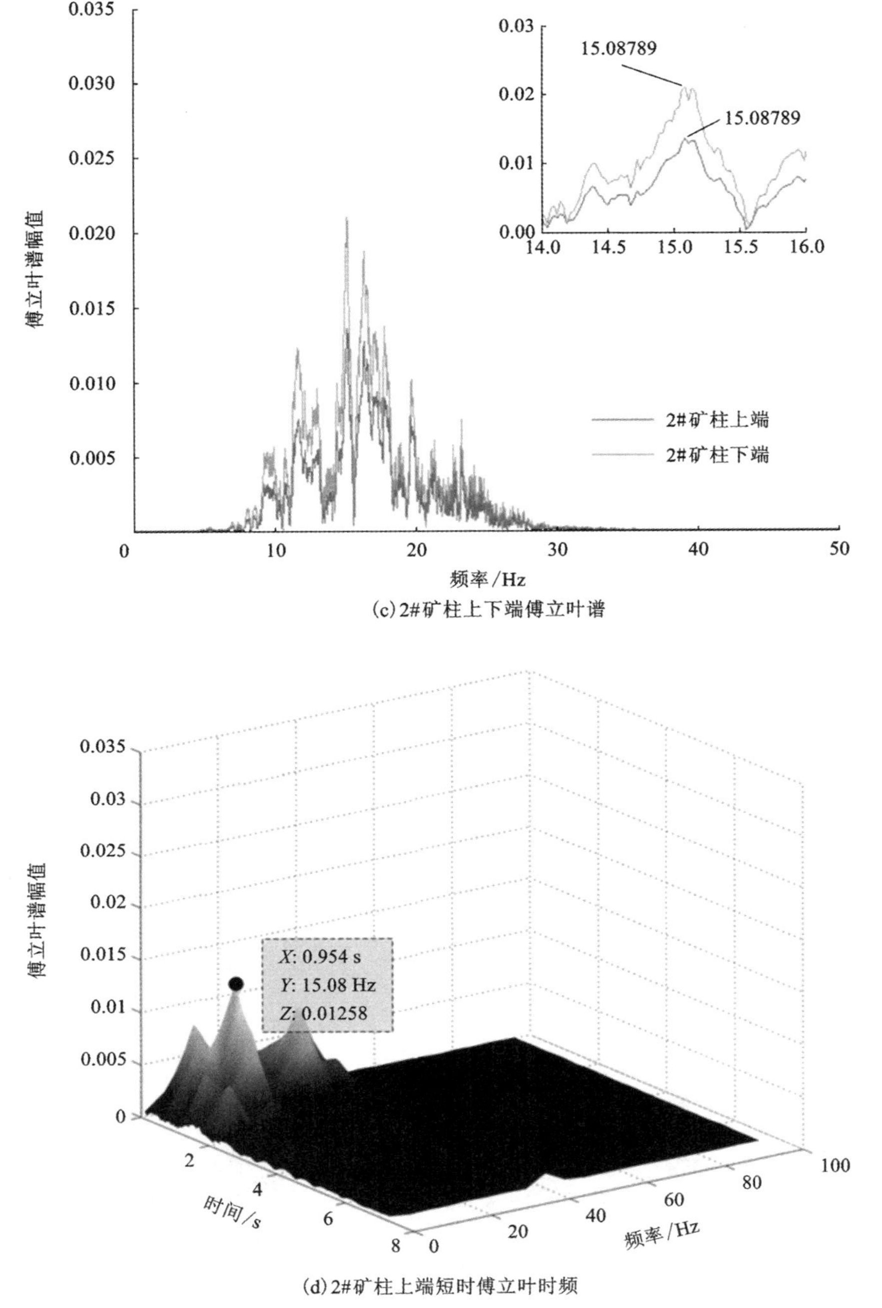

(c) 2#矿柱上下端傅立叶谱

(d) 2#矿柱上端短时傅立叶时频

图 3-13　0.1 g 水平(X 向)单向地震激励下矿柱上下端 X 向频谱及上端时频

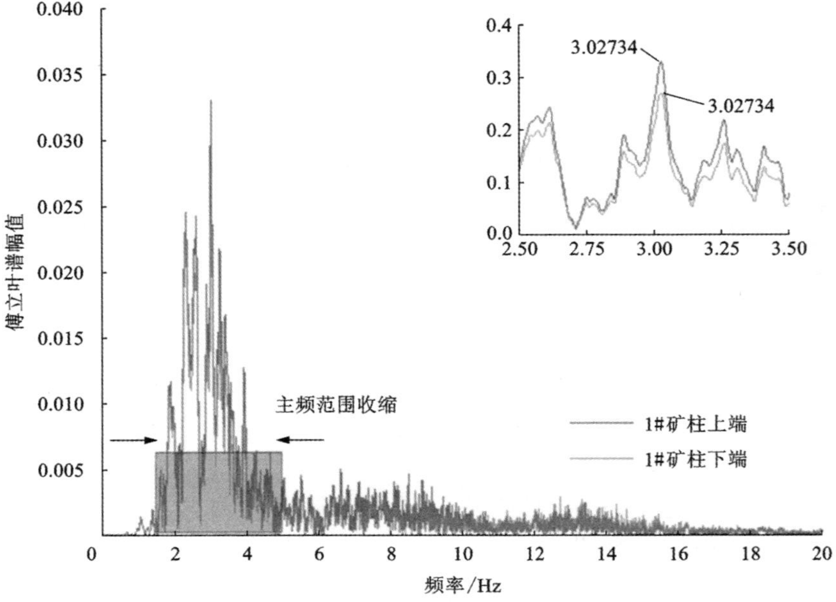

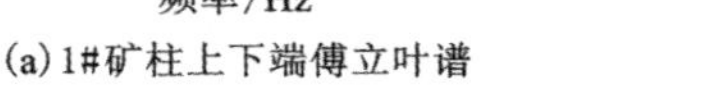
(a) 1#矿柱上下端傅立叶谱

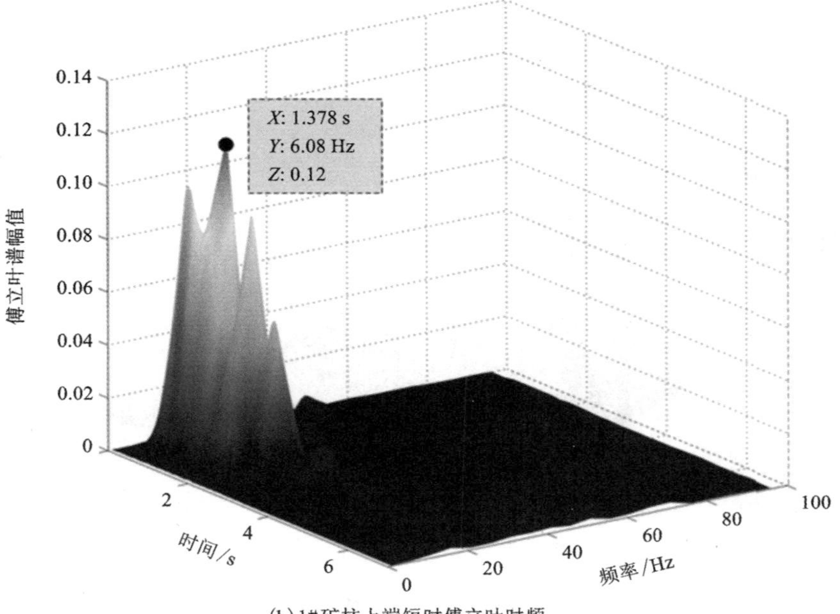

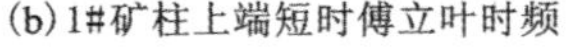
(b) 1#矿柱上端短时傅立叶时频

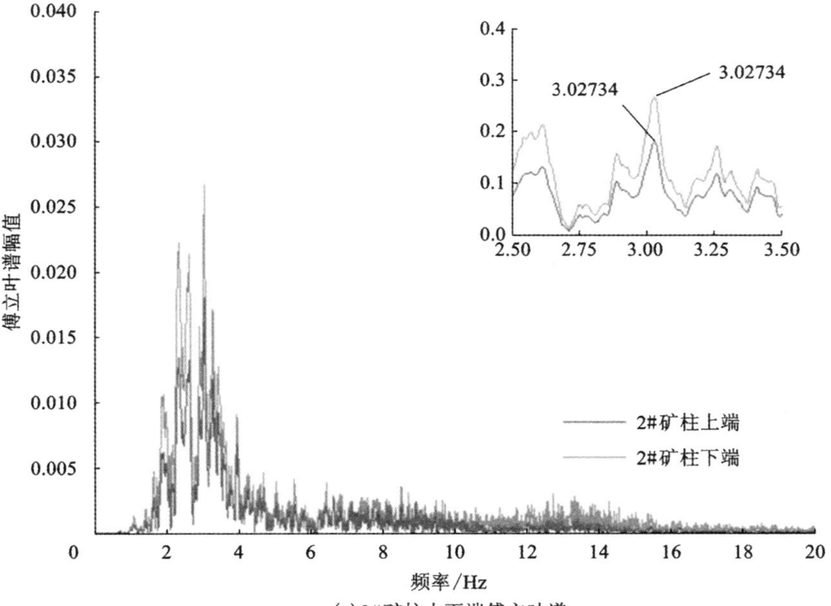

(c) 2#矿柱上下端傅立叶谱

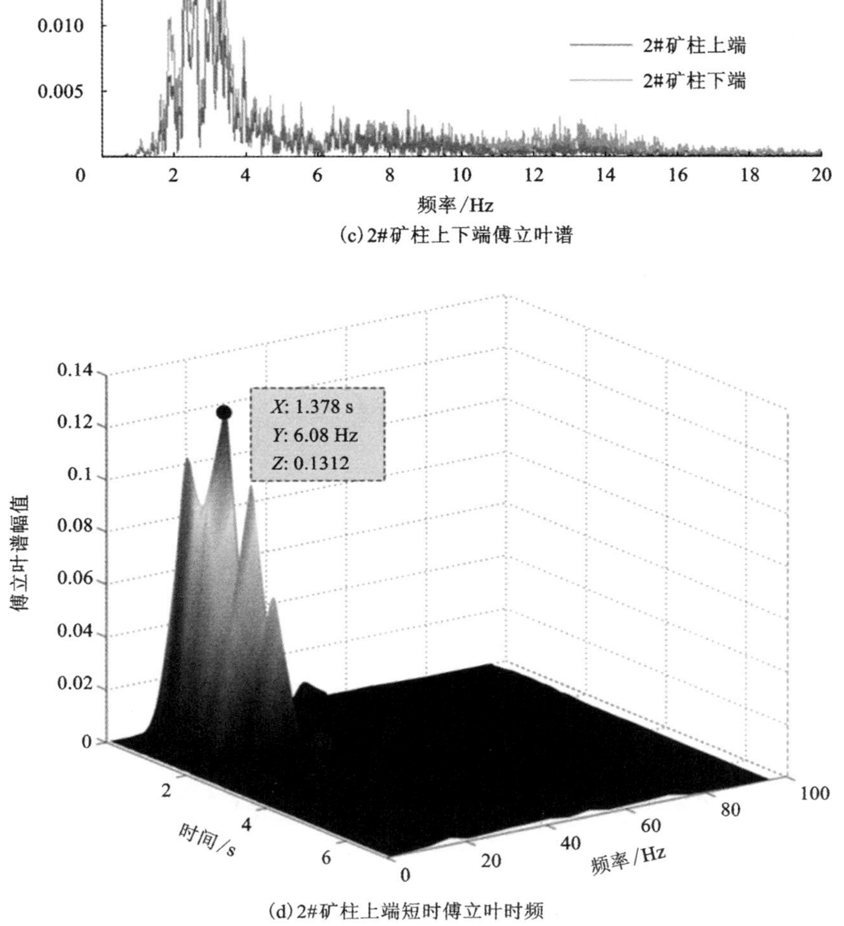

(d) 2#矿柱上端短时傅立叶时频

图 3-14　0.3 g 水平(X 向)单向地震激励下矿柱上下端 X 向频谱及上端时频

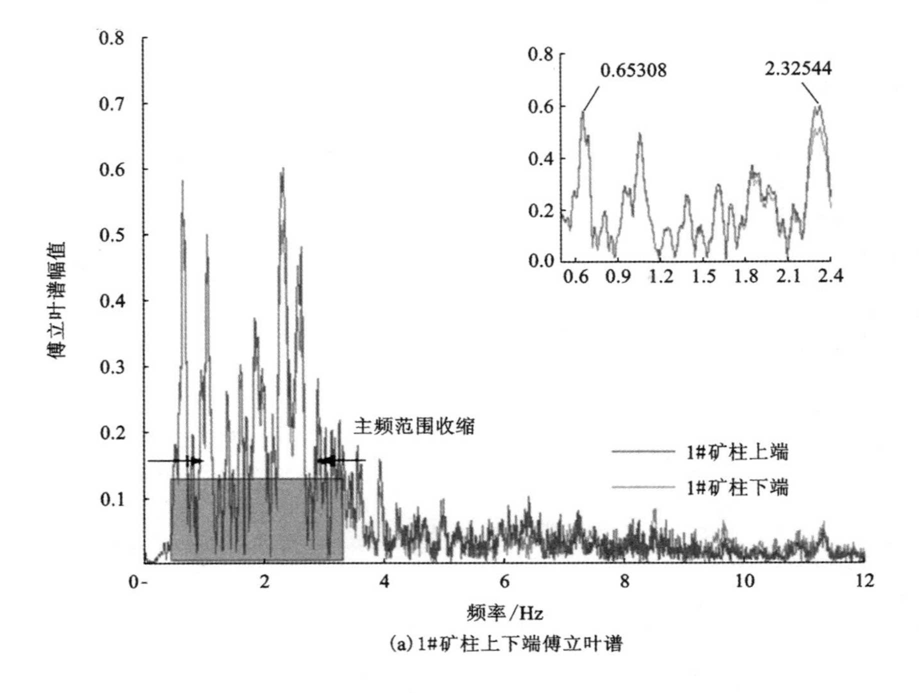

(a) 1#矿柱上下端傅立叶谱

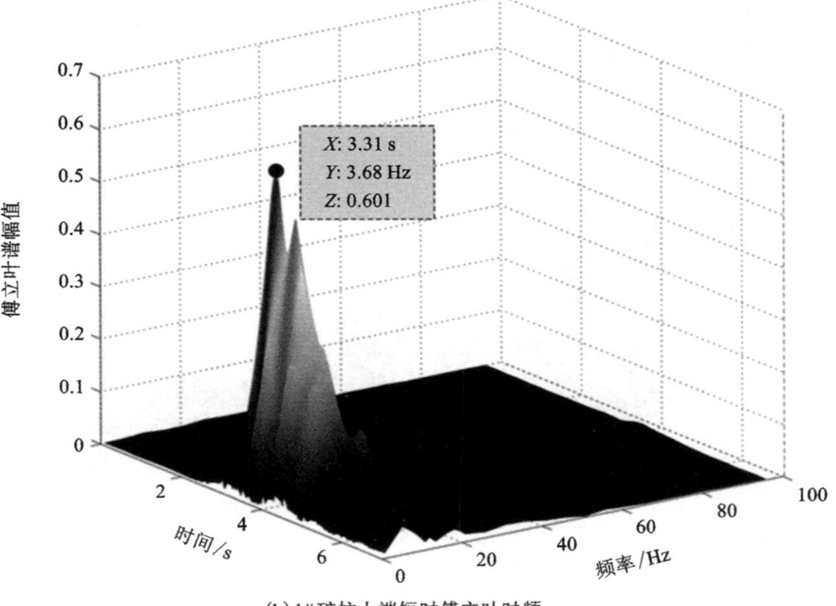

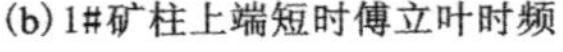
(b) 1#矿柱上端短时傅立叶时频

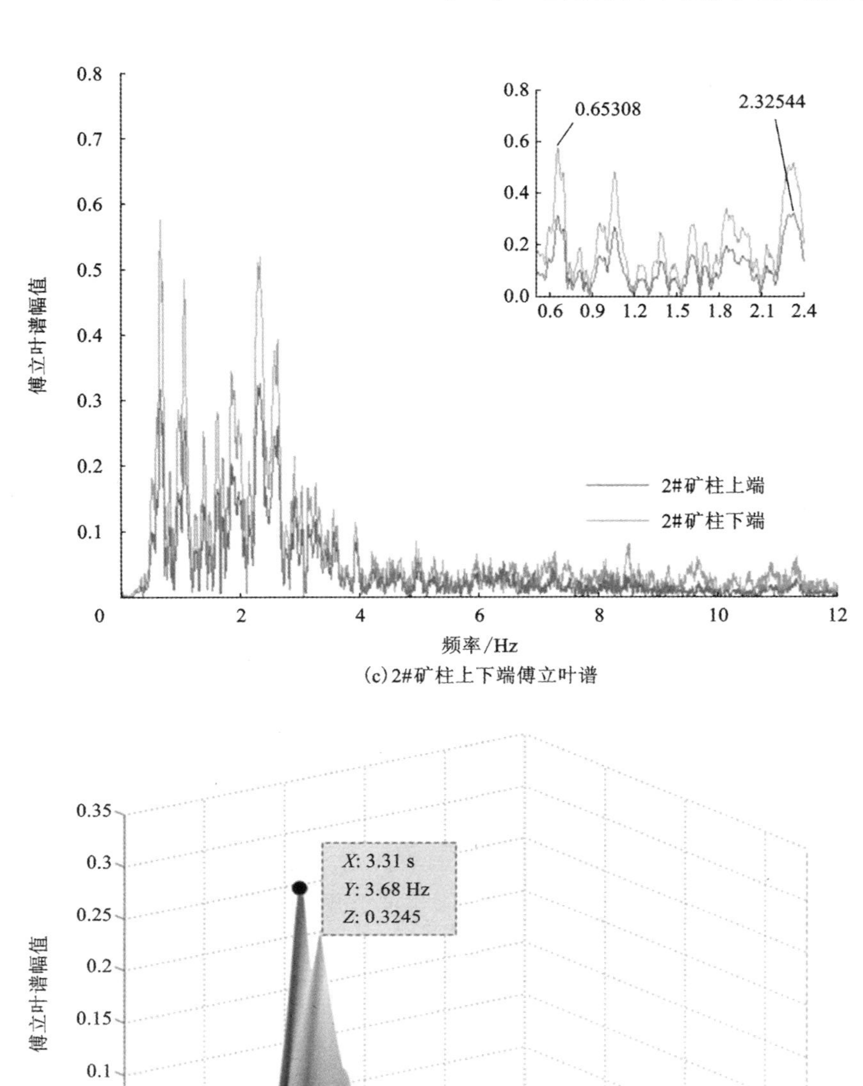

(c) 2#矿柱上下端傅立叶谱

(d) 2#矿柱上端短时傅立叶时频

图 3-15　0.6 g 水平(X 向)单向地震激励下矿柱上下端 X 向频谱及上端时频

了更为严重的损伤，与采空区模型整体损伤步调保持着一致。

与0.1 g工况相比，0.3 g工况下的加速度短时傅立叶时频显示，主频出现的时间发生了明显的延后，这主要是因为在0.3 g工况时整个采空区模型的刚度发生了明显下降，各结构的材料阻尼开始增加，这样就严重影响了地震波传播速度。同时，由于采空区模型刚度下降后，各结构体材料产生了高频滤波效应，使得输入地震激励的高频地震分量被滤除，而能量较低的低频地震波因传播速度小而增加了地震波传递时间。

当输入地震激励增加至0.6 g时，1#和2#矿柱上下端加速度主频范围同时产生收缩，收缩后的主频为0~4 Hz。与此同时，主频也分别降低至0.65308 Hz和2.32544 Hz，说明矿柱顶底端的损伤进一步加剧，且顶端的损伤更为严重。由此表明，在强地震作用下，矿柱顶底端产生了更为剧烈的相对运动，二者发生了非协同振动，从而导致矿柱两端出现了非协调性变形损伤。

水平-竖直(X-Z向)双向耦合地震激励下1#和2#矿柱上下端水平X向加速度傅立叶频谱及上端短时傅立叶时频如图3-16~图3-18所示。由图可知，各工况下的矿柱顶底端加速度主频变化与水平(X向)单向地震激励下大体上保持着相似规律。不同的是，从0.3 g开始，1#和2#矿柱上下端就发生了非协同振动，1#和2#矿柱上下端主频分别是2.33154 Hz和3.03345 Hz。同时，在8~10 Hz产生了新的频谱活跃区。当输入地震激励加速度增加至0.6 g时，2#矿柱上下端主频下降至2.28271 Hz，新增频谱活跃区也逐渐向左发生了迁移，说明随着输入加速度增加，水平-竖直(X-Z向)双向耦合地震激励进一步加剧了矿柱体系之间的非协同振动，导致2#矿柱上下端损伤进一步加剧。

1#和2#矿柱上下端在0.1 g~0.6 g工况下的主频变化如图3-19和图3-20所示。在0.1 g~0.2 g工况下，由于整个采空区体系处于弹性变形阶段，此时无论水平(X向)单向地震激励还是水平-竖直(X-Z向)双向耦合地震激励，各柱上下端加速度主频均为15 Hz左右，尽管与采空区模型主频相比有一定下降，但整体上表现出了较好的抗震性能，发生了可控的弹性变形。当输入地震激励加速度增加至0.3 g时，各柱顶底端的加速度主频均发生了“突降”，说明0.3 g是矿柱体系主频发生改变的临界加速度，且随着整个采空区损伤变形进入弹塑性工作状态，矿柱体系顶底端也随之加剧。随着地震激励不断增大，水平单向地震激励下，矿柱底端的主频依次递减，表示损伤不断累积并加剧，而顶端的主频表现出先增后降变化趋势，处于动态调整中。

综上可知，在0.1 g~0.2 g工况下，无论是一维(X向)激振还是二维(X-Z向)激振，各矿柱顶底端都具有较好的抗变形能力。随着输入加速度增加，在0.3 g时各矿柱顶底端开始产生了一定损伤，此后顶底端损伤逐渐累积并加剧。

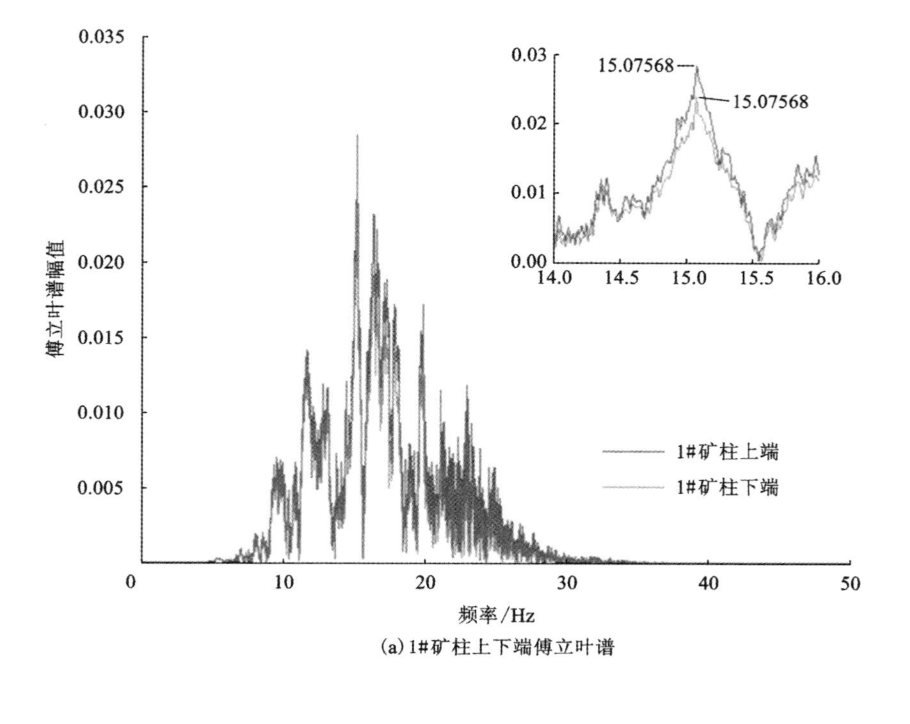

(a) 1#矿柱上下端傅立叶谱

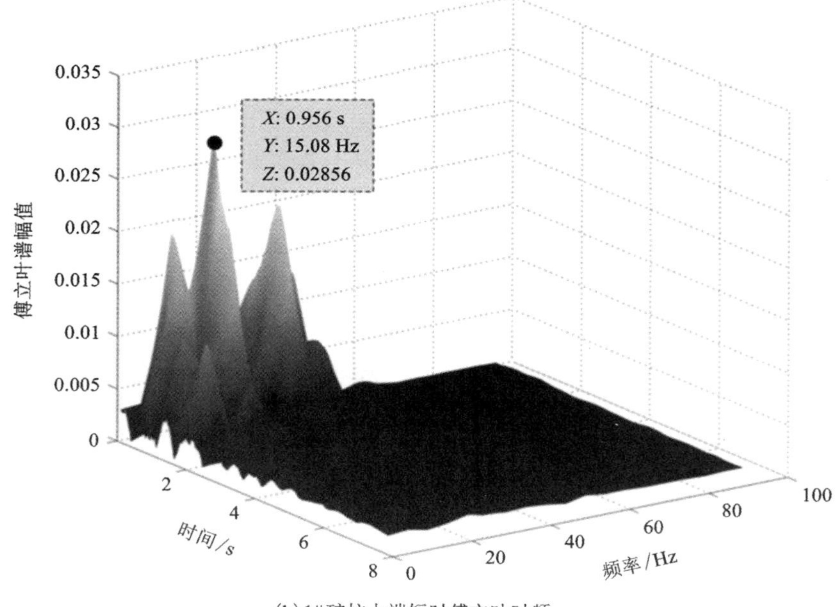

(b) 1#矿柱上端短时傅立叶时频

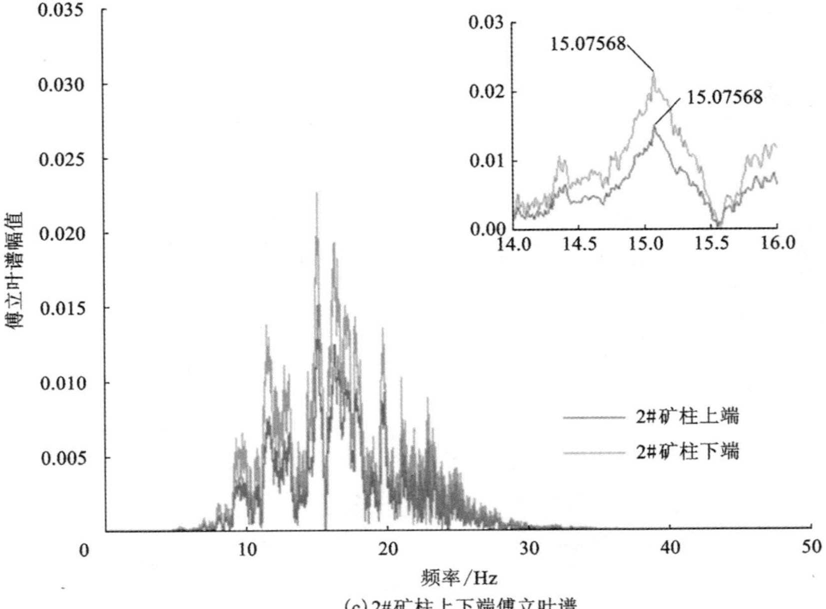

(c) 2#矿柱上下端傅立叶谱

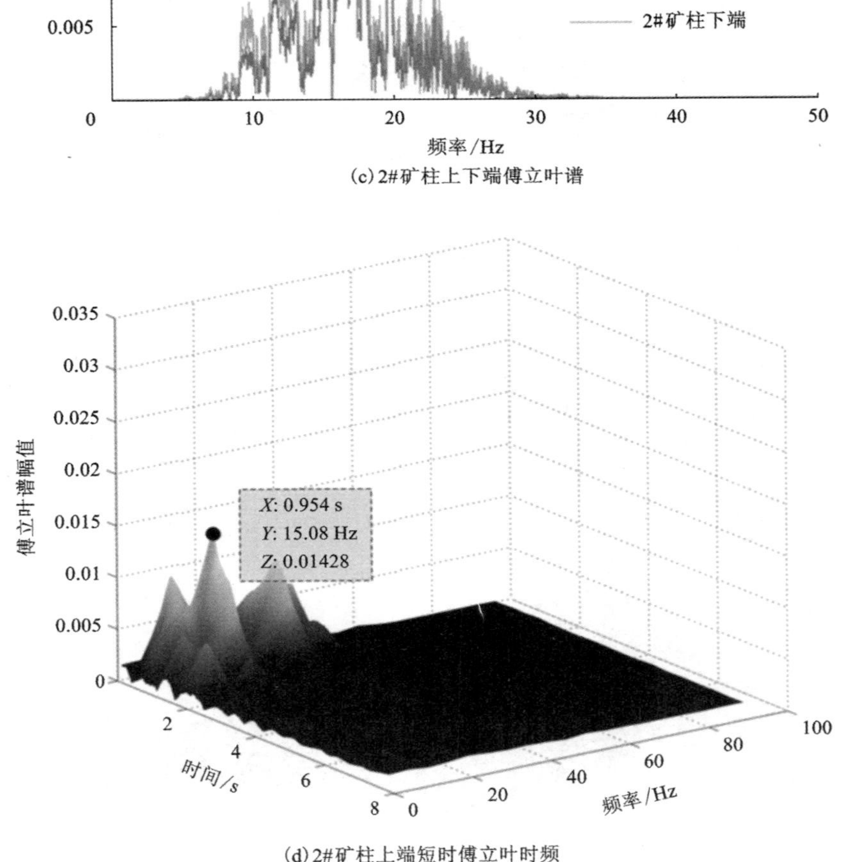

(d) 2#矿柱上端短时傅立叶时频

图 3-16　0.1 g 水平-竖直(X-Z 向)双向耦合地震激励下矿柱上下端 X 向频谱及上端时频

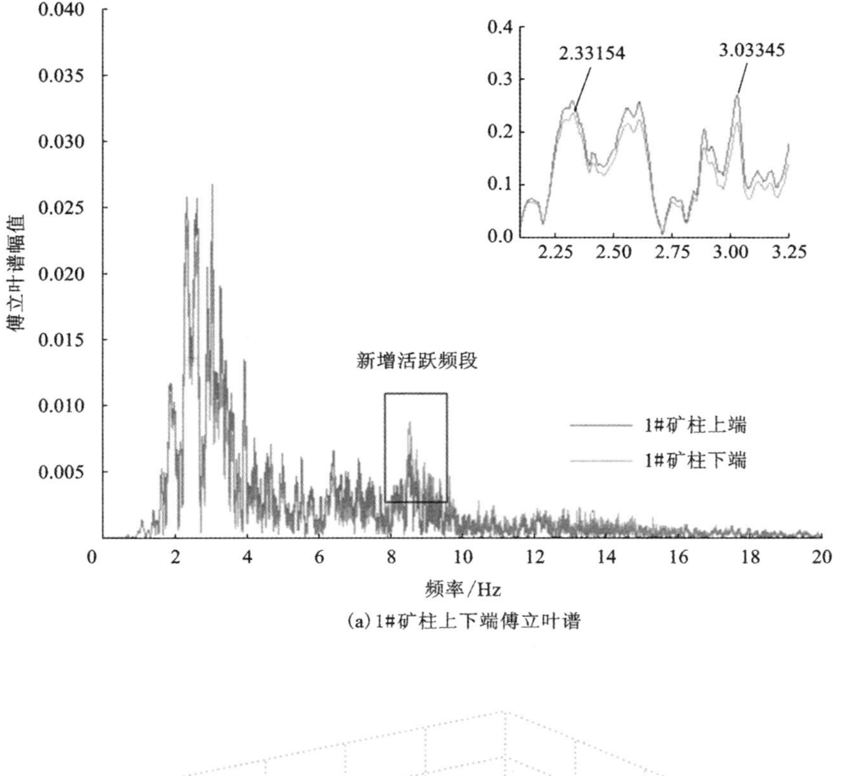

(a) 1#矿柱上下端傅立叶谱

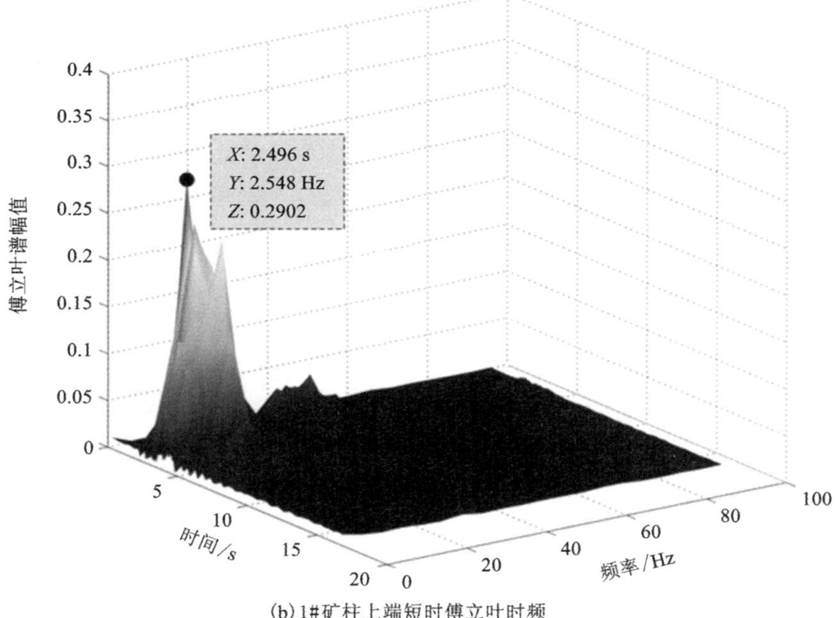

(b) 1#矿柱上端短时傅立叶时频

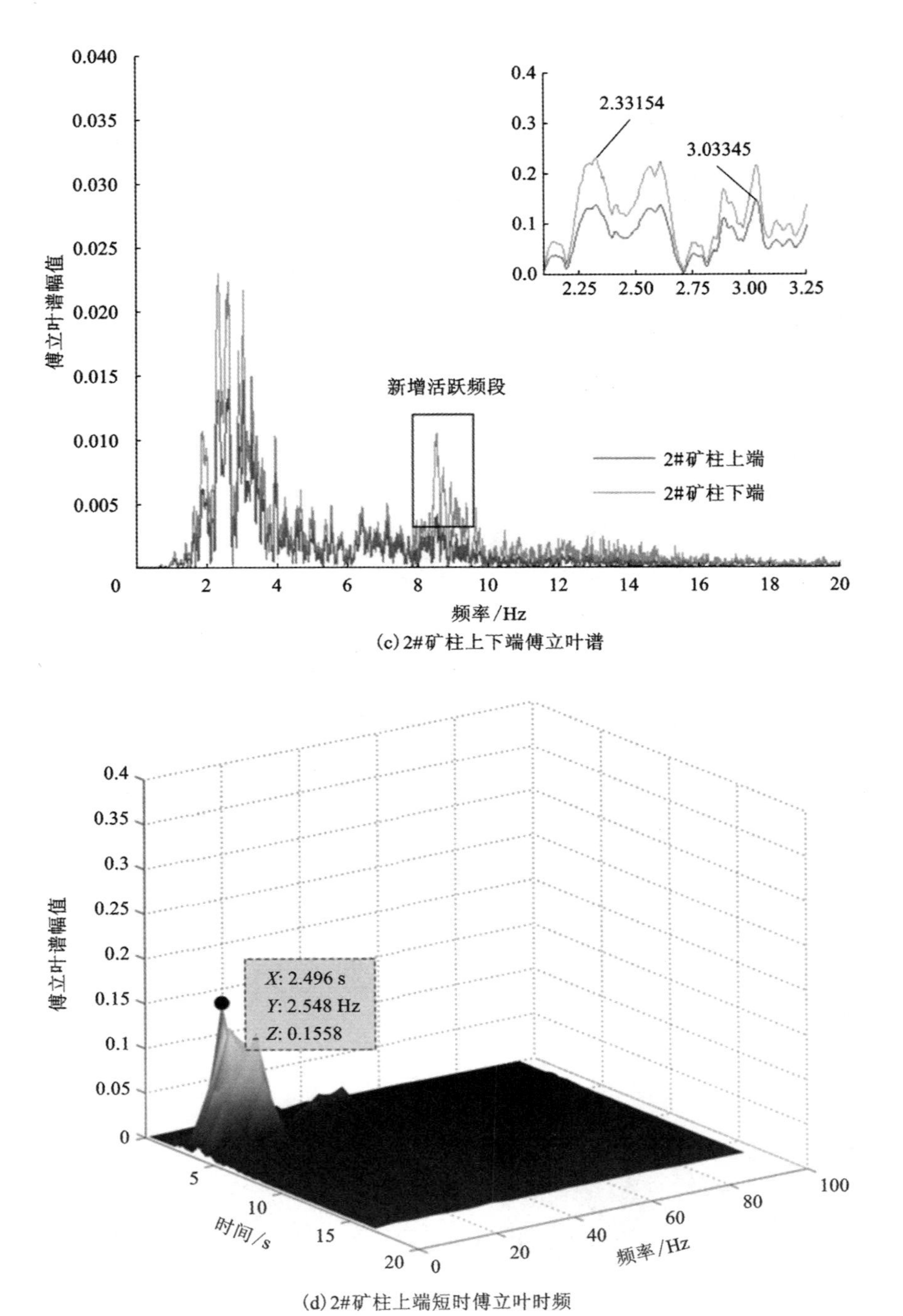

图 3-17　0.3 g 水平-竖直(X-Z 向)双向耦合地震激励下矿柱上下端 X 向频谱及上端时频

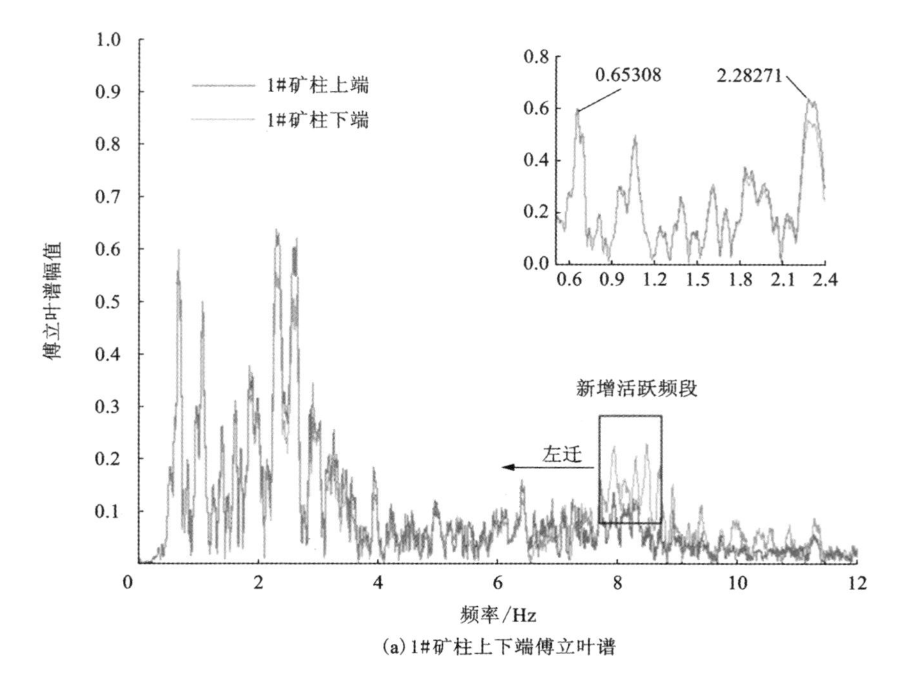

(a) 1#矿柱上下端傅立叶谱

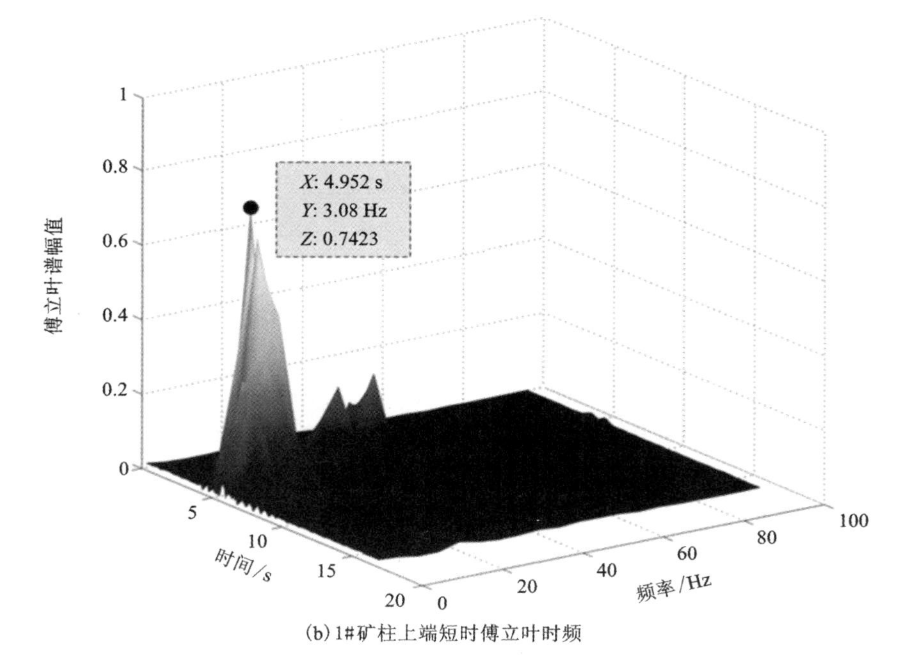

(b) 1#矿柱上端短时傅立叶时频

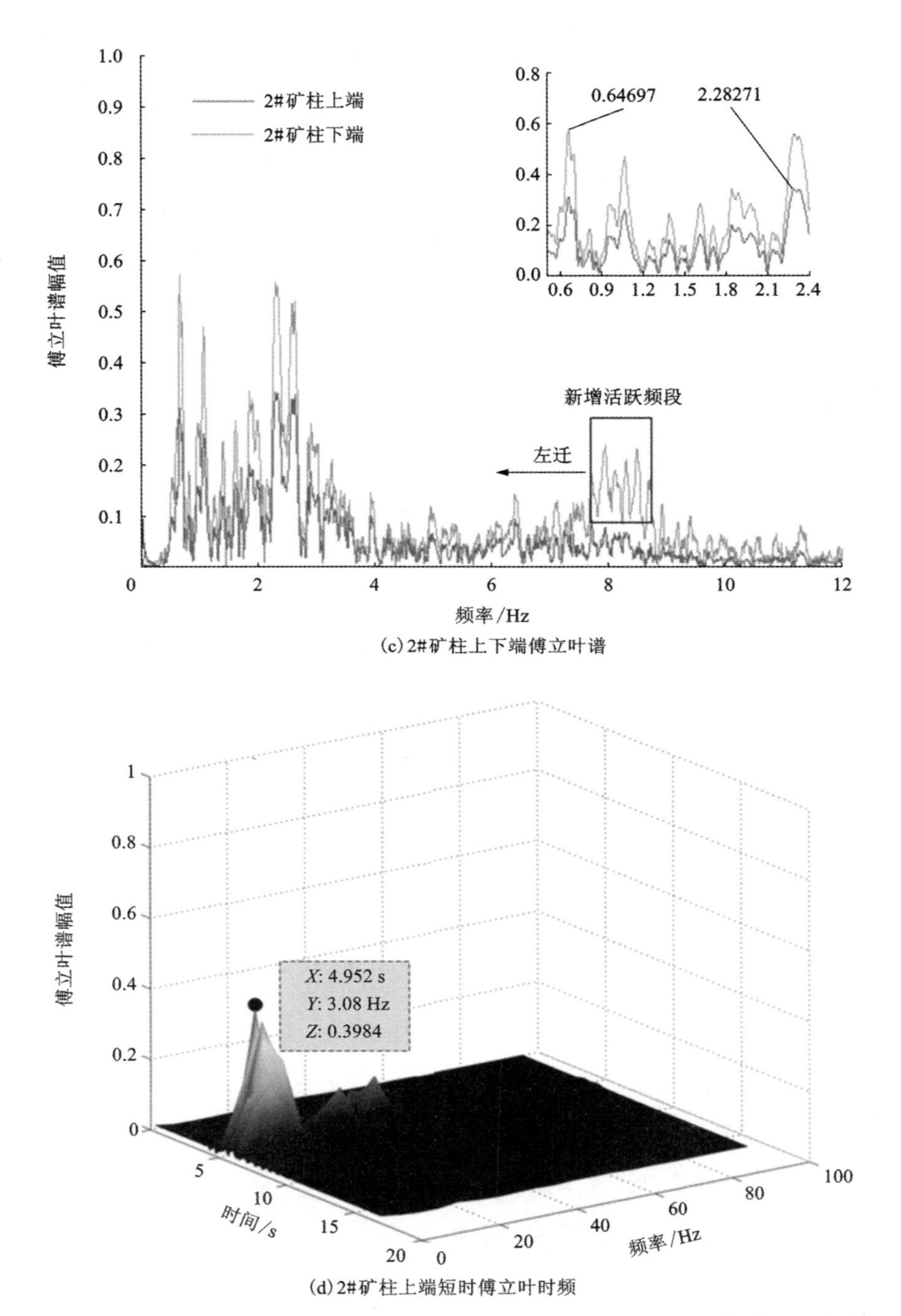

(c) 2#矿柱上下端傅立叶谱

(d) 2#矿柱上端短时傅立叶时频

图 3-18　0.6 g 水平-竖直（*X*-*Z* 向）双向耦合激励下矿柱上下端 *X* 向频谱及上端时频

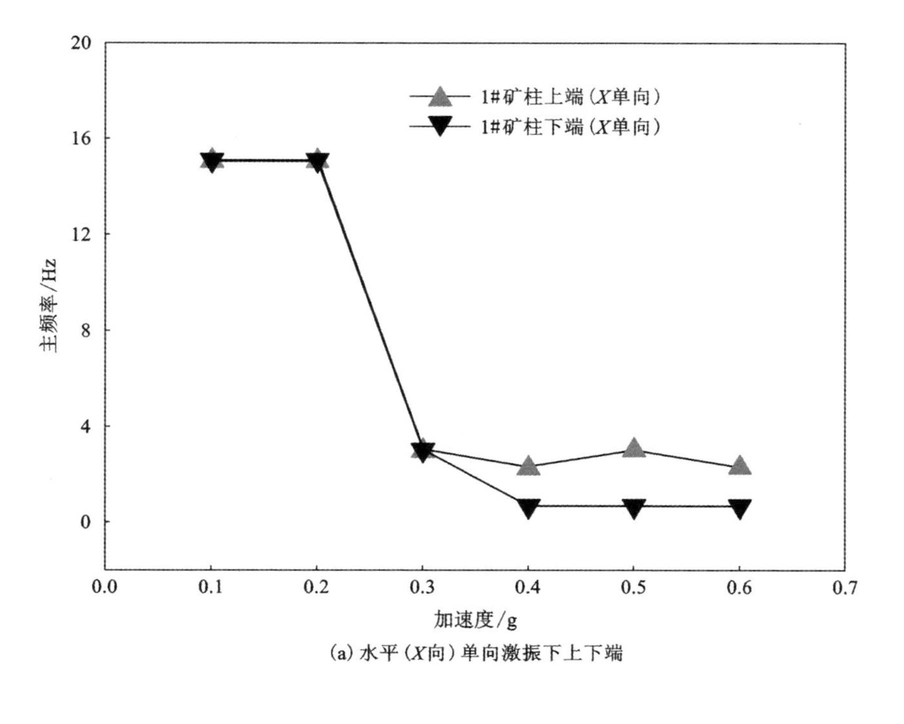

(a) 水平（X向）单向激振下上下端

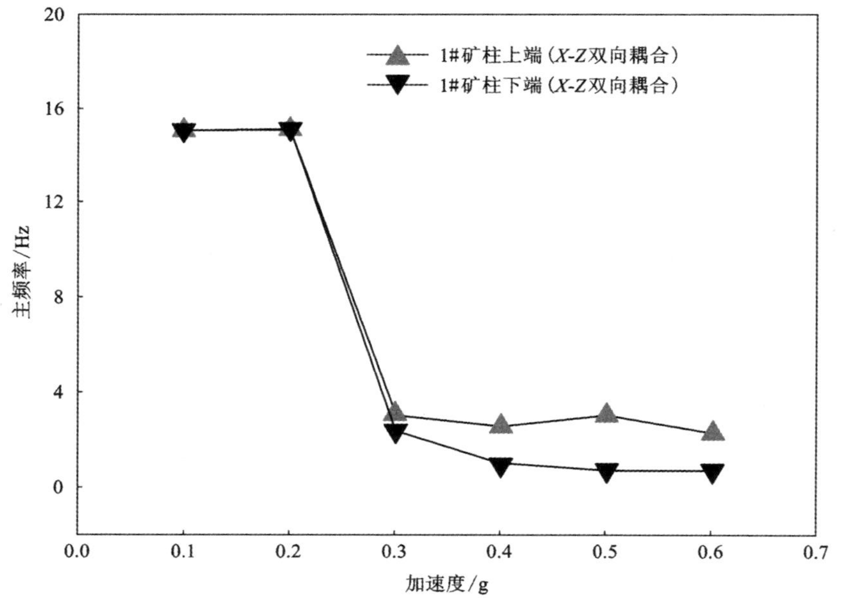

(b) 水平-竖直（X-Z向）双向激振下上下端

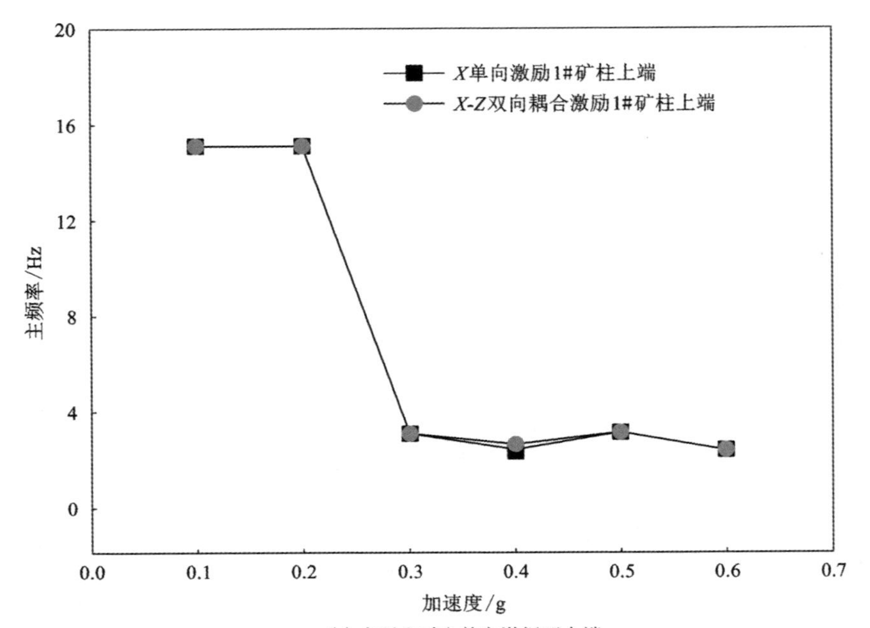

(c) 水平（X向）单向激振下上端

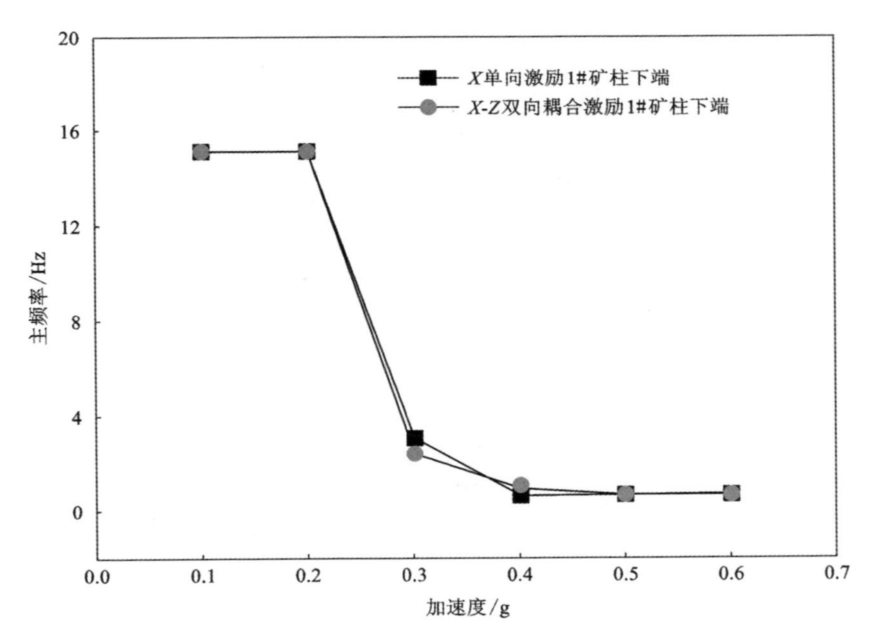

(d) 水平-竖直（X-Z向）双向激振下下端

图 3-19　不同工况下 1#矿柱顶底端主频变化对比

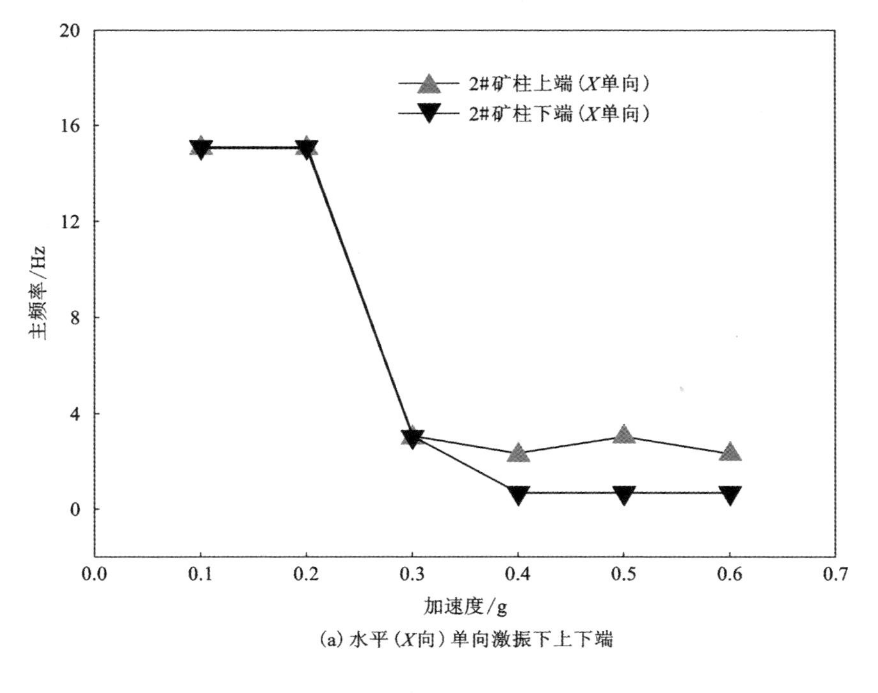

(a) 水平（X向）单向激振下上下端

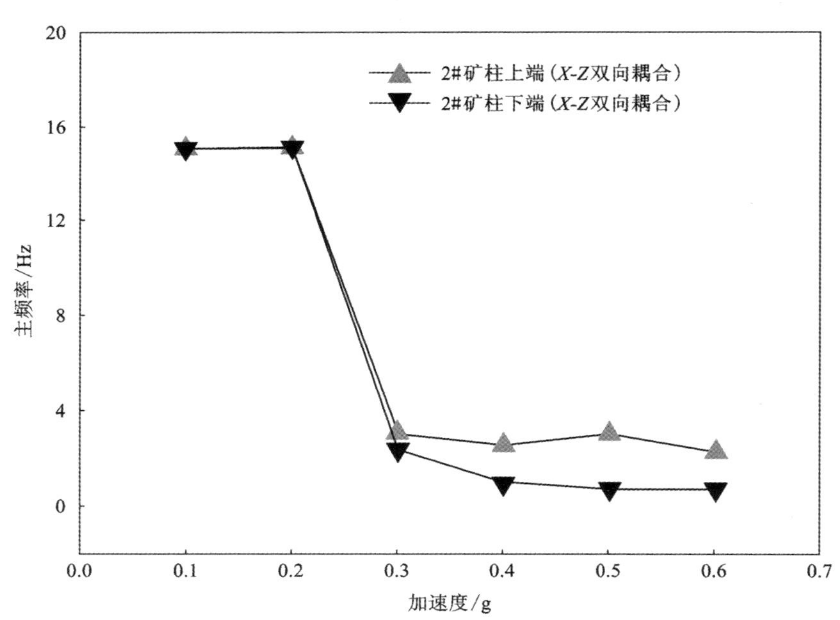

(b) 水平-竖直（X-Z向）双向激振下上下端

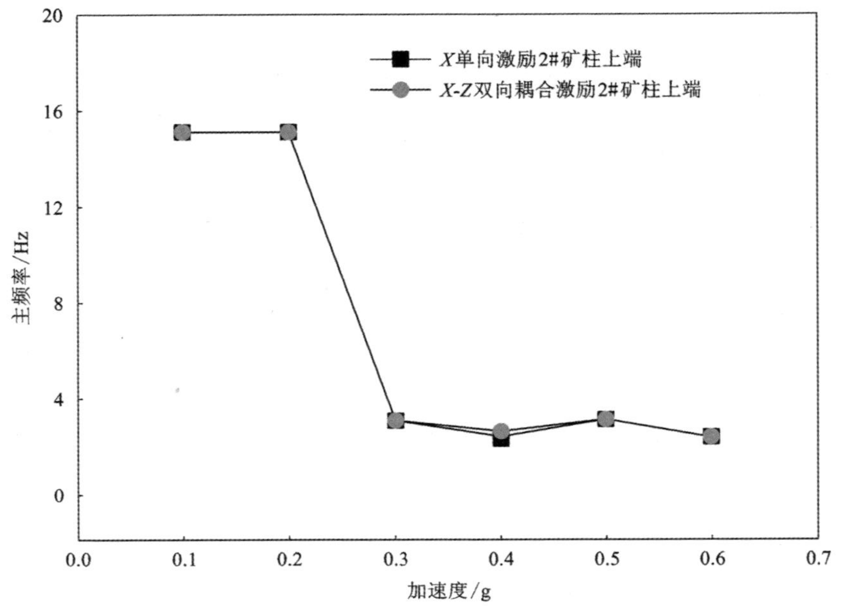

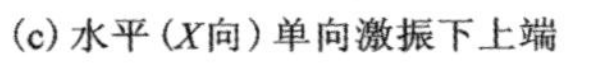
(c) 水平（X向）单向激振下上端

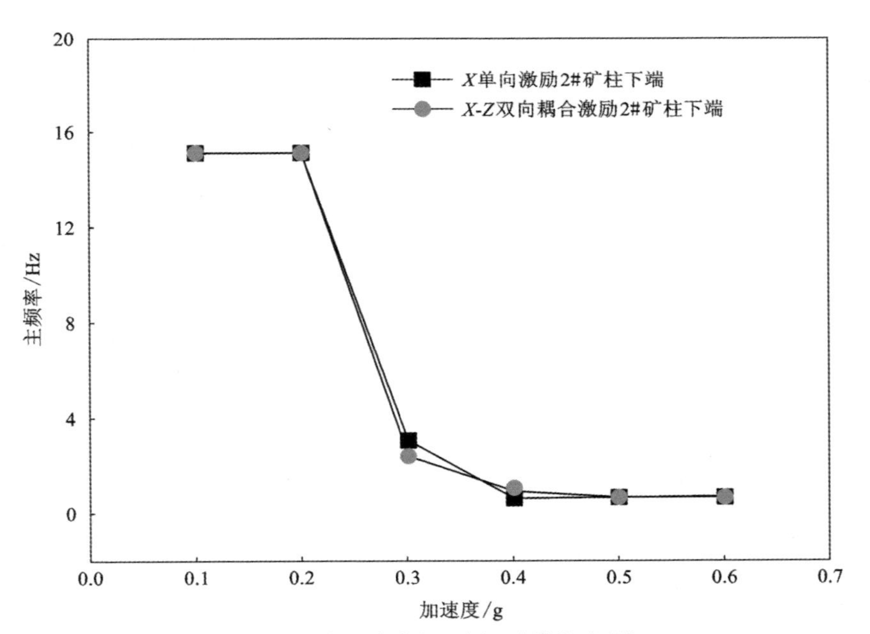

(d) 水平–竖直（X-Z向）双向激振下下端

图 3–20　不同工况下 2#矿柱顶底端主频变化对比

3.5　竖向分量对矿柱地震动力特性的影响

3.3 节~3.4 节研究结果表明，水平（X 向）单向地震激励与水平-竖直（X-Z 向）双向耦合地震激励对矿柱体系的地震动力响应存在一定的差异性，即有竖向地震分量参与的地震激励对强震工况下的矿柱体系地震响应具有显著强化作用。事实上，水平-竖直（X-Z 向）双向耦合地震激励比水平（X 向）单向地震激励更为复杂，主要是因为水平-竖直（X-Z 向）二维地震激励并不是水平向分量和竖向分量简单的叠加，而是一种复杂的矢量和。由于地下采空区开挖形成后，首先来自上覆岩层的自重会在矿柱顶底端位置形成应力增压区，当受到竖向地震分量产生的竖向惯性力后，会改变矿柱的轴力和轴压比，而轴压比的产生则会对矿柱的变形能力和抗剪切强度产生重要影响。因此，本节将专门探讨分析水平-竖直（X-Z 向）双向耦合地震激励作用下，竖向地震分量对矿柱体系产生的地震动力响应及其影响。由于地震本质上是一种幅值随周期变化的循环动力荷载，矿柱体系在受到竖向地震分量多次反复加卸载后，会有能量的吸收和释放，因此书中还引入了能够反映竖向地震分量在矿柱内向上传递过程中通过矿柱单位截面能量的“能量通量”（简称“能流”）地震参数来表征竖向地震分量对矿柱体系动力响应的影响。

水平-竖直（X-Z 向）双向耦合地震激励作用下 1#矿柱和 6#矿柱的竖向地震分量加速度的时程曲线、频谱、能量通量及积分后的位移时程曲线如图 3-21~图 3-23 所示。在 0.1 g 工况下，位于采空区边缘的 1#矿柱和位于采空区中间的 6#矿柱的竖向地震分量加速度响应比较微弱，峰值分别为 0.04489 g 和 0.06551 g，傅立叶主频分别为 19.68 Hz 和 15.08 Hz，通过矿柱截面的能流也非常小，各矿柱在竖向产生的相对位移也不足 1 mm，说明 0.1 g 工况下的竖向地震分量对矿柱的动力影响较小，造成的损伤变形较小。这表明在 0.1 g 水平-竖直（X-Z 向）双向耦合地震激励作用下，由于整个采空区体系处于弹性变形状态，矿柱体系在竖直方向产生了一定的地震分量，但造成的地震动力响应并不明显。此外，尽管台面地震激励均匀输入，但不同位置矿柱受到的竖向地震作用产生了一定的差异性，这可能与各矿柱自身强度特征有关。

在 0.3 g 工况下，1#矿柱和 6#矿柱的竖向地震分量加速度均有明显提升，峰值分别为 0.16877 g 和 0.36505 g，其中 1#矿柱的峰值为台面输入地震激励的 56.2%，与 0.1 g 工况时的 44.9%相比，竖向地震分量的比例有所提升，而此时的 6#矿柱已经产生了一定的高程放大效应，幅值提升了 21.6%，由此说明随着输入地震激励加速度幅值的增加，水平-竖直（X-Z 向）双向耦合地震激励产生的竖向地震分量地震响应随之增加，且将会对各矿柱在竖直方向产生更大的地震惯性

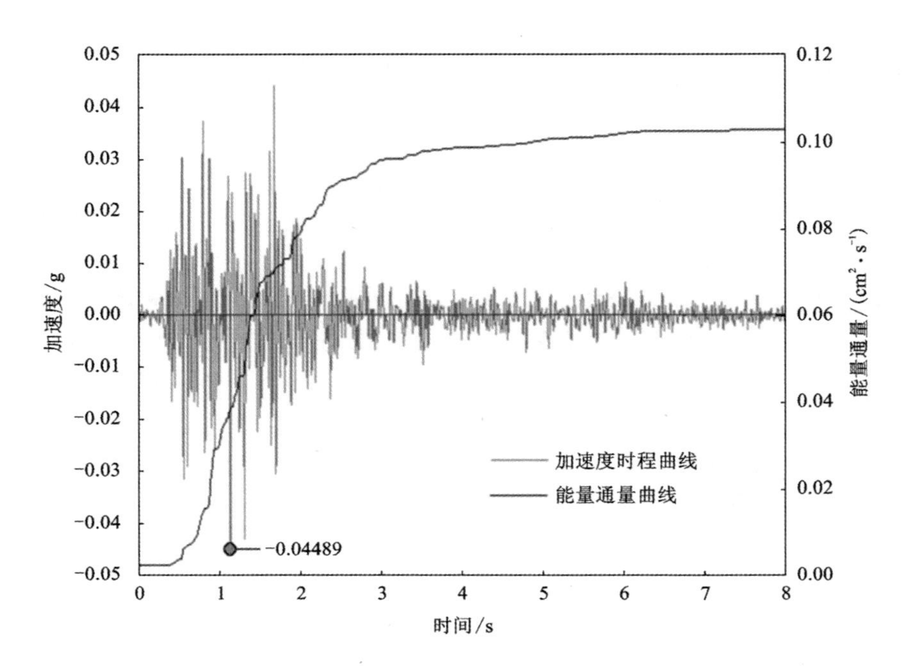
加速度/g
能量通量/(cm^2·s^{-1})
时间/s
加速度时程曲线
能量通量曲线
−0.04489
0.05
0.04
0.03
0.02
0.01
0.00
−0.01
−0.02
−0.03
−0.04
−0.05
0.12
0.10
0.08
0.06
0.04
0.02
0.00
0
1
2
3
4
5
6
7
8

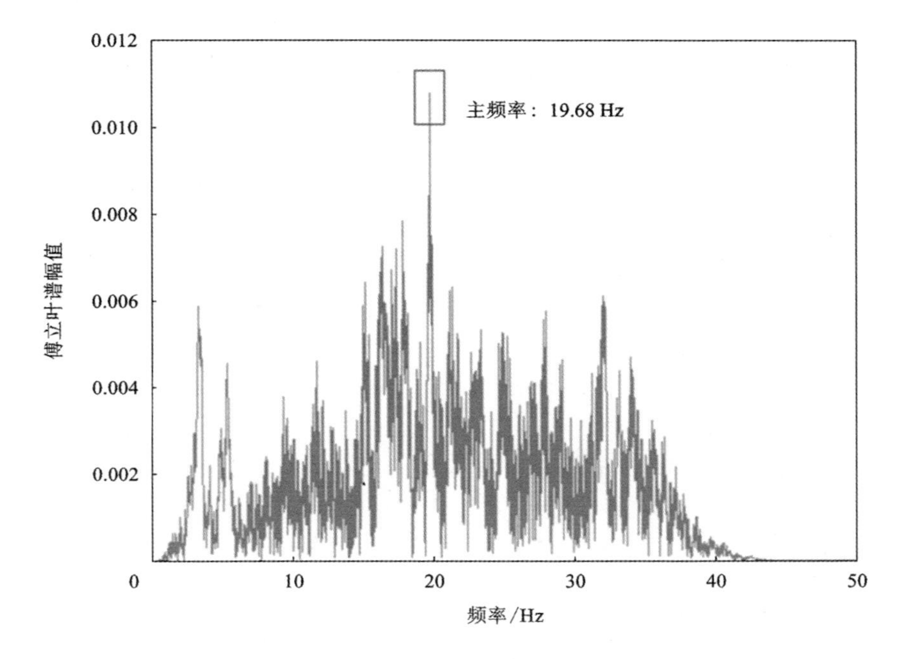
傅立叶谱幅值
频率/Hz
主频率： 19.68 Hz
0.012
0.010
0.008
0.006
0.004
0.002
0
10
20
30
40
50

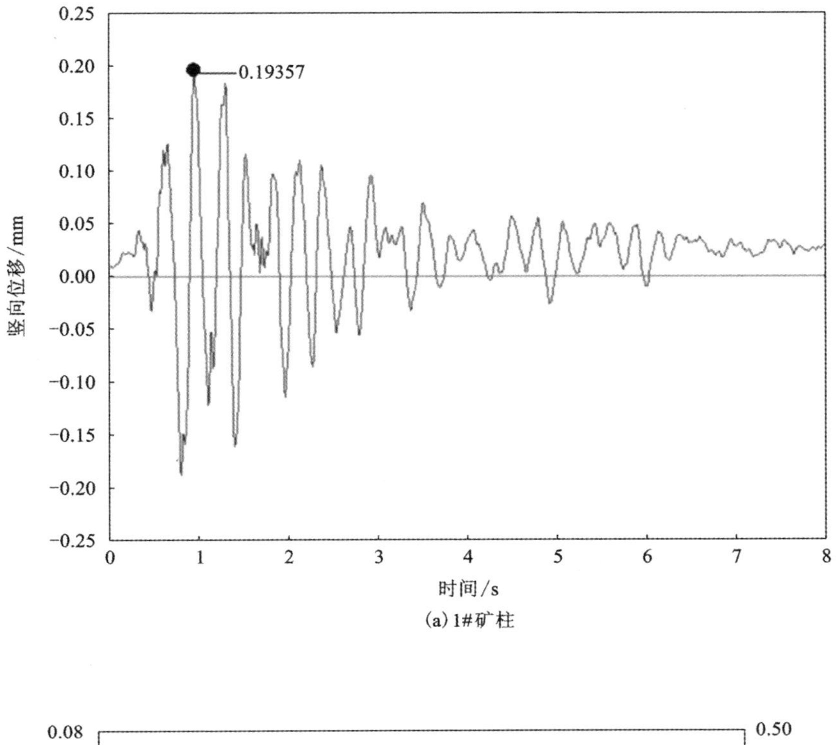
0.19357
竖向位移/mm
0.25
0.20
0.15
0.10
0.05
0.00
−0.05
−0.10
−0.15
−0.20
−0.25
0
1
2
3
4
5
6
7
8
时间/s

(a) 1#矿柱

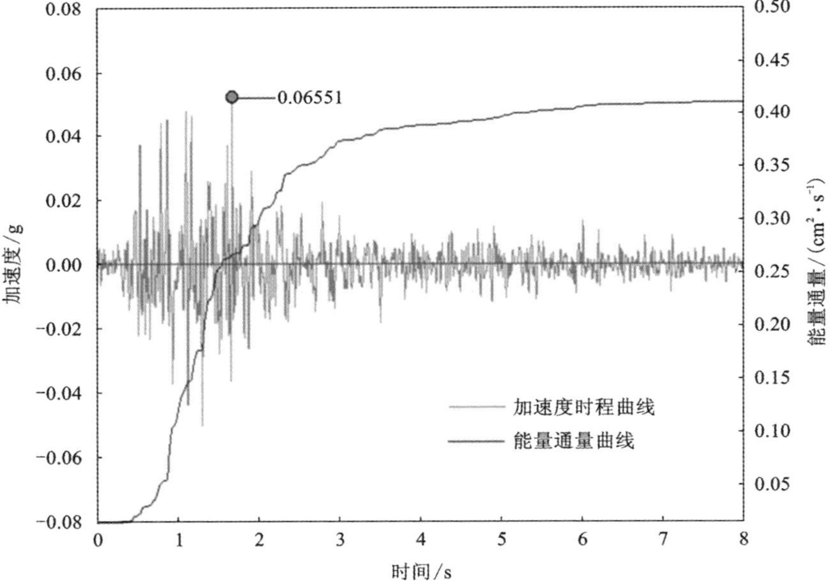
0.06551
加速度/g
0.08
0.06
0.04
0.02
0.00
−0.02
−0.04
−0.06
−0.08
能量通量/(cm²·s⁻¹)
0.50
0.45
0.40
0.35
0.30
0.25
0.20
0.15
0.10
0.05
加速度时程曲线
能量通量曲线
0
1
2
3
4
5
6
7
8
时间/s

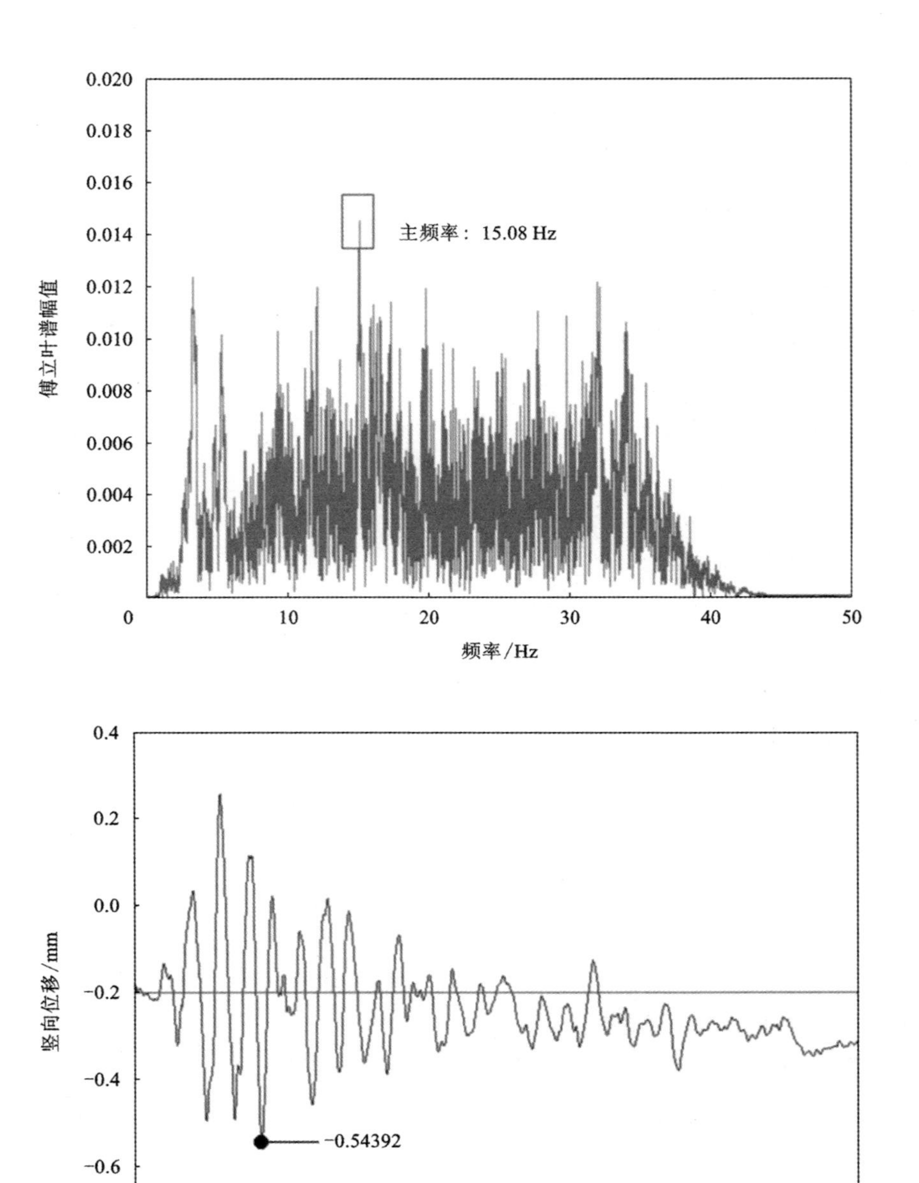

(b)6#矿柱

图 3-21　各矿柱 0.1 g 竖向地震分量加速度时程曲线、频谱及位移时程曲线

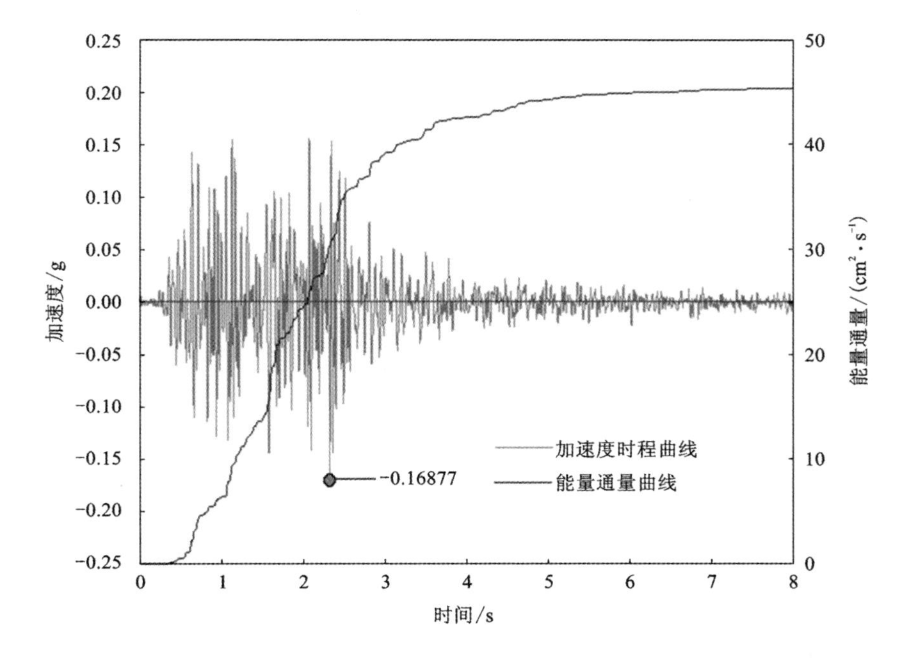
加速度/g
能量通量/(cm²·s⁻¹)
时间/s
加速度时程曲线
能量通量曲线
−0.16877
0.25
0.20
0.15
0.10
0.05
0.00
−0.05
−0.10
−0.15
−0.20
−0.25
0
1
2
3
4
5
6
7
8
50
40
30
20
10
0

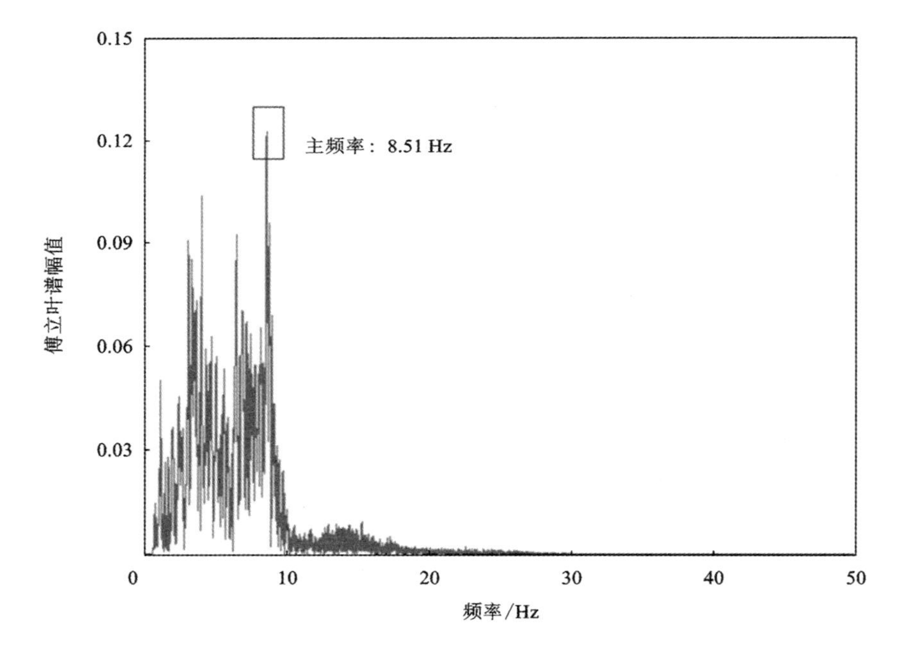
傅立叶谱幅值
频率/Hz
主频率：8.51 Hz
0.15
0.12
0.09
0.06
0.03
0
10
20
30
40
50

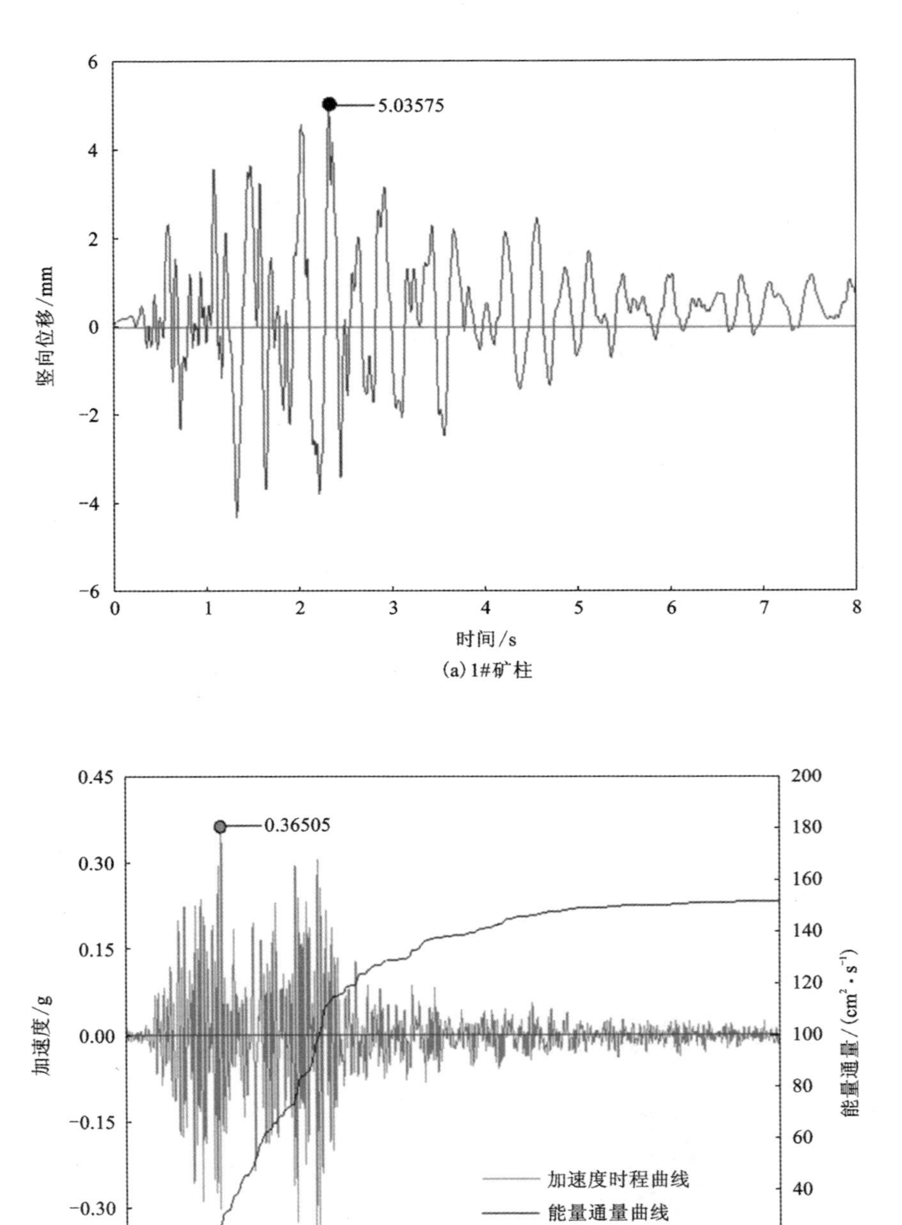

5.03575
竖向位移/mm
时间/s
0.36505
加速度/g
能量通量/(cm²·s⁻¹)
加速度时程曲线
能量通量曲线
时间/s

(a) 1#矿柱

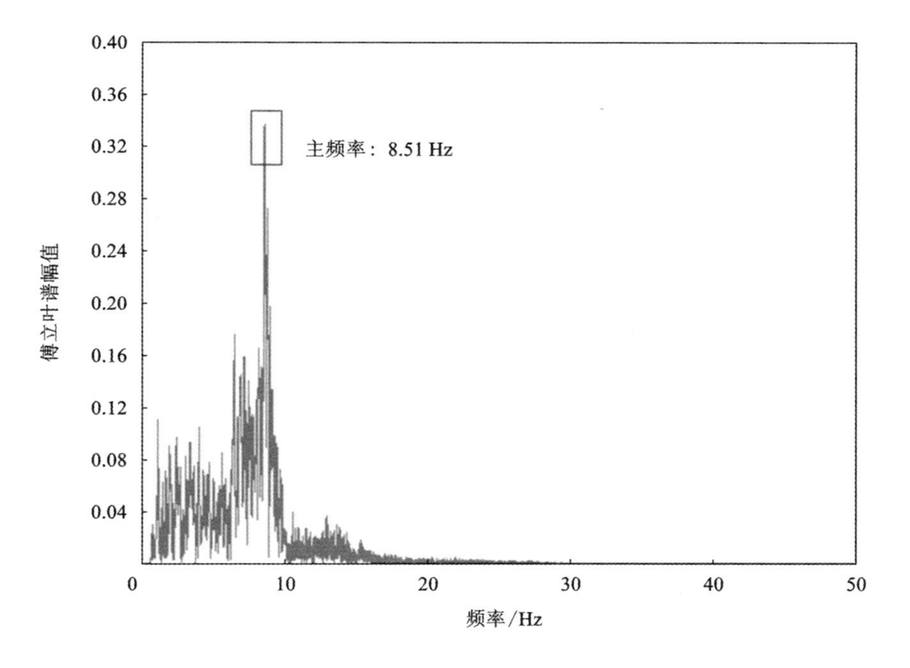

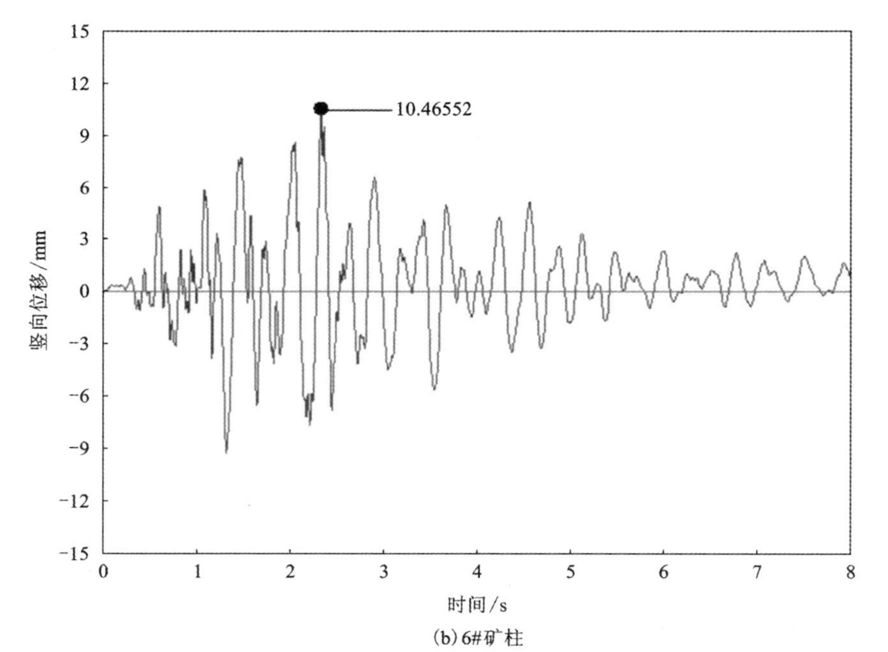

(b)6#矿柱

图 3-22　各矿柱 0.3 g 竖向地震分量加速度时程曲线、频谱及位移时程曲线

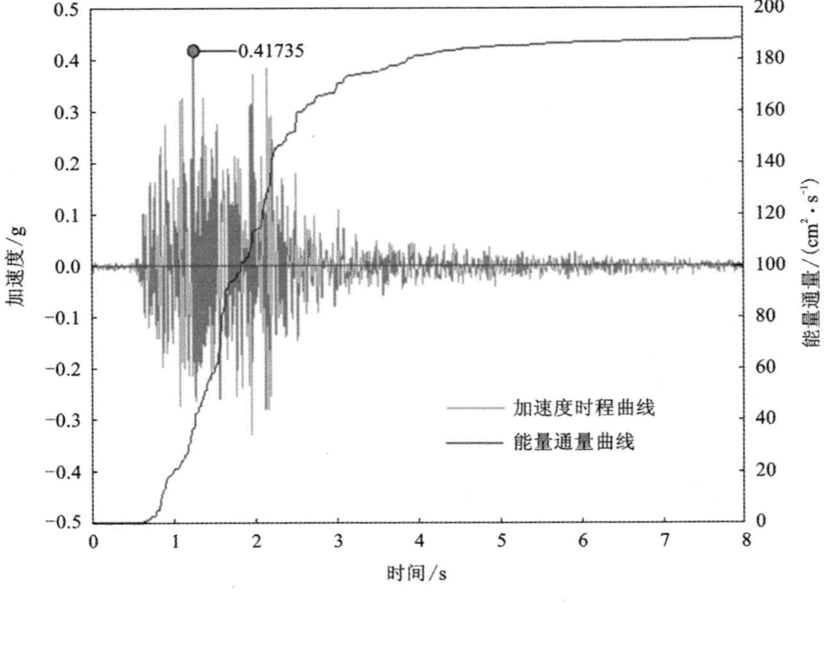
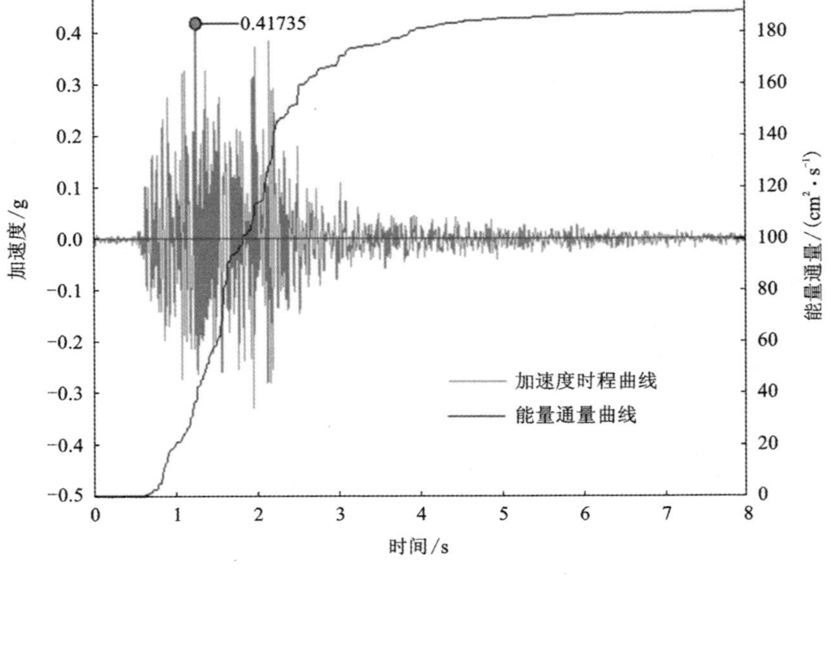
0.41735
加速度/g
能量通量/($cm^2 \cdot s^{-1}$)
时间/s
加速度时程曲线
能量通量曲线

主频率：0.187 Hz
傅立叶谱幅值
频率/Hz

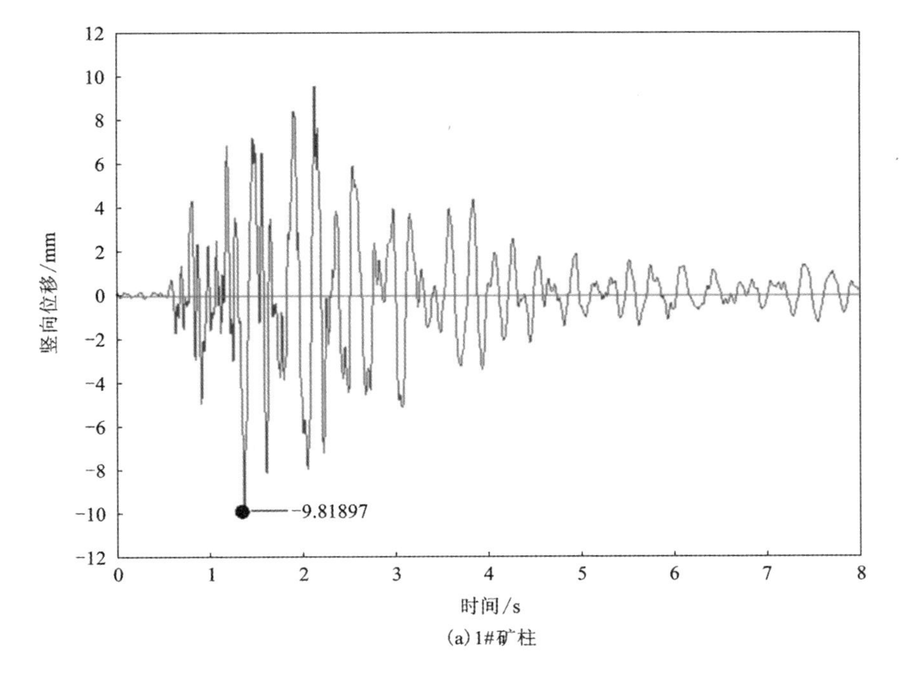
竖向位移/mm
-9.81897
时间/s

(a) 1#矿柱

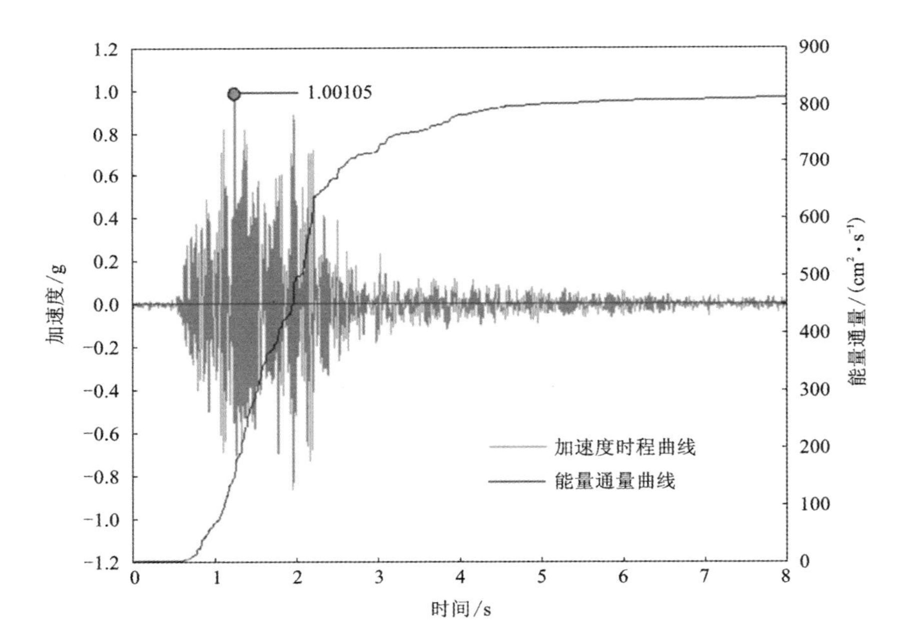
加速度/g
能量通量/(cm²·s⁻¹)
1.00105
加速度时程曲线
能量通量曲线
时间/s

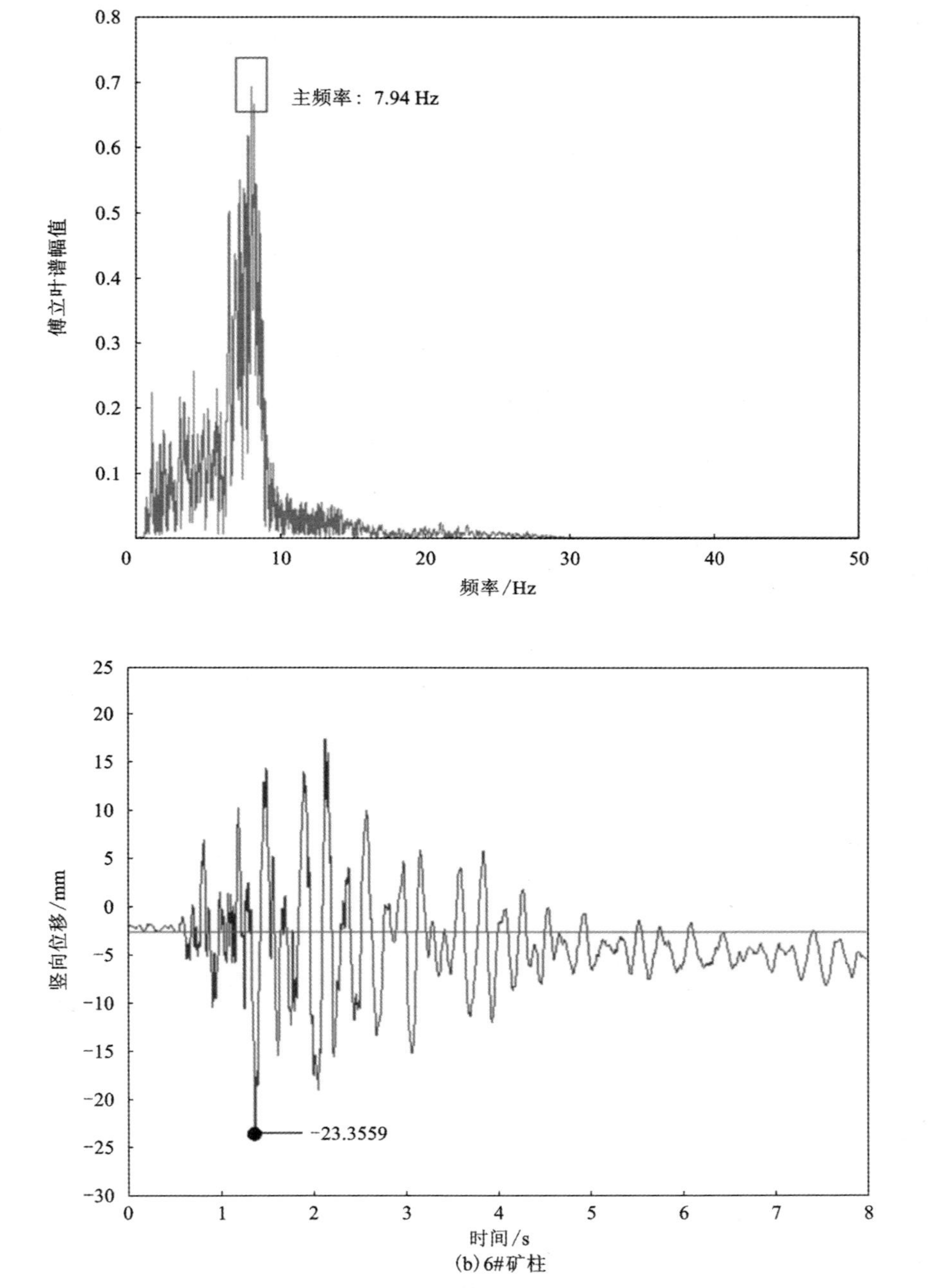

(b) 6#矿柱

图 3-23　各矿柱 0.6 g 竖向地震分量加速度时程曲线、频谱及位移时程曲线

力，进而加剧顶底端压应力的集中程度。

通过分析矿柱截面能流发现，1#矿柱和 6#矿柱在竖向地震分量下单位时间内能量释放随施加地震激励的输入同步进行，主要集中在 0~2.5 s 释放，且在加速度峰值点处的能量曲线明显变陡，与加速度峰值点的幅值大小存在明显相关性，即幅值越高能流越大。此时，1#和 6#矿柱竖向分量加速度的主频也同时降低至 8.51 Hz。加速度时程曲线积分得到位移时程曲线显示，1#和 6#矿柱在竖向的位移明显增大，分别为 5.03 mm 和 10.4 mm。

在 0.6 g 工况下，由于此时整个采空区进入破坏阶段，作为局部结构体的 1#和 6#矿柱的竖向地震分量加速度显著增加，峰值分别为 0.41735 g 和 1.00105 g，1#矿柱的峰值占台面输入地震激励的 69.5%，6#矿柱的放大效应进一步显现，幅值提升了 66.8%，两矿柱的能流也明显增加。这说明随着地震激励幅值的增加，二维(X-Z 向)地震激励下的矿柱竖向分量造成的动力响应明显提升，矿柱顶底端受到的地震惯性力也被强化，这样也显著改变矿柱两端的轴压比，从而加剧两端的变形损伤。此时，1#和 6#矿柱的竖向地震分量加速度的傅立叶主频分别降低至 0.187 Hz 和 7.94 Hz，表明竖向地震分量对 1#矿柱造成了极其严重的损伤破坏。

综上所述，随着输入地震激励加速度幅值的增加，各矿柱在水平-竖直(X-Z 向)双向耦合地震激励作用下的竖向地震分量明显提升，地震动力响应显著增强，在竖直方向上也将产生更大的地震惯性力，能够显著改变各矿柱在竖直方向的轴压比，进而增强了顶底端的应力集中，致使矿柱顶底端更容易产生震害。

3.6　本章小结

本章基于多矿柱体系地震振动台试验结果，重点分析了不同激振方向(水平单向和水平-竖直双向耦合)下地下矿柱地震加速度响应规律，并探讨研究了竖向地震分量对矿柱地震动力响应特性的影响，模拟了地下多矿柱体系地震动力失稳灾变过程，主要获得如下几点结论：

(1)随着输入地震激励加速度增加，从 0.3 g 工况开始，采空区模型系统固有频率范围不断收缩并逐渐向低频方向移动，主频率呈现出持续降低趋势，说明采空区模型持续产生着变形损伤，整个过程大体上可以划分为 4 个阶段，即弹性阶段、突变阶段、塑性阶段及破坏阶段。

(2)在水平(X 向)单向地震激励下，两侧边缘矿柱呈现出高程放大效应，整体上 $1 \leqslant A_{ij} \leqslant 1.2$。相反，由于材料阻尼和波的传播路径影响，中间位置矿柱表现出相反动力响应规律，A_{ij} 为 0.5~0.7。

(3)在水平-竖直(X-Z 向)双向耦合地震激励下，竖向地震分量对矿柱顶端的水平 X 向加速度在0.1 g~0.5 g 工况具有弱化作用，A_{ij} 持续降低，其中0.1 g~0.2 g 工况，A_{ij} 大于1；0.3 g~0.5 g 工况，A_{ij} 小于1。在0.6 g 强震工况下，A_{ij} 被显著强化，产生高程放大效应。

(4)分析不同工况下矿柱体系频谱特性发现，在0.1 g~0.2 g 工况下，各柱上下端加速度主频维持在15 Hz 左右，表现出较好的抗震性能。当输入0.3 g 地震激励后，整个矿柱体系的主频发生突降，整个矿柱体系进入塑性变形工作状态，0.3 g 成为矿柱体系进入塑性变形的临界加速度。

(5)通过单独分析矿柱在水平-竖直(X-Z 向)双向耦合地震激励作用下的竖向地震分量变化规律发现，随输入加速度增加，竖向地震分量动力响应明显提升，能够在竖直方向上产生更大的地震惯性力，会显著改变各矿柱在竖直方向的轴压比，进而加剧矿柱顶底端震害的产生，这也表明竖向地震分量具有强化作用，在地下结构抗震研究中，竖向地震分量不应该被忽略。

第 4 章　地震作用下矿柱体系震损演化机理

4.1　引言

地下岩体结构在经受外部反复加卸载的动力荷载作用后，常常会产生大量“损”而未“裂”、“裂”而未“松”、“松”而未“动”、“动”而未“塌”的损伤岩体单元，致使采空区岩体结构抵抗破坏能力严重降低，当外部一个很小的动载再次作用于这些损伤单元时，极有可能重新“活化”已损部位，诱发相关地下结构体遭受严重破坏，进而威胁地下采空区的整体稳定性。事实上，岩石材料是一种典型的非均质体，力学特性差异很大，变形通常表现出非线性、非协调性、隐蔽性及后效性[273, 274]，且受不同应力状态及荷载路径的影响，变形损伤过程和最终破坏形态通常呈现出复杂的力学现象[275-278]。地下采空区结构体系作为地下结构中典型的岩石结构体，且长期赋存于复杂的地质环境中，整个生命周期中会遭受无数个动力荷载的扰动，如图 4-1 所示。一般而言，持续不断的动力荷载必将引起采空区结构体产生变形、损伤、破坏，甚至坍塌事故，因此开展地震荷载作用下采空区结构体的损伤破坏演化过程研究具有一定的现实意义。

本章围绕地下多矿柱体系在不同地震激励工况下的损伤演化规律，综合利用数字散斑图像(DIC)、电阻式应变片及声发射(AE)等无损检测技术，由点到面、由表及里分析矿柱变形损伤程度及演化规律，并结合震后矿柱损伤破坏形态识别矿柱体系震损薄弱部位，旨在深入揭示矿柱体系地震损伤致灾机理。

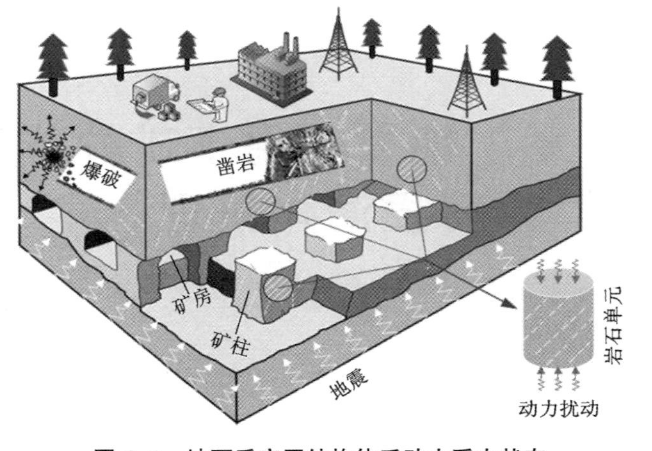

图 4-1 地下采空区结构体系动力受力状态

4.2 不同工况下矿柱体系动力变形特性

地震荷载本质上是一种幅值不同的周期性循环动力荷载，地下采空区体系在地震作用下经历着多次反复加载和卸载作用，整个过程中伴随着能量的吸收与释放，且在这种反复周期性动力作用下会产生并积累一定损伤，因此有必要关注矿柱结构的累积损伤效应。

研究表明，结构体在以水平地震激励主导地震动作用下主要产生拉伸应变[196]。本次试验主要施加了水平（X 向）单向和水平-竖直（$X-Z$ 向）双向激励 2 种地震激励，均以水平激振为主导，因此各监测点的应变片的变形以拉伸为主。1#矿柱上端水平（X 向）单向 0.1 g~0.3 g 地震激励下的应变时程曲线如图 4-2 所示。按照电阻应变片监测数据特征，所测数值最大值为正值时，表示结构受到了以拉伸为主的应力，反之亦然。从图中可以发现，在水平（X 向）单向地震激励下，1#矿柱上端在不同工况下产生了以拉伸为主的应变，且随着地震加速度的增加，拉伸应变不断累积增大，具有明显的累积损伤效应。这主要是因为在 0.1 g~0.3 g 整个采空区模型处于弹（塑）性阶段，1#矿柱在此阶段同样损伤累积增加。

基于测试相似材料力学性能（表 2-3）可知，相似材料的极限拉应变约为原岩最大抗拉变形的 1/12，则相似材料极限拉伸应变被确定为 0.76×10^{-3}。根据对采空区模型主要位置布置电阻应变片监测到的最大拉应变进行统计，得到了不同工

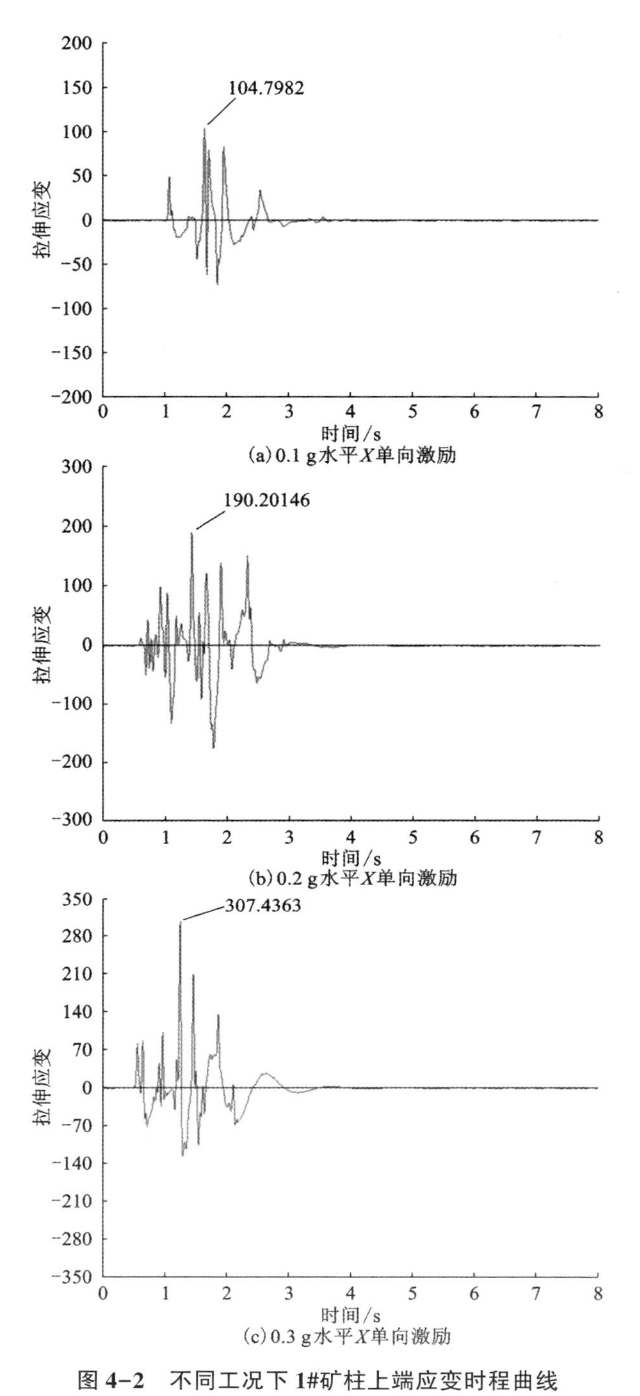

(a) 0.1 g水平X单向激励

(b) 0.2 g水平X单向激励

(c) 0.3 g水平X单向激励

图 4-2　不同工况下 1#矿柱上端应变时程曲线

况下各矿柱顶(底)端最大拉应变，如表 4-1 所示。当输入地震激励加速度在 0.3 g 以下时，被监测部位的应变值很低，各矿柱上下端的变形均处于弹性状态。随着输入地震激励增加至 0.3 g 时，整个采空区结构体的变形不断调整，模型系统整体进入弹塑性变形状态，各柱顶(底)端的拉应变逐渐增大。

表 4-1　不同工况下各矿柱顶(底)端最大拉应变统计　　单位：10^{-3}

矿柱编号	0.1 g	0.2 g	0.3 g	0.4 g	0.5 g	0.6 g
	最大拉应变值(T/B)					
1#	0.15(B)	0.20(B)	0.32(B)	0.91(T)	5.58(T)	9.11(T)
2#	N	0.05(B)	0.18(B)	0.22(B)	1.69(B)	2.61(B)
3#	0.17(B)	0.21(B)	0.67(B)	2.65(B)	0.85(B)	4.63(B)
4#	0.14(B)	0.30(B)	1.61(B)	5.47(T)	8.50(T)	F
5#	0.20(B)	0.39(B)	1.35(B)	6.52(B)	7.90(B)	8.53(B)
6#	0.08(B)	0.11(B)	0.13(B)	0.16(B)	0.21(B)	1.27(B)
7#	N	0.05(B)	0.18(B)	1.59(B)	1.87(B)	4.88(B)
8#	N	0.06(B)	1.81(B)	3.22(B)	4.77(B)	6.31(B)

注：字母 T 代表矿柱顶端位置；字母 B 代表矿柱底端位置；字母 N 代表未产生拉伸应变；字母 F 代表应变片失效。

各矿柱顶(底)端在地震激励加速度 0.3 g~0.6 g 时产生最大拉应变的空间变化情况如图 4-3 所示，由于各矿柱的拉应变主要发生在矿柱的底端，因此图中只对顶端拉应变用字母 T 进行了标记，其余未标记矿柱的拉应变在本书中被默认为是发生在矿柱底端。当输入地震加速度 A_{ij}=0.3 g 时，4#、5#及 8#矿柱底端的最大拉应变超过了极限拉应变，说明地震荷载导致部分矿柱的薄弱部位产生了塑性变形。

当输入地震加速度 A_{ij}=0.4 g 时，受地震激励随机扰动作用，一方面有新的矿柱顶(底)端的损伤超过了极限拉伸变形，如 1#、2#、3#及 7#矿柱底端产生最大拉伸应变；另一方面原有损伤矿柱的损伤位置发生了调整，如 4#矿柱由底端产生最大拉伸应变调整为顶端产生拉伸应变，说明矿柱体系的震害随着输入地震激励加速度峰值的增加而扩大，并发生动态变化，表现出明显的空间演化效应。

当加速度 A_{ij}=0.5 g 时，除 6#矿柱底端产生的拉伸变形较小外，其他矿柱的损伤进一步累积加剧，其中 4#和 5#矿柱的最大拉伸应变达到了相似材料极限应变的 10 倍之高，说明整个采空区系统已经基本进入完全塑性损伤变形状态，矿柱

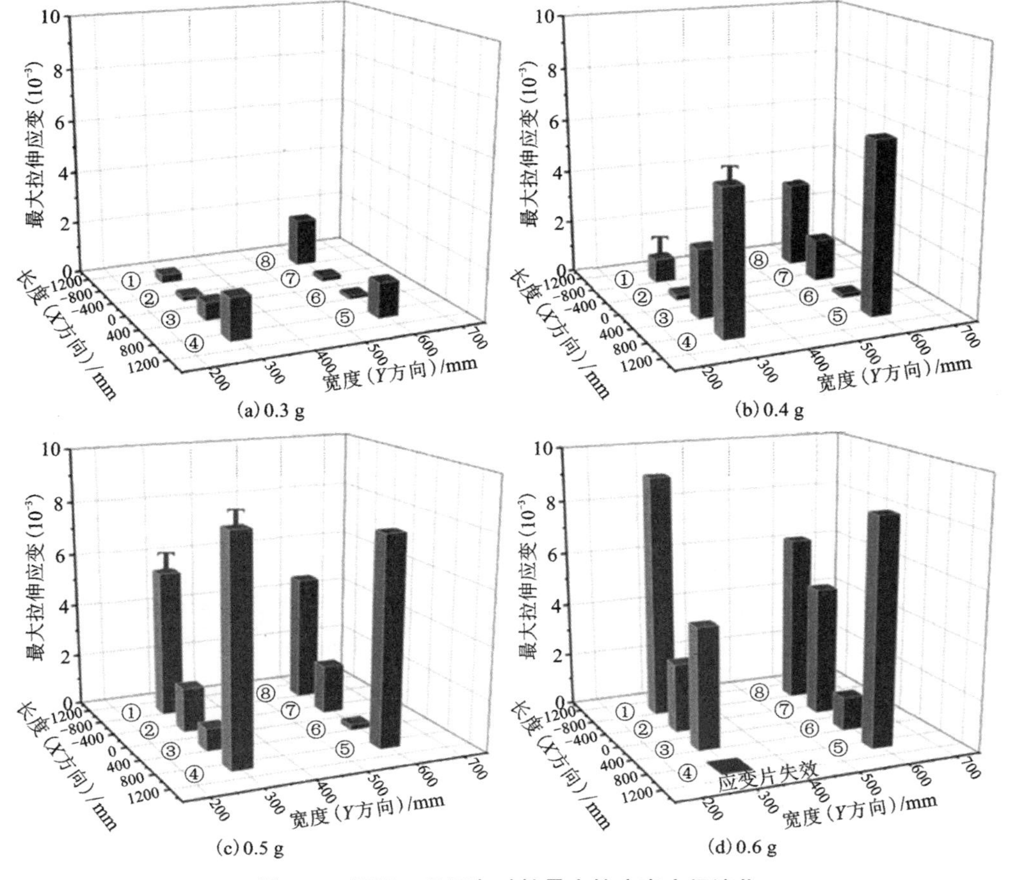

图 4-3　不同工况下各矿柱最大拉应变空间演化

体系的拉伸损伤继续呈现出动态空间演化效应。

当加速度 A_{ij} 加载至 0.6 g 时，各矿柱的顶(底)端的最大拉伸应变均超过了相似材料的极限变形值，整个柱群体系完全进入塑性损伤状态，其中 4#矿柱的最大拉伸应变超过了电阻应变片测试的最大量程，导致测试应变片发生了破坏，失去了测试功能。

综上分析可知，在地震动力荷载下，最大拉伸应变最早出现在矿柱体系模型的两边缘矿柱上(如 4#、5#和 8#矿柱)。随着地震激励加速度的增加，最大拉伸应变的位置出现了动态时空调整，首先是拉伸损伤从边缘矿柱逐渐扩大到采空区中间位置的矿柱，然后发展至全部矿柱；其次是拉伸应变在柱顶和柱底之间交替产生，损伤逐步累积，整个过程渐进发展，展现出明显的时空演化效应和损伤累积效应。

4.3 不同工况下矿柱震损 DIC 应变场演化规律

材料在外部荷载下从均匀变形、非均匀变形到微裂纹逐步向局部聚集发展的现象被称为应变局部化[279]。混凝土、岩石等脆性材料普遍存在局部化现象，应变局部化往往导致材料整体抵抗变形能力下降，承载力降低。通常，应变局部化现象可以表征材料损伤破坏和失稳致灾的前兆[280-282]，因此开展岩石材料损伤破坏的萌生、扩展、贯通等演化规律的研究十分必要。

数字图像相关(digital image correlation, DIC)方法是一种在外部荷载作用下从材料表面随机分布的斑点或人为制造的散斑场中直接测试全场应变和位移变化的非接触式光学试验方法，也是一种基于数字图像处理和数值计算的全场变形测量技术[283-285]。我国不少学者也称之为数字散斑相关方法(digital speckle correlation method, DSCM)[286-288]。该方法是 1982 年由美国人 Peters[289] 和日本人 Yamaguchi[290] 同时独自提出，主要通过对被测试材料表面变形前后数字散斑图像上的散斑点位移变化进行持续跟踪和匹配运算，从而获得表面变形信息，原理如图 4-4 所示，具有非接触、灵敏度高、全场测量、环境要求低等优点，已被广泛用于各类材料的科学研究和工程测试。30 多年来，国内外专家学者运用数字图像相关方法(DIC)或数字散斑相关方法(DSCM)已针对岩石类材料的变形破坏演化特性开展了大量有意义的研究[291-297]。为了从直观上表征不同地震激励工况下多矿柱体系中各矿柱的变形损伤过程和相互作用，基于数字图像相关方法(DIC)进行分析采空区模型前排 4 根矿柱表面变形场演化规律和最终破坏特征，并探讨不同工况下各矿柱体间的非协调变形特性和损伤迁移规律。

通过上一节分析可知，随着输入地震激励加速度的增加，各矿柱顶(底)端的拉应变逐渐产生并累积增大，且最大拉伸应变呈现出明显的时空演化效应。本节借助数字散斑技术(DIC)对相似模型前排 1#矿柱、2#矿柱、3#矿柱、4#矿柱及四周围岩体在水平-竖直(X-Z 向)双向耦合地震激励下表面主应变场进一步研究，以期深入揭示矿柱体系地震损伤机理。这里需要解释的是前文研究表明竖向地震分量可以加剧结构破坏程度，但受篇幅和时间限制，书中只对与实际地震更接近的水平-竖直(X-Z 向)双向耦合地震激励下的矿柱表面应变场开展研究。此外，由于 0.1 g~0.3 g 工况下各矿柱表面应变场为均匀变形，书中重点对 0.4 g~0.6 g 工况下的表面应变场进行分析研究。

通过非接触全场二维 VIC-2D 图像处理系统对采集得到的散斑图像进行应变和位移场处理，先提取了不同工况下相似模型的水平位移时程曲线，如图 4-5(a)、图 4-6(a)及图 4-7(a)所示。由图可知，输入水平-竖直(X-Z 向)双向不同峰值

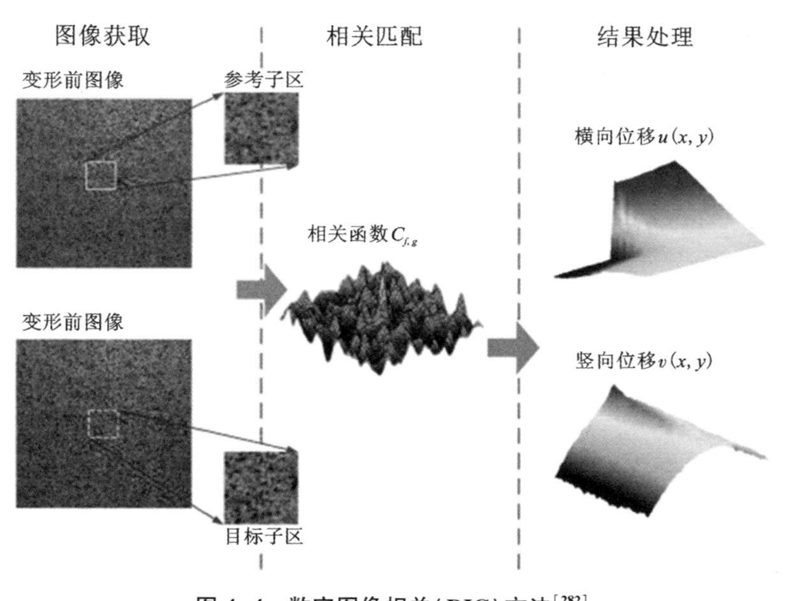

图 4-4　数字图像相关(DIC)方法[282]

地震激励加速度后，采空区模型水平方向的位移处于随机交替变化状态，产生了多个位移峰值点，但最大位移只有一个，0.4 g~0.6 g 工况下的最大水平位移分别是 2.674 mm、3.091 mm 和 3.482 mm。本书中选取位移曲线上往复循环的前 8 个位移峰值点处各矿柱表面主应变场进行分析，8 个位移峰值点分别标记在了各自加载工况的位移曲线上，其中最大位移点单独标记。

在不同工况下 8 个峰值位移点处各矿柱及围岩的主应变演化场如图 4-5(b)、图 4-6(b)及图 4-7(b)所示。当输入 0.4 g 水平-竖直(X-Z)双向耦合地震激励后，在第 1 个位移峰值点处，前排 4 根矿柱的表面应变场总体上均匀分布，预示着受力均匀，无明显损伤展现出来，只是在 4#矿柱的中上部位置出现了尚未连通的拉伸应变局部化条带。当位移达到第 2 个位移点(1.224 mm)时，与第 1 个位移点(0.394 mm)相比，位移增加了 2 倍之多，此时各矿柱的表面应变场显得较为弥散，分布无明显规律。随着地震激励进一步输入，在第 3 个峰值位移点(1.676 mm)应变场持续弥散分布。当输入地震激励加载至最大峰值位移点(2.674 mm)时，4#矿柱中上部的应变局部化条带从两侧向中间进一步聚集，基本上处于贯通状态；其他矿柱表面应变场继续弥散分布。此后几个峰值位移点处的应变场持续前面的应变状态，只是随着地震激励的反复加卸载，各矿柱的损伤在一定程度上逐渐累积，矿柱表面应变场出现了多个以应变值较大部位为主导的微型应变集中区。在第 8 个峰值位移点，4#矿柱的拉伸应变局部化条带已完全贯通

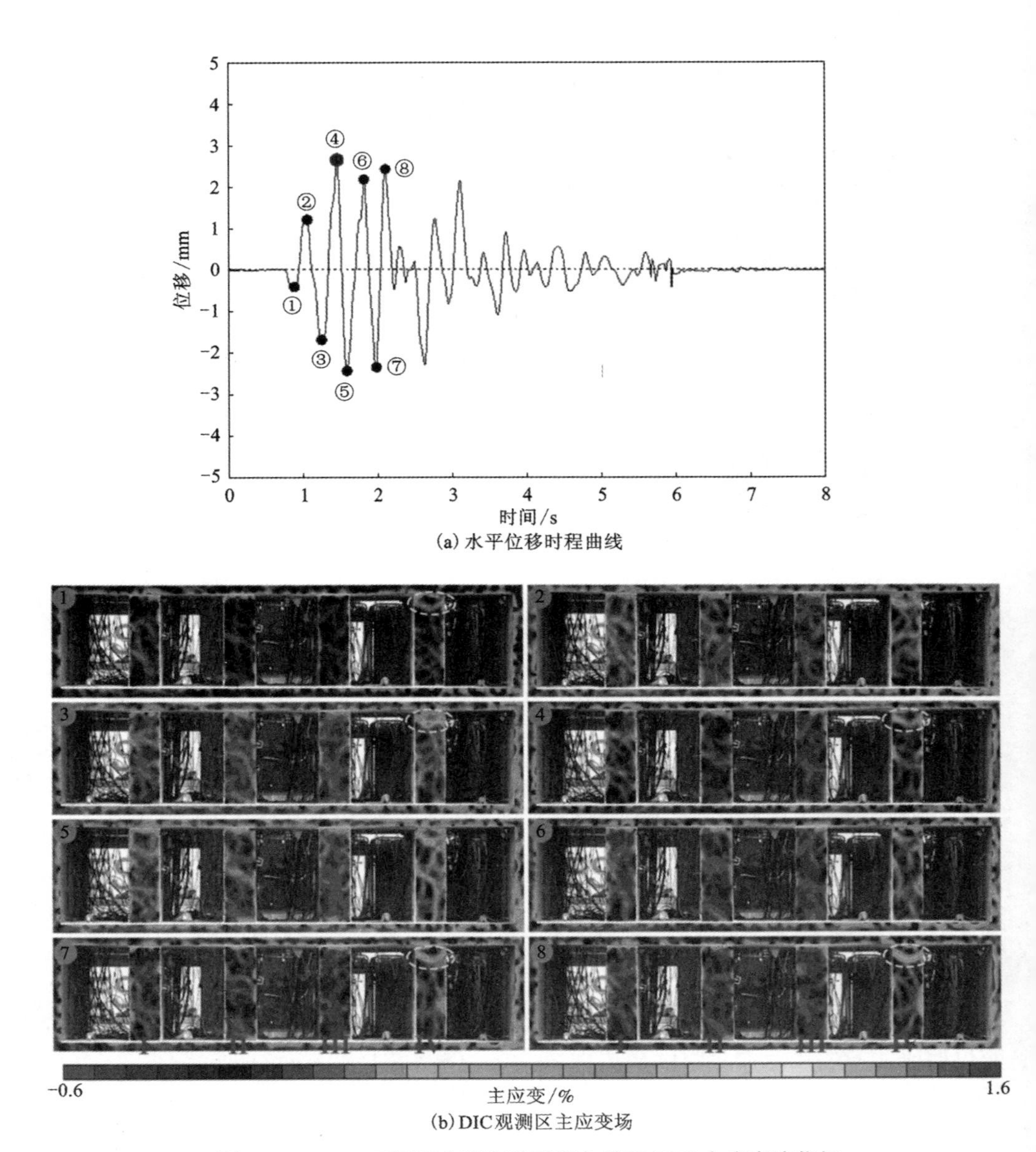

(a) 水平位移时程曲线

(b) DIC观测区主应变场

图 4-5　0.4 g 工况下水平位移时程曲线和 DIC 主应变演化场

且扩展了宽度，说明该矿柱的损伤进一步累积和加剧。

当输入 0.5 g 水平-竖直(X-Z)双向耦合地震激励后，先在第 1 个位移峰值点处，1#矿柱中上部就出现了一条不是很明显的应变局部化条带，说明该处在 X-Z 双向地震激励加载下，应变高度集中，产生了一定损伤，而此时 4#矿柱先前

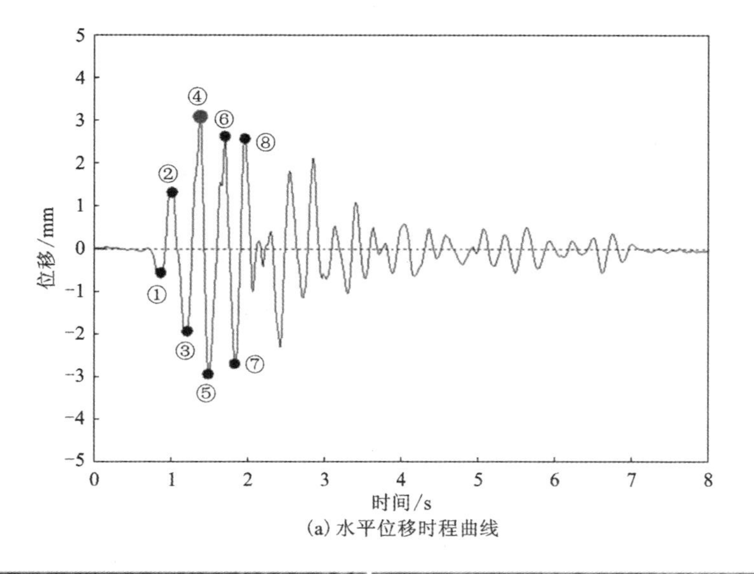

(a) 水平位移时程曲线

(b) DIC 观测区主应变场

图 4-6　0.5 g 工况下水平位移时程曲线和 DIC 主应变演化场

出现的应变局部化条带并不是很明显，可能受地震激励方向影响所致，其他矿柱表面的应变场不再像上一个地震激励工况时显得比较弥散，而是出现了以应变值较大部位为主导的微型应变集中区，同时在采空区左下角也出现了拉伸应变条带，说明采空区系统整体出现了损伤。当地震激励加载至最大峰值位移点

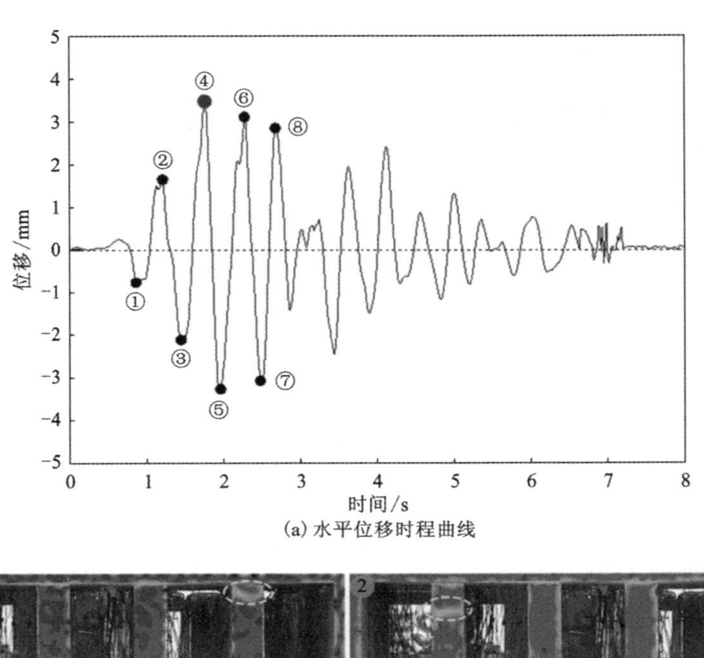

(a) 水平位移时程曲线

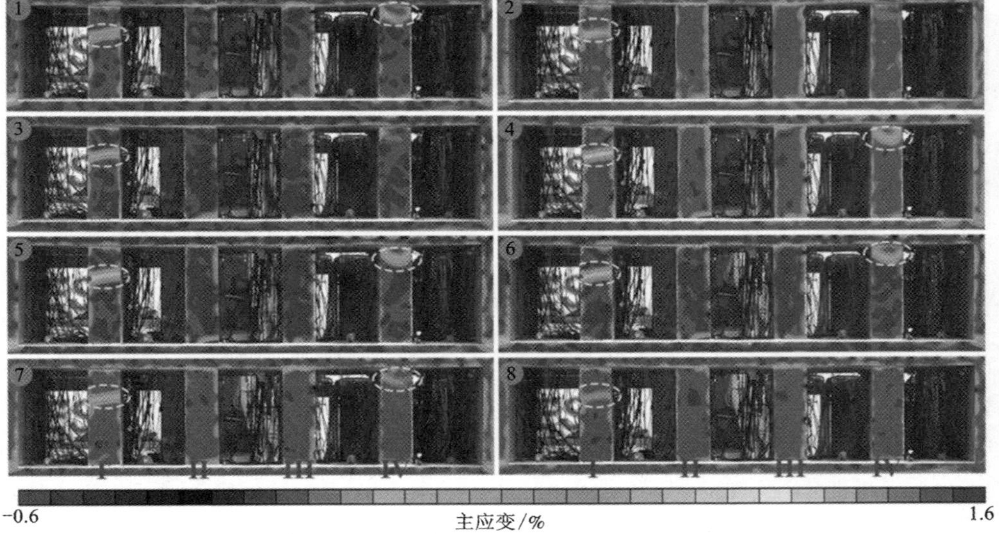

(b) DIC观测区主应变场

图 4-7　0.6 g 工况下水平位移时程曲线和 DIC 主应变演化场

(3.091 mm)时，1#矿柱、4#矿柱及采空区模型左下角同时出现了应变局部化条带，说明采空区结构体系在地震激励反复循环作用下，损伤应变进一步累积和加剧，当水平位移运动到最大位置，几个关键结构体的薄弱部位先进入塑性变形状态。同时，在 2#和 3#矿柱的柱底左下角均出现了局部化拉伸应变区域，说明地震激励诱发的应变集中区在各个矿柱体上均开始显现，整个矿柱体系进入非协调塑性损伤工作状态。

当输入 0.6 g 水平-竖直(X-Z)双向耦合地震激励后，在第 1 个位移峰值点，整个 DIC 监测区域的结构体损伤进一步加剧，采空区模型左下角的应变值进一步增加，应变局部化条带区域的宽度进一步扩展，并且在采空区模型右下角处也产生了新的应变局部化条带区域。随着地震激励的进一步输入，在水平位移达到最大峰值处(3.482 mm)时，DIC 监测区域产生了严重的损伤，尤其是 1#矿柱的剪切应变带和采空区模型左下角的主应变达到了 1%，说明表面裂纹已基本形成，整个采空区结构体发生了严重的宏观破坏。

随着地震激励的持续输入，在第 5 个峰值位移点(3.264 mm)时，采空区模型左下角、1#矿柱、2#矿柱及采空区模型右下角的应变局部区域的损伤进一步累积加剧，各区域的主应变均超过了 1%，说明采空区系统大部分区域此时已经出现宏观破坏，整个采空区结构体系的稳定性受到了严重威胁。综上所述，整个采空区结构体系在地震激励作用下表面应变场由开始的弥散损伤逐渐发展到多个关键结构体薄弱部位出现了应变局部化条带，最终各应变集中区贯通成核，产生了宏观裂纹，进而导致采空区结构体系整体失效破坏，形成显著的震害，整个损伤过程逐渐演化扩展且累积加剧。

4.4　不同工况下矿柱体系损伤声发射特征

20 世纪 30 年代末，有学者研究发现，岩石受压下会产生微声音现象，并将这种现象称为声发射现象[298, 299]。相关研究表明，岩体的破裂过程本质是外部载荷诱发的内部损伤的萌生、扩展及贯通过程的宏观表现，而由岩石变形破裂产生的瞬态弹性应变(通常称为声发射，即 AE)可以用来很好地表征岩石内部的微观损伤过程[300-302]。

声发射(AE)作为一种良好的无损检测技术，被广泛应用于钢筋混凝土和岩石材料的缺陷分析[303-305]，在地震模拟振动台试验研究方面，国外部分学者已利用声发射技术进行了结构局部损伤评估和失效预测[306, 307]。事实上，天然地震的发生过程与岩体损伤裂纹扩展具有一定相似性，学者经常通过研究岩石在不同受力路径下的裂纹扩展来拓展地震学理论，而声发射技术则是表征岩体地震损伤的常用手段[275, 308]，其中振铃计数是用于表征岩体内部损伤的常用参数，声发射振铃计数原理图如图 4-8 所示。

由 3.2 节研究可知，在 0.3 g 的地震激励下，采空区结构体系模型已进入弹塑性变形阶段。因此，本节将对输入地震激励加速度幅值大于 0.3 g 时各矿柱声

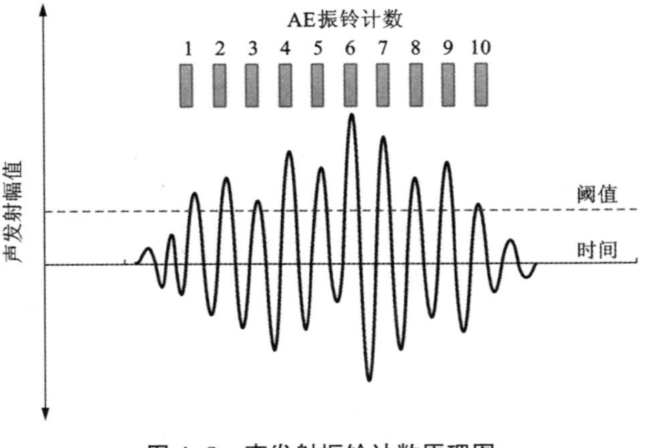

图 4-8 声发射振铃计数原理图

发射振铃计数变化特征进行分析，旨在研究地震作用下各矿柱内部损伤程度。与4.3节类似，本节只对与实际地震更接近的水平-竖直(X-Z向)双向耦合地震激励下各矿柱声发射振铃计数变化规律展开分析，进而揭示其内部震损演化规律。由于地震荷载是一种随机反复循环动力荷载，且在岩体中传播速度很快，很难精准获取具体时刻声发射振铃计数，本书则利用累积声发射振铃计数来表征矿柱的累积损伤程度。

在水平-竖直(X-Z)双向耦合地震激励不同工况下8根矿柱的声发射特征曲线如图4-9所示。从整体来看，在不同地震加速度水平下，各矿柱声发射活动出现在整个地震加载过程中，但是由于地震激励传播过程中受岩体材料的阻尼作用，各矿柱声发射信号的产生均晚于地震波输入时间。

在0.3 g工况下，2#和4#矿柱均被监测到少量的声发射信号，其他矿柱也有微量信号产生，说明在该地震激励工况下，矿柱体系开始产生了一定损伤，这与采空区模型整体进入弹塑性工作状态具有很好的一致性。

在0.4 g工况下，除3#矿柱未产生明显声发射信号外，其余矿柱均产生了不同程度的声发射信号，其中4#矿柱的累积声发射振铃计数最为明显，这与4.3节中的4#矿柱表面应变最先发生局部化现象相吻合，说明当整个采空区结构体系进入弹塑性工作状态后，4#矿柱内部最先产生损伤，而且损伤最为严重，产生的累积声发射振铃计数是最少产生声发射振铃计数5#柱的3倍。同时，随着地震波的输入，尽管受相似材料震损后产生阻尼作用影响，各矿柱在地震激励输入过程中声发射振铃计数的产生与地震激励输入并不同步，均延迟0.5 s以上才被监测到声发射信号，但各矿柱的声发射振铃计数均匀稳定增加，与地震激励输入过程一

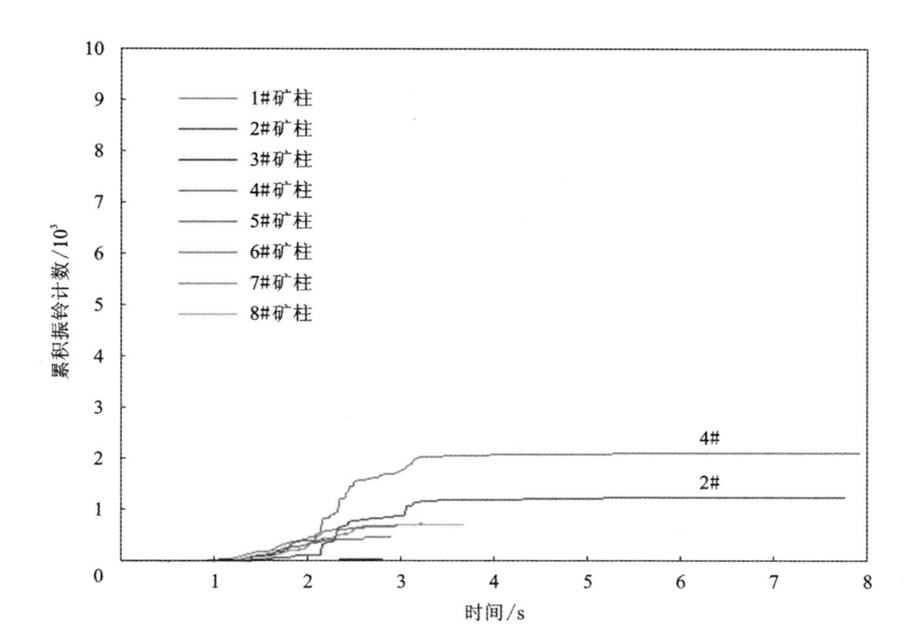

(a) 0.3 g水平-竖直（X-Z向）双向耦合地震激励

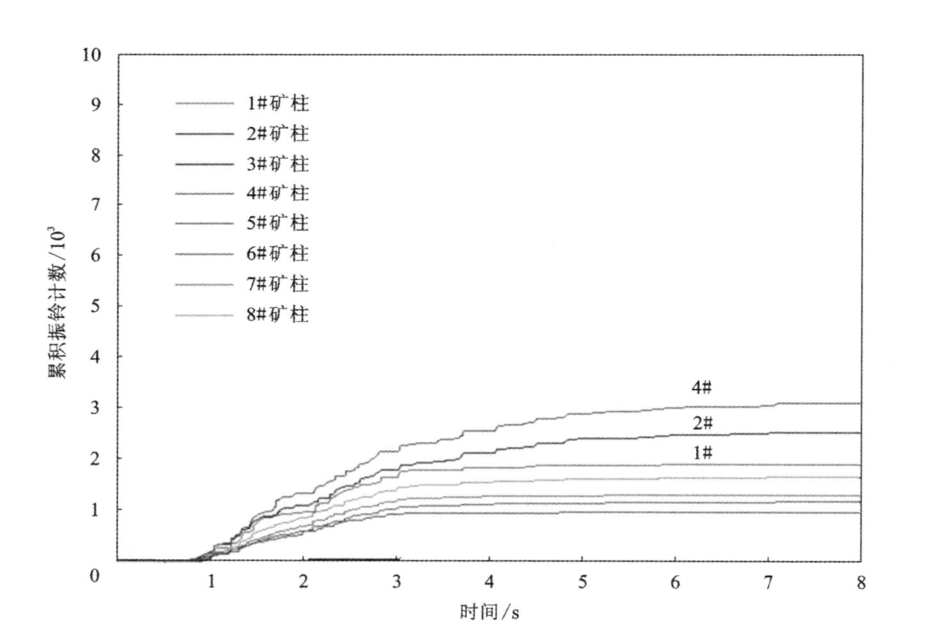

(b) 0.4 g水平-竖直（X-Z向）双向耦合地震激励

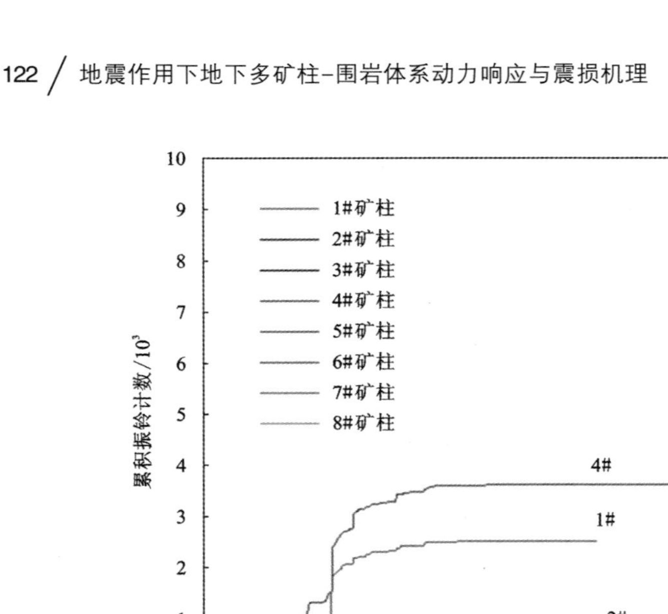

(c) 0.5 g水平-竖直（X-Z向）双向耦合地震激励

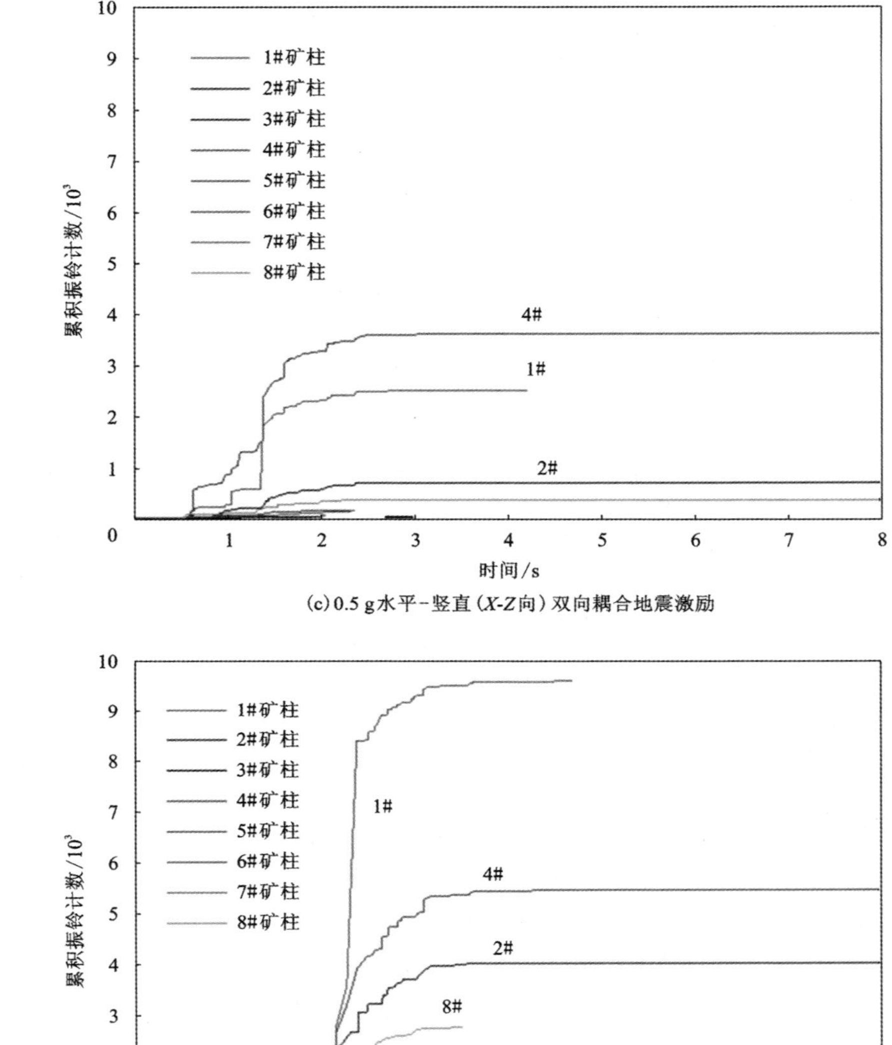

(d) 0.6 g水平-竖直（X-Z向）双向耦合地震激励

图 4-9　不同工况下矿柱声发射特征曲线

致，在地震波激励达到峰值前内部声发射快速稳定增加，过了地震激励峰值后，各矿柱的声发射振铃计数基本停止增加。这一方面表明各矿柱受震后内部损伤累积叠加，另一方面表明各矿柱在 0.4 g 地震激励工况下的损伤程度除 4#矿柱外整体相差不大。

随着输入地震激励加速度峰值的增加，各矿柱的内部损伤呈现出了非一致性，图 4-9(b) 中各柱的累积声发射振铃计数曲线明显反映出这一特性。在 0.5 g 地震激励工况下，4#矿柱在短时间内释放出的累积声发射振铃计数最大，其次是 1#矿柱，再其次是 2#矿柱和 8#矿柱，这与 4.3 节中各柱的表面应变局部化程度具有较高的吻合性，说明在 0.5 g 水平−竖直($X-Z$ 向) 双向耦合地震激励下，4#矿柱内部的损伤持续加剧，同时整个采空区结构体系进一步发生着动态调整，致使 1#矿柱中上部产生了剪切应变局部化条带，伴随着大量的声发射信号产生。同样，由于 2#矿柱的柱脚左侧部位发生应变局部化，并产生了较多的声发射信号。这表明随着地震激励的增加，整个采空区结构体系的损伤发生动态变化，矿柱体系之间发生了非协同性损伤，先在几个关键矿柱的薄弱部位产生一定的变形损伤，且这种损伤随着输入地震激励加速度峰值的增加而累积加剧。

当地震输入激励增加至 0.6 g 时，各柱的内部损伤变形进一步显现，首先，1#、4#、2#及 8#矿柱释放的声发射振铃计数相比上一个工况激励时显著增多，其中 1#矿柱的声发射振铃计数累积量最大，说明这几个关键柱的薄弱部位损伤持续加剧并累积。其次，其他矿柱释放的声发射振铃计数开始明显增多，这与其在 0.6 g 工况下发生损伤破坏程度相一致。这也意味着，当输入地震激励增加至 0.6 g 时，整个采空区结构体系的内部损伤承受能力已经达到了最大极限，不再是几个主要矿柱(或薄弱部位)的损伤累积，而是当各矿柱薄弱部位损伤累积达到最大程度时，整个采空区系统开始表现出明显的宏观破坏。

4.5　不同工况下矿柱体系震损形态分析

通过利用电阻应变片、数字散斑(DIC)及声发射(AE)三种无损检测技术分别对矿柱顶底端变形、表面应变场和内部损伤进行由点到面、由表及里综合分析研究发现，随着地震激励加速度的输入和增加，矿柱体系的变形和损伤主要出现在矿柱的顶底端位置，且这种变形损伤处于动态变化中，具有明显的空间演化效应和累积效应。

试验结束后，通过对采空区内各矿柱产生的震害部位观测，分别得到了前后排各矿柱的宏观失效破坏区域，如图 4-10 和图 4-11 所示。由图可知，1#和 4#矿柱的中上部出现了贯通整个矿柱四周的宏观剪切裂纹带，说明采空区两侧边缘矿柱在地震激励作用下发生了剪切破坏，这与 1995 年日本神户大地震造成地下大开地铁站中柱发生的剪切破坏形态极为相似[193]。同时，前排的 2#和 3#矿柱分别在柱脚的右侧和左侧边缘区域产生了明显拉伸裂纹，且裂纹在底板中有向外延伸趋势。另外，采空区模型后排的 5#、6#、7#及 8#矿柱均在柱脚的右侧边缘区域或周围产生了宏观裂缝，且裂缝仅环绕柱脚一半区域扩展，并没有完全贯通。1995 年，神户地震中大开车站中柱震害分布如图 4-12 所示，与本试验中地下矿柱体系最终震害分布情况极为相似。

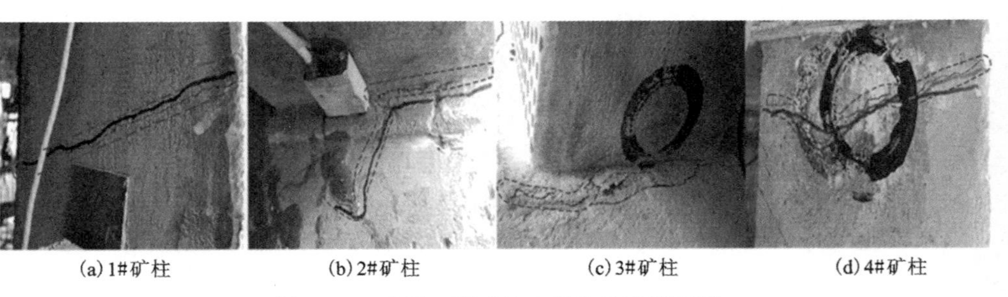

(a) 1#矿柱　(b) 2#矿柱　(c) 3#矿柱　(d) 4#矿柱

图 4-10　前排 4 根矿柱宏观失效破坏区域

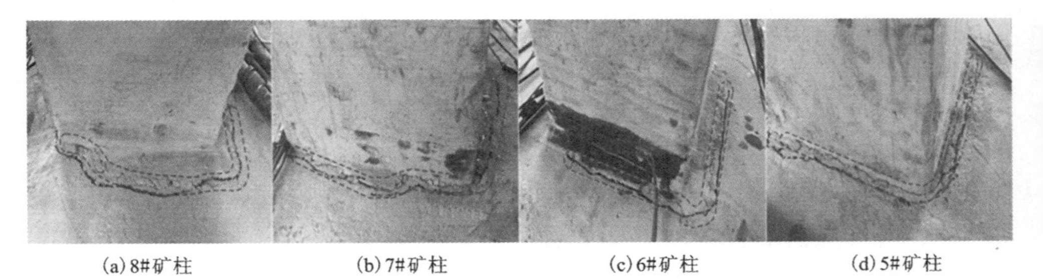

(a) 8#矿柱　(b) 7#矿柱　(c) 6#矿柱　(d) 5#矿柱

图 4-11　后排 4 根矿柱宏观失效破坏区域

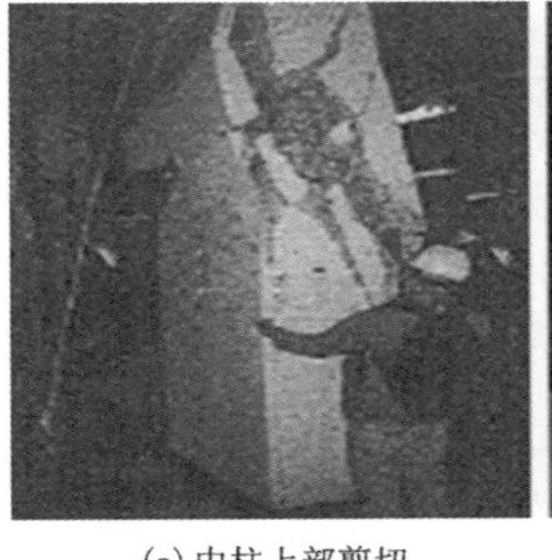

(a) 中柱上部剪切　(b) 中柱两端压碎　(c) 中柱整体压碎倒塌

图 4-12　神户地震大开车站中柱典型震害[193]

从总体来看，在不同地震动力荷载相继作用下，矿柱体系先是在几个关键矿柱的局部薄弱部位发生应变集中，逐渐发展为应变局部化条带，进而引发更多采空区结构体产生损伤，整个损伤破坏过程具有非一致破坏特性和损伤累积叠加效应。随着地震激励加速度峰值不断增加，整个柱群体系的薄弱部位损伤不断累积加剧，最终演化为宏观失效震害。尽管柱群体系镶嵌在顶底板岩体之中，矿柱顶底部位受到了一定约束，但同样缺少周围约束，与地面的桥涵、地下的地铁车站等框架式结构相类似，在以水平为主导的地震激励下容易导致矿柱体系与顶底板之间产生相对位移，从而出现了矿柱顶部或者底部发生地震破坏的现象。因此可以认为，在地震荷载激励下，深部地下矿柱的顶底端位置是最容易形成震害的薄弱部位，这一点与琉球大学 Aydan（曾就职于日本东海大学）研究地下采空区地震动力响应和震损获得的结论相同，因此这些区域也是地下开采实际工程中需要特别注意加固和防治的关键部位。

4.6　本章小结

本章基于前一章对矿柱体系不同工况下地震动力响应研究基础上，综合利用电阻应变片、数字散斑（DIC）及声发射（AE）三种无损检测技术，由点到面、由表及里深入分析了矿柱变形损伤程度及震损演化规律，并结合震后矿柱损伤破坏形态识别出了矿柱体系震损薄弱部位，有效揭示了矿柱体系地震损伤致灾机理，主要得到如下几点结论：

（1）通过分析矿柱两端 X 方向动力变形可知，地震激励作用下，矿柱两端主要以拉伸应变为主。随着输入地震激励加速度的增加，两端的最大拉伸应变在时间和空间上处于动态变化状态，表现出了明显的时空演化效应和损伤累积效应。

（2）随着输入地震激励加速度增加，整个矿柱体系表面应变场由开始的弥散损伤逐渐发展到多个关键结构体薄弱部位产生了应变“局部化条带”，最终各应变集中区贯通成核，产生了宏观裂纹，进而导致采空区结构体系整体失效破坏，整个震损过程渐进式演化扩展并累积加剧。

（3）通过分析矿柱体系的声发射特性发现，受材料阻尼影响，各柱的声发射信号的产生均晚于地震波输入时间。随着输入地震激励的增加，矿柱体系交替释放声发射信号，说明矿柱体系产生了非协同震损，且损伤具有累积效应。其中 1#、2#及 4#矿柱释放的声发射信号最多，是整个矿柱体系的关键矿柱。

（4）观测矿柱体系宏观震害发现，1#矿柱和 4#矿柱上半部分发生了剪切破坏，其余矿柱主要在底端一侧产生拉伸裂纹。这表明地震作用下，矿柱顶底端位置是地震易损薄弱部位，是实际工程中需要重点关注和加固的关键部位。

第5章　地震作用下采空区围岩动力响应与震损特性

5.1　引言

当今世界，地下空间正作为一种重要资源被世界各国广泛开发和利用，已成为世界发展的新趋势，涉及各个行业，如地下城市、地下商场、地下储能、地下电站、地下采矿、国防工程等，向地下要空间、要资源已成为21世纪前沿性的国际战略主张[309]。在地下采矿领域，废旧采空区正在被广泛改造成为地下水库、地下储气库及核废料储库等被综合利用，既变害为利又发展经济[310, 311]。但是，这些地下结构通常在空间上表现为多支柱、大跨度、高围墙，且所留空间纵横交错、上下重叠、相互贯通，如何确保此类地下结构在施工、运营及废弃后的抗震稳定性已成为地下工程中无法避免的工程防灾问题[312]。

地下采空区是一个复杂巨系统，主要由矿柱体系、顶底板体系及边墙围岩体系共同构成，并长期遭受地应力场、透水渗流场、温度场及外部多源动力扰动等耦合叠加影响，形成了一个开放性的灾害系统。众所周知，由于人们过去长期对危害地下结构的地震破坏特性认识的缺乏、研究的不足以及专业学科的限制，历史遗留或正在投产的采空区在开采设计过程中普遍未考虑抗震性能，一旦遭遇高烈度地震破坏后，修复难度极大，进而可能造成局部或大规模采空区坍塌事故，后果不堪设想，例如1976年唐山大地震对地下洞室、巷道、井筒等造成了不同程度损坏[34]。

第3~第4章对采空区系统内的矿柱结构体分别开展了动力响应和震损演化规律研究，很好地模拟了地下矿柱体系地震动力失稳灾变过程。本章通过分析布置在采空区顶板和边墙围岩体不同位置的加速度和变形传感器监测数据，进一步对整个采空区空间地震动力特性开展研究，以期揭示采空区围岩体动力响应规律和变形震损机理，模拟地下采空区围岩体地震动力失稳灾变过程，探明地下采空区围岩地震响应强烈区和易损区，并绘制采空区围岩震损薄弱部位的空间分布图。

5.2　不同工况下采空区围岩加速度响应特征

根据图 2-12 中加速度传感器的空间布置情况，首先对采空区的空间位置进行划分，鉴于采空区模型属于对称性结构，本研究将采空区顶板中心位置规定为 O 点，从中心 O 点将整个采空区划分为左右两半采空区，即 O 点向右为正方向，O 点向左为负方向。通过采空区顶板中心 O 点和采空区最左端布置的加速度传感器采集到了不同工况下采空区模型顶板不同位置的加速度时程曲线。

5.2.1　不同工况下采空区顶板加速度响应

在 0.1 g、0.3 g 及 0.6 g 水平（X 向）单向地震激励下左半采空区中轴线不同监测点处 X 向加速度时程曲线和傅立叶谱如图 5-1～图 5-3 所示。由图可知，在 0.1 g 水平单向地震激励下，顶板左端和顶板中部位置的加速度峰值分别为 0.1078 g 和 0.0594 g，与台面输入的 0.1 g 地震加速度峰值相比，顶板左端地震加速度峰值无明显变化，而顶板中部位置加速度峰值则下降了 40.6%，这表明在低幅值水平地震激励下，顶板不同位置的地震动力响应存在一定的差异性。通过对二者加速度时程曲线进行傅立叶变换后，得到各自的主频同为 15.08 Hz，与采空区模型系统整体损伤特性（主频为 18.16 Hz）相比，采空区顶板在 0.1 g 地震激励下的主频有所下降，意味着 0.1 g 工况下已经开始萌发了一定的变形损伤，但顶板左端与中间位置的变形却保持了一致。上述现象产生的原因可以解释如下：台面输入的地震激励通过边墙围岩介质先后传递至底板左端和顶板中间位置，由于岩体材料对地震波产生了一定的阻尼作用，随着传播距离的增加，波的能量不断被耗散，致使不同位置的加速度峰值存在一定的差异性。同时，在 0.1 g 低幅值地震激励下，采空区顶板刚度良好，尽管产生了一定的变形，但整体处于弹性状态。

在 0.3 g 水平（X 向）单向地震激励下，由于采空区模型系统由弹性变形阶段逐渐向弹塑性变形阶段过渡，尽管整个采空区模型系统的刚度开始下降，但与台面输入的地震激励加速度 0.3 g 相比，顶板左端的加速度响应继续保持着放大作用，加速度峰值略有增加，达到了 0.36609 g，增幅为 22%，这说明尽管地震波在边墙围岩向上传递过程中也受材料阻尼影响，但随着高度增加，边墙中的地震波展现出了与边缘矿柱中的地震波一样的高程放大效应，当传递至顶板左端时，加

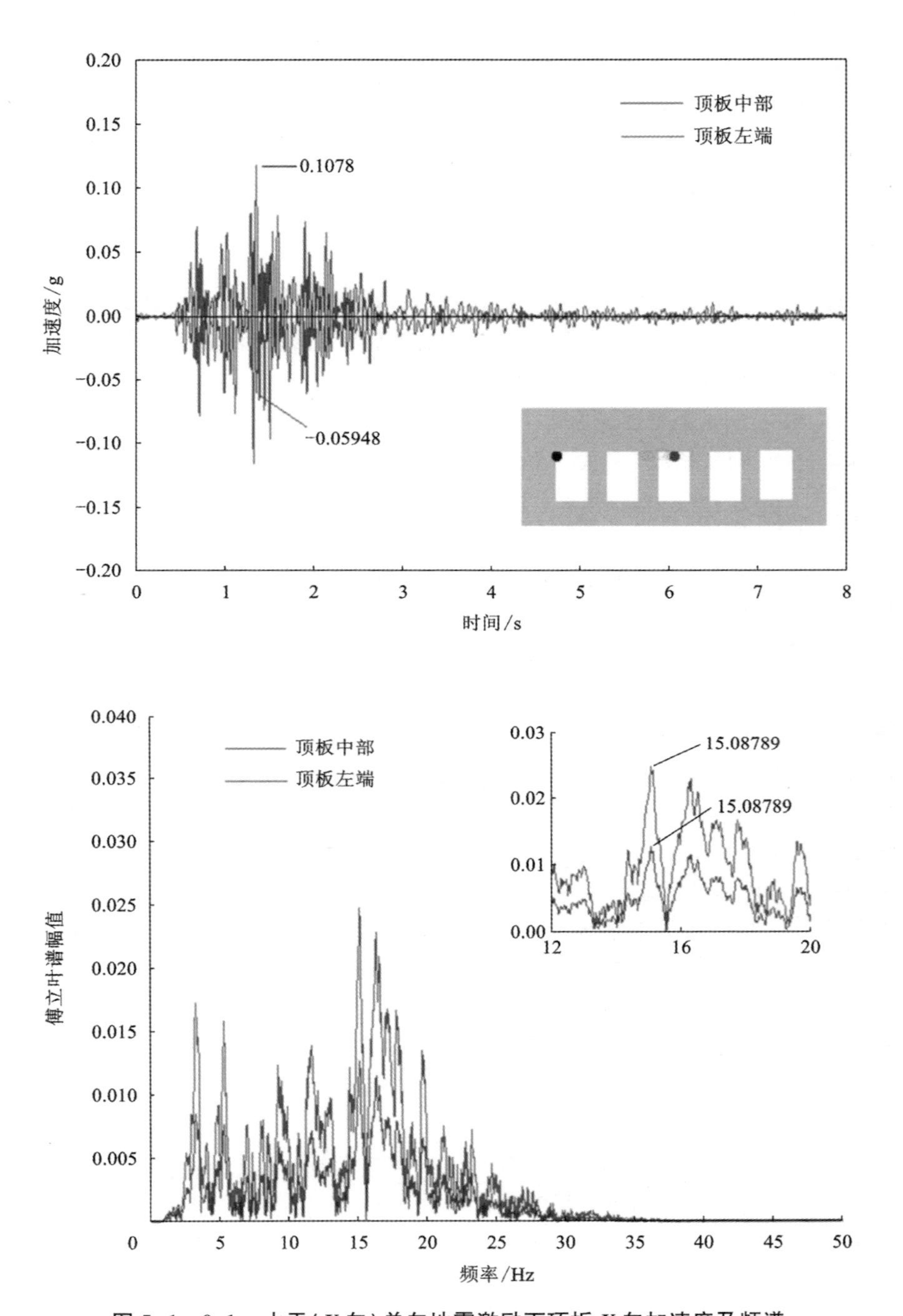

图 5-1　0.1 g 水平(*X* 向)单向地震激励下顶板 *X* 向加速度及频谱

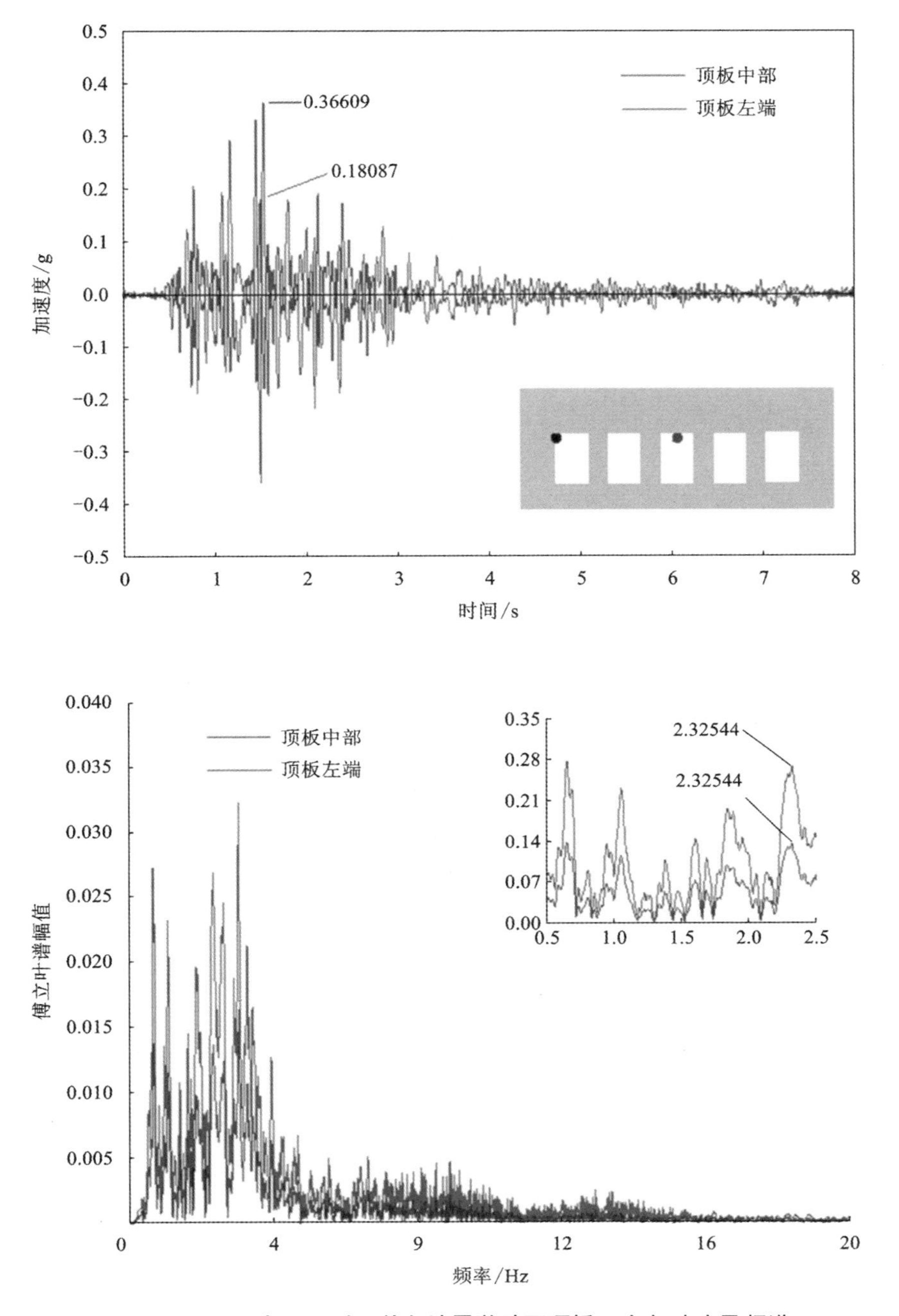

图 5-2　0.3 g 水平(X 向)单向地震激励下顶板 X 向加速度及频谱

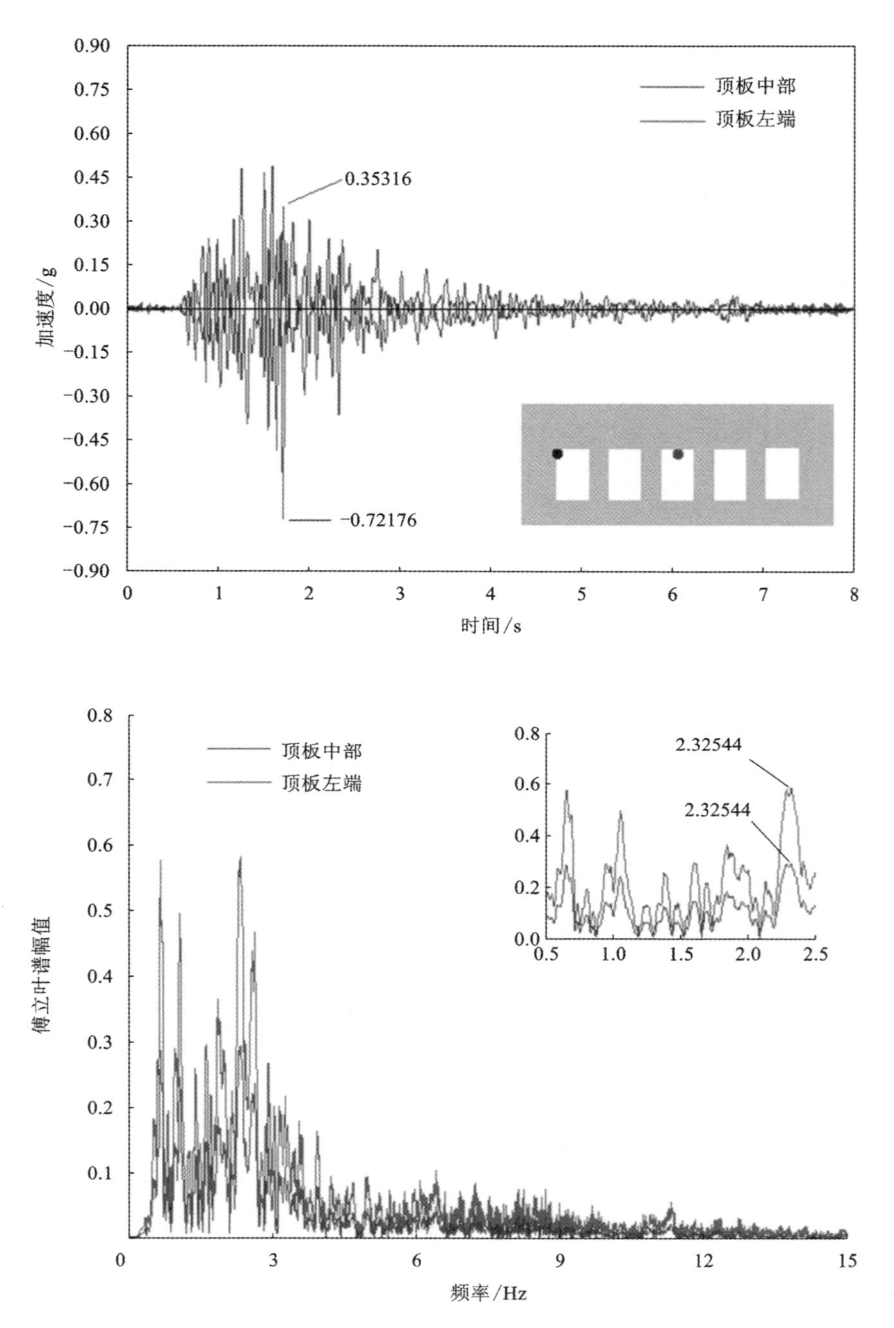

图 5-3　0.6 g 水平(X 向)单向地震激励下顶板 X 向加速度及频谱

速度继续保持着一定放大特性。此后，地震波在水平方向上向中间位置传递，会受材料阻尼和波传递的影响，监测到的加速度峰值低于台面输入加速度，峰值为 0.1808 g，下降了 39.7%。同时，由顶板不同位置地震加速度的傅立叶谱可知，顶板左端和中间位置在 0.3 g 水平单向地震激励下的主频均为 2.32544 Hz，这表明随着地下采空区模型系统整体进入弹塑性工作状态后，作为局部结构体的采空区顶板也发生了一定程度的变形损伤，表征损伤的主频发生了明显的下降，主频范围也明显收缩并向低频方向移动。

在 0.6 g 水平（X 向）单向地震激励下，顶板左端和中间位置的加速度响应与 0.3 g 工况一样，大体保持着相同的变化规律，峰值分别为 0.72176 g 和 0.35316 g，分别增加 20.5%和降低 41.4%。与 0.3 g 工况下相比，顶板左端和中间位置的地震动力响应均被弱化，这可能与采空区体系其他结构体（如矿柱和边墙）的地震损伤程度有关，说明在地震作用下采空区体系中的各结构体之间动力响应会产生相互作用和影响。通过分析傅立叶谱发现，在 0.6 g 工况下，顶板不同位置的损伤并没有进一步加剧，保持着较好的抗变形能力。这表明在强震作用下，采空区结构体系发生了非协同振动，结构体之间的变形损伤存在一定的转移现象。

与水平（X 向）单向地震激励相比，在水平-竖直（X-Z 向）双向耦合地震激励下，小振幅地震激励（0.1 g 和 0.3 g）对采空区顶板产生的地震响应并无明显变化，即在 0.1 g 工况下处于弹性变形状态和在 0.3 g 工况下过渡到弹塑性变形阶段，如图 5-4 和图 5-5 所示。不同的是，当输入 0.6 g 水平-竖直（X-Z 向）双向耦合地震激励后，顶板左端和中间位置的地震动力响应均得到了强化，加速度峰值分别为 1.04557 g 和 0.49744 g，幅值分别增加 74.2%和降低 17%，同时傅立叶主频也分别下降至 2.28882 Hz 和 2.28271 Hz，如图 5-6 所示。这表明在有竖向分量参与的强震作用下，采空区顶板整体地震动力响应得到了强化，而变形损伤进一步加剧。

综上分析可知，地下采空区顶板水平不同位置的加速度峰值与振动台面输入的地震激励相比，无论是在水平（X 向）单向一维地震激励下还是在水平-竖直（X-Z 向）双向二维地震激励下，整体上采空区顶板左端地震动力响应在一定程度上得到了强化，尤其是有竖向地震分量的参与。相反，采空区顶板中间位置的动力响应则被弱化，这主要受波的传递路径和材料阻尼影响所致。

在不同工况下顶板水平方向不同位置的加速度峰值变化如图 5-7 所示，整体上表现出端部高中间小的现象，这主要与地震波在采空区体系中的传播路径、材料阻尼以及地震激励方向等众多因素有关。尽管采空区顶板中间位置的加速度响应被弱化，采空区的存在一定程度上能够阻碍地震波的传播，并导致地震激励发生衰减，但这并不意味着采空区的存在可以预防或阻止采空区结构体产生地震动力破坏，这主要是因为地下采空区系统的稳定性是由采空区体系各个结构体的自

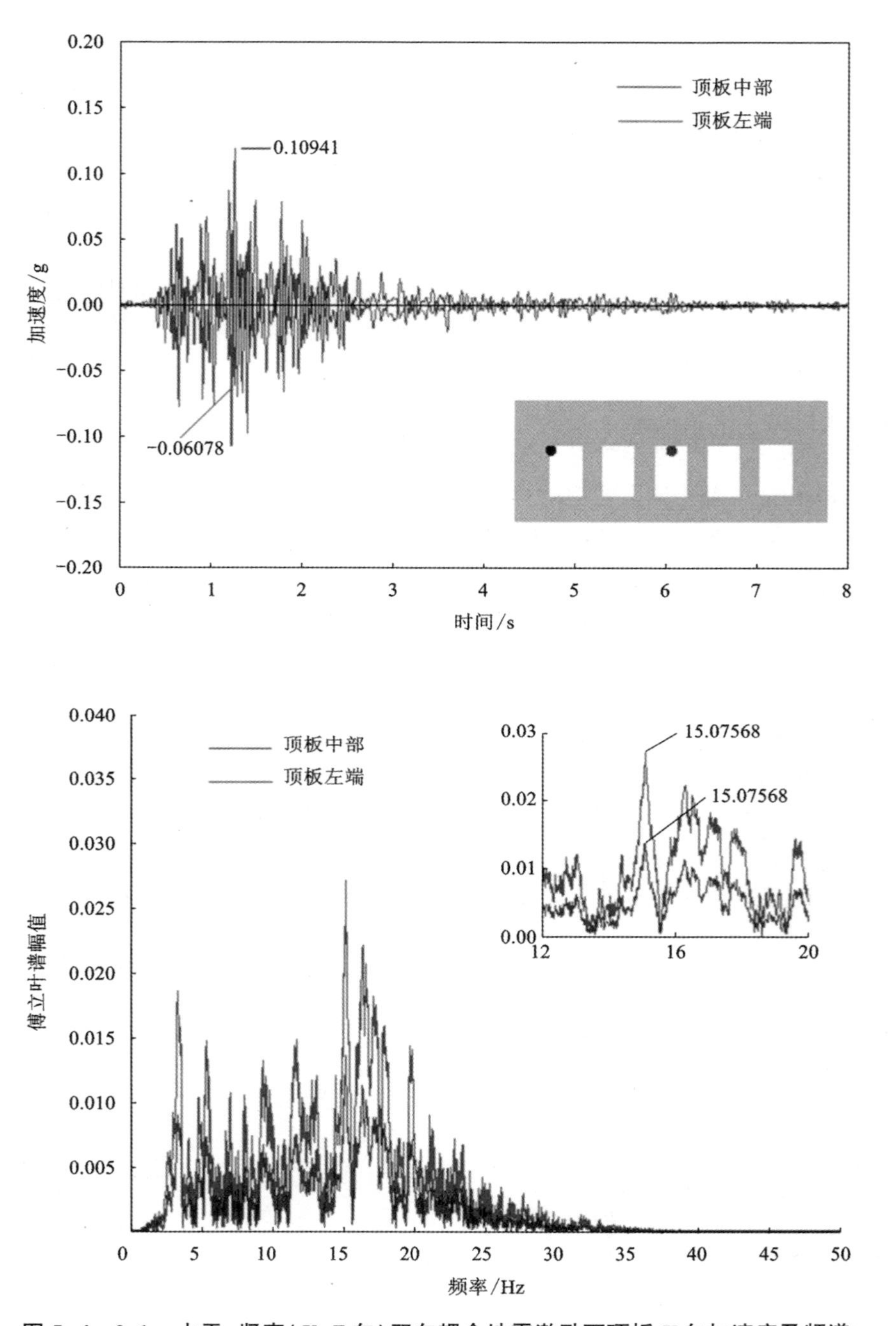

图 5-4　0.1 g 水平-竖直(X-Z 向)双向耦合地震激励下顶板 X 向加速度及频谱

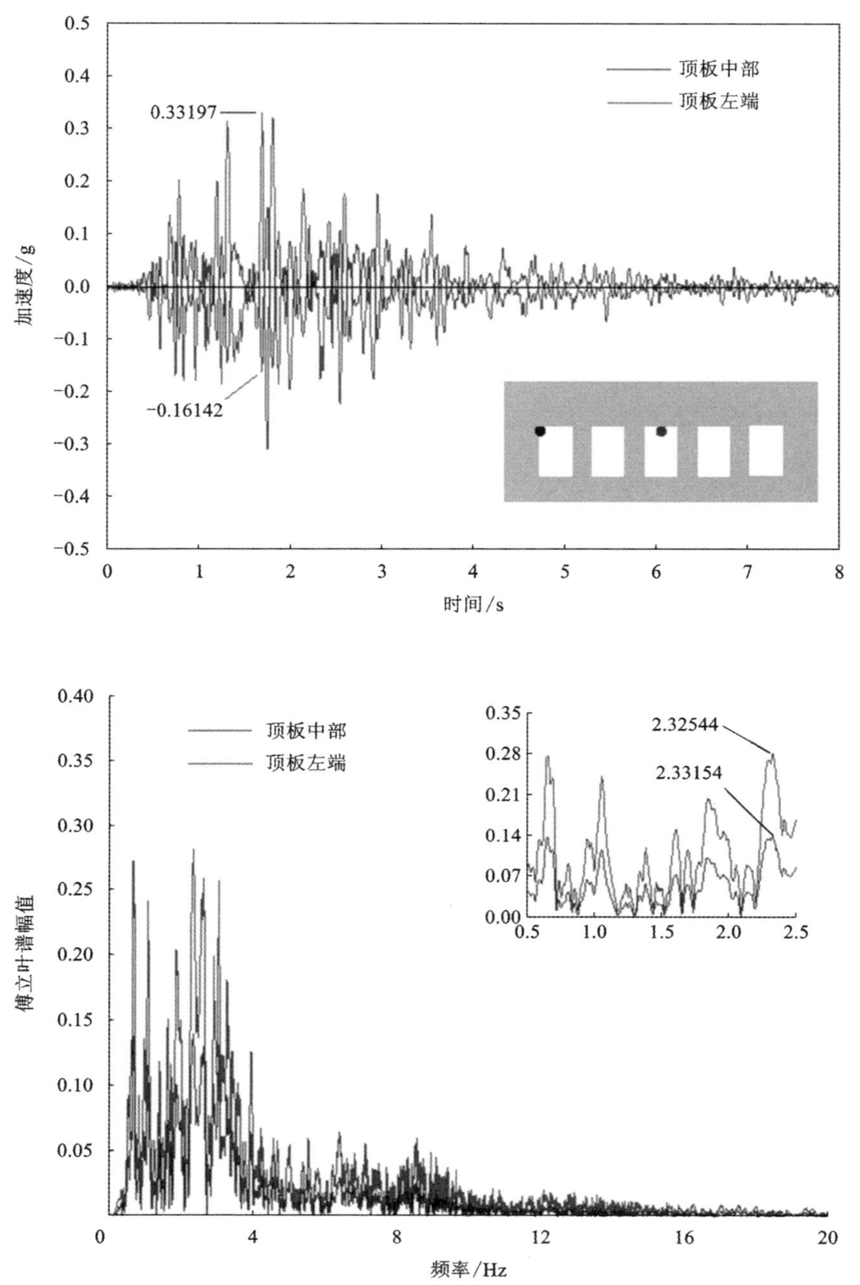

图 5-5　0.3 g 水平-竖直(X-Z 向)双向耦合地震激励下顶板 X 向加速度及频谱

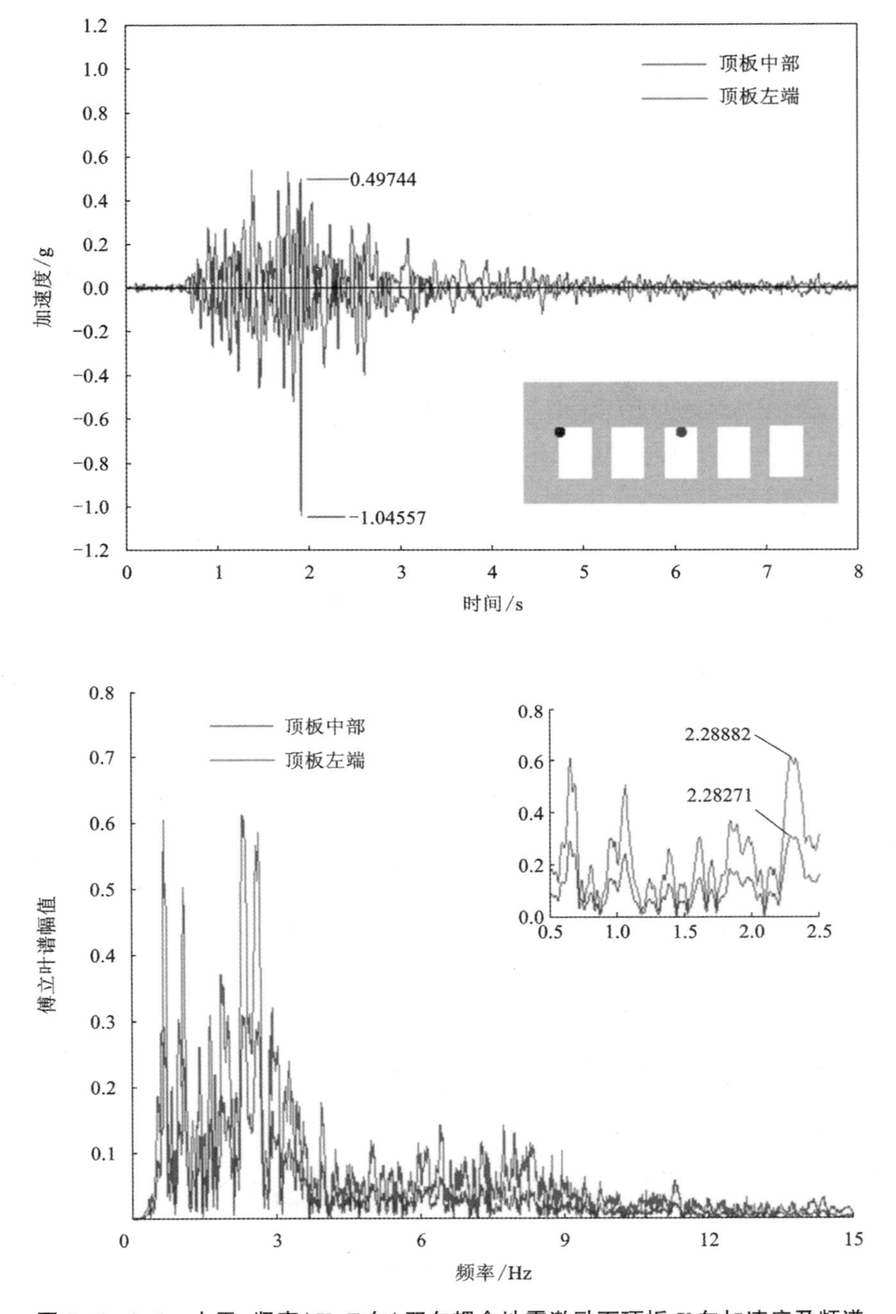

图 5-6　0.6 g 水平-竖直(X-Z 向)双向耦合地震激励下顶板 X 向加速度及频谱

身动力特性和地震荷载等多种因素共同作用而决定的。

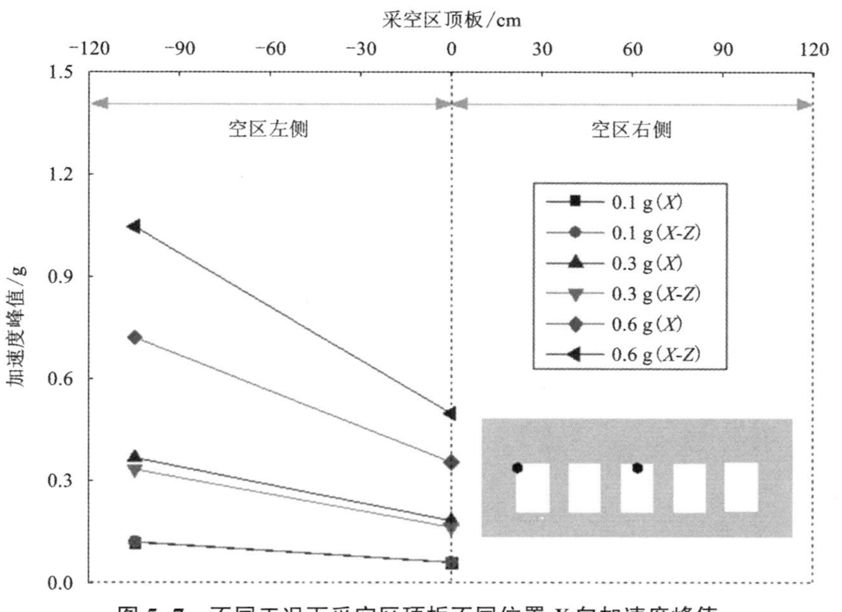

图 5-7　不同工况下采空区顶板不同位置 X 向加速度峰值

5.2.2　不同工况下采空区边墙加速度响应

前文对地下采空区体系中的矿柱和顶板结构进行的地震动力响应研究显示，不同位置的矿柱和顶板不同位置的加速度响应存在一定差异性，这表明采空区结构体系中的地震动力响应与周围赋存环境有很大关系。与矿柱顶底受力、四周水平方向凌空卸压和顶板垂直受力、一侧水平凌空卸压相比，边墙围岩兼具了这二者的部分特征，即一侧不受约束，另一侧和上部受约束，因此本节通过测试边墙中间部位在不同工况下的加速度来分析其地震动力响应规律。右边墙围岩中间位置在不同工况下的加速度时程曲线和傅立叶谱如图 5-8～图 5-10 所示。由图可知，在输入 0.1 g 地震激励时，尽管地震波传输中受材料阻尼作用会耗散能量，但边墙兼具矿柱高程放大效应特征，因此无论是水平（X 向）单向一维地震激励还是水平-竖直（X-Z 向）双向二维地震激励，监测到的加速度峰值与台面输入地震激励加速度幅值无明显差异，分别为 0.10312 g 和 0.10371 g，傅立叶主频均为 15 Hz 左右，与整个采空区模型损伤保持了一致性。

当输入 0.3 g 地震加速度激励时，右边墙中间位置在水平（X 向）单向地震激励和水平-竖直（X-Z 向）双向耦合地震激励下的加速度峰值分别为 0.33067 g 和 0.34868 g，与台面地震激励相比，二者均被强化，幅值分别提升了 10.2% 和

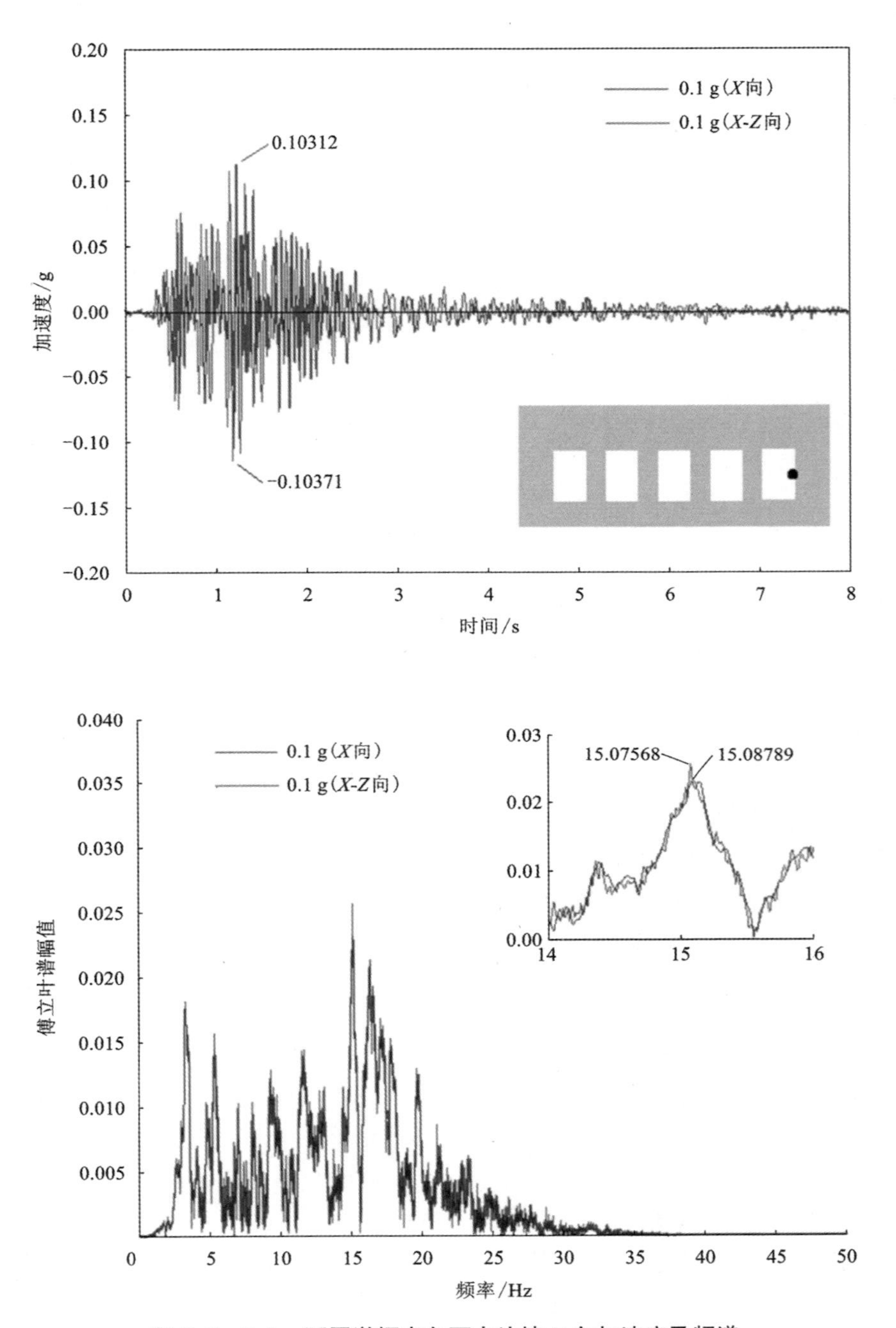

图 5-8　0.1 g 不同激振方向下右边墙 X 向加速度及频谱

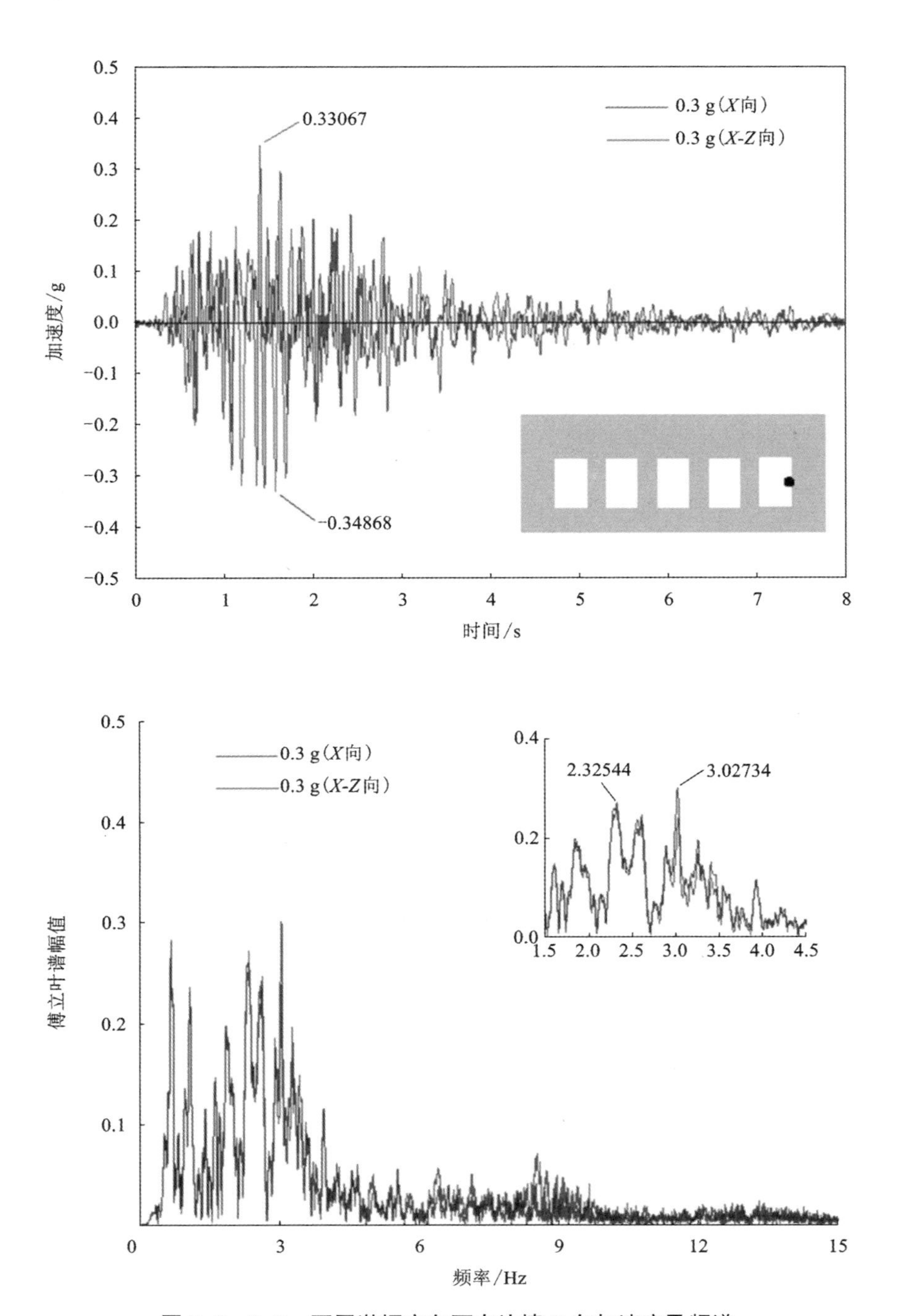

图 5-9　0.3 g 不同激振方向下右边墙 X 向加速度及频谱

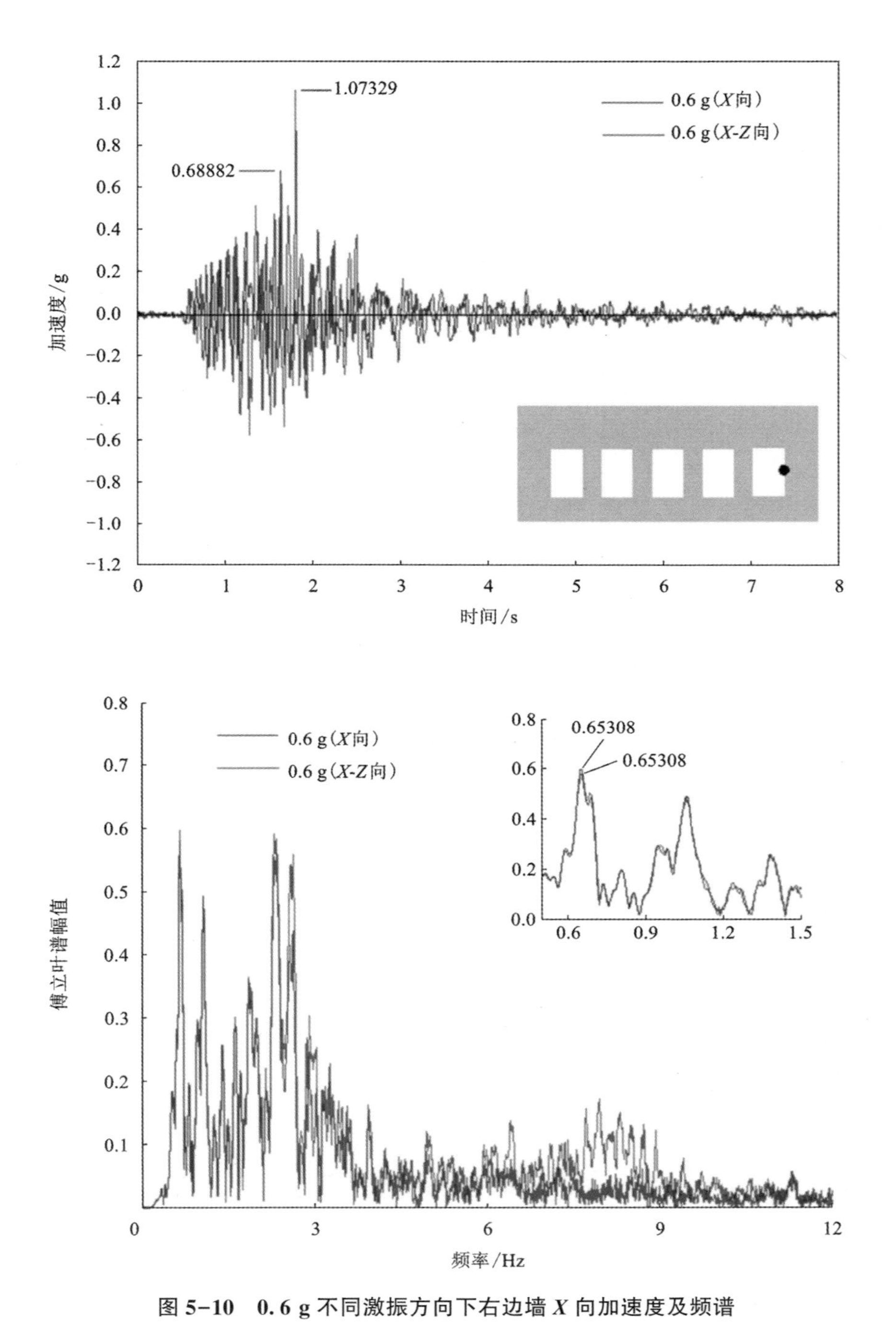

图 5-10　0.6 g 不同激振方向下右边墙 X 向加速度及频谱

16.2%，说明边墙围岩随着输入地震激励的增加也存在一定放大效应。此时，二者的加速度傅立叶谱的主频也分别降低至2.32544 Hz和3.02734 Hz，表明右边墙的刚度在0.3 g工况下发生了明显下降。

当输入0.6 g地震加速度激励时，右边墙中间位置的加速度进一步表现出了放大效应，在水平（X向）单向地震激励和水平-竖直（X-Z向）双向地震激励下，加速度峰值分别提升了14.8%和78.9%，从中不难看出，竖向地震分量表现出了明显强化地震响应的作用，二者的加速度傅立叶主频进一步降低。

此外，不同工况下右边墙中间位置与顶板右端的加速度响应规律如图5-11所示，在0.1 g工况下，右边墙中间位置和顶板右端位置的加速度峰值基本上与台面输入的地震激励幅值保持一致，竖向地震分量对二者的加速度响应也未显示出任何作用。随着输入地震激励幅值增加至0.3 g时，与台面输入地震激励相比，右边墙中间位置和顶板右端位置的加速度响应同时被强化，说明在0.3 g工况下，边墙围岩和顶板岩层的地震动力响应一同发生了突变，且二者受高程放大效应影响，即使受材料阻尼作用，加速度峰值也均有所提升。此时，竖向地震分量对二者都显示出了一定的强化作用。当输入地震激励加速度幅值增加至0.6 g时，右边墙中间位置和顶板右端位置的加速度响应显示出明显放大效应，尤其是有竖向地震分量参与的水平-竖直（X-Z向）双向耦合地震激励，对边墙和顶板监测点的加速度具有明显的强化作用。

综上所述，随着台面输入的地震激励加速度幅值增加，顶板右端和边墙中部的地震响应变化规律基本一致：在0.1 g工况时，与台面保持一致；在0.3 g工况时，一同发生了突变，同样受到竖向地震分量强化影响；在0.6 g工况时，二者发生了显著放大，竖向地震分量进一步强化了加速度响应，这表明与整体采空区模型系统地震动力特性一致，0.3 g是边墙和顶板的动力响应临界地震激励，且随着地震激励增加，动力响应进一步显现。

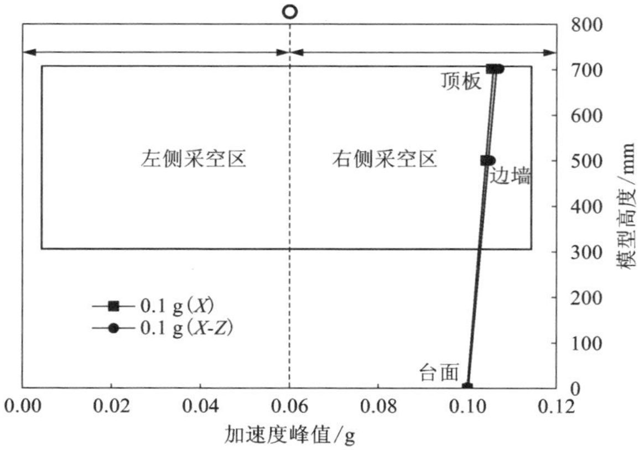

(a) 0.1 g工况激励下

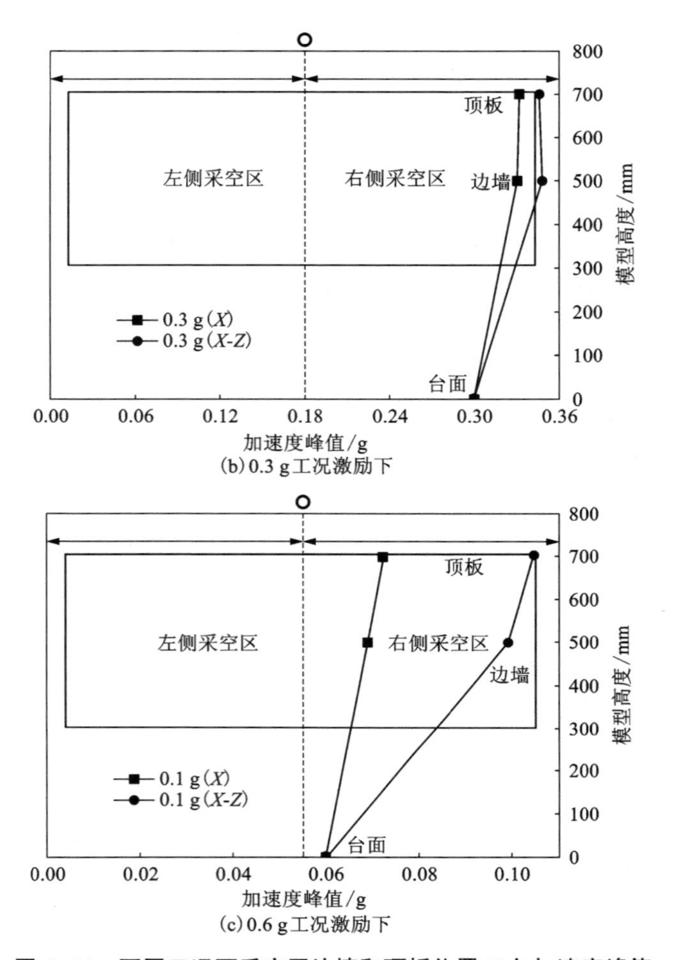

(b) 0.3 g工况激励下

(c) 0.6 g工况激励下

图 5-11　不同工况下采空区边墙和顶板位置 X 向加速度峰值

5.3　不同工况下采空区围岩动力变形特性

在地震荷载作用下，采空区围岩各部位的应变大小和方向时刻都在发生变化，为了测定采空区顶板和边墙主应变大小，在采空区顶板水平中轴线不同位置粘贴与 X 轴同向的电阻应变片，如图 2-12 所示。同时，根据电阻应变片监测数据特征，所测数据最大值为正值时，代表该位置结构受到了以拉伸为主的应变，反之亦然。

图 5-12 展示了不同工况下采空区顶板不同位置拉伸应变比较，在 0.3 g 水平（X 向）单向地震激励作用下，采空区顶板从两端到中间 5 个不同监测点表现出先降后增变化趋势，即顶板中间位置大于顶板两端位置，再大于靠近两端顶板位置，其中顶板中间位置具有突变增加现象。这主要是因为矿石被采掘后缺少了原有支撑力，采空区暴露范围内形成了卸压区，当地震波从两侧边墙向上传递至边墙与顶板连接部位，在水平方向地震振动下，先在顶板两端造成一定的损伤，产生了一定拉伸应变，随着地震波不断向前传播，受岩石材料阻尼影响，产生的拉伸应变逐渐降低，当两侧相向传递过来的地震波在顶板中间部位相遇时，尽管地震加速度相互叠加后出现了降低现象，各自对顶板中部产生的变形损伤却得到了叠加强化。

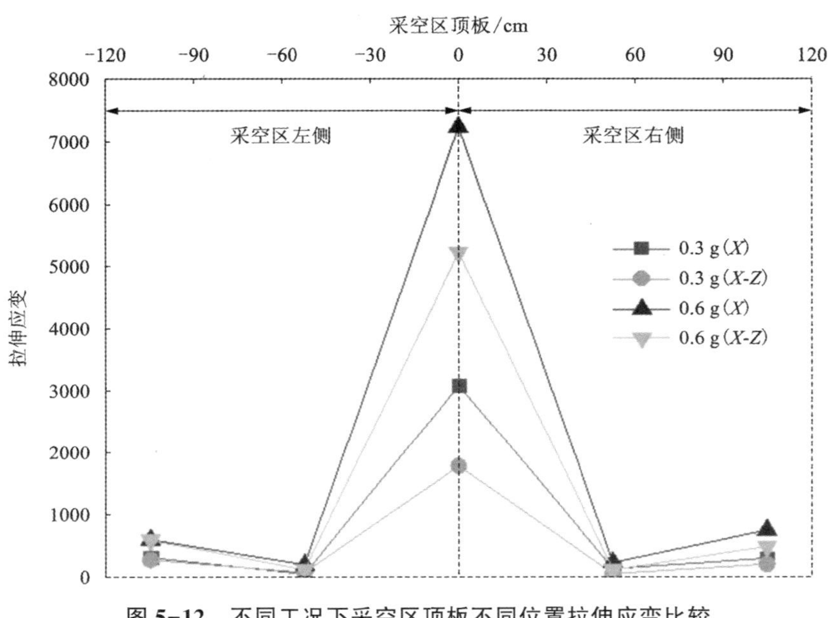

图 5-12　不同工况下采空区顶板不同位置拉伸应变比较

在 0.6 g 水平（X 向）单向地震激励作用下，尽管采空区顶板各监测点处的拉伸应变从两端到中间的变化趋势同样是先降后增，但变形值均有显著增加，其中采空区顶板中间位置产生的拉伸变形最大，这表明采空区顶板在强震作用下很有可能产生大变形，甚至是破坏性震害，因此有必要进行强化监测和支撑加固。

与水平单向地震激励相比，在 0.3 g 和 0.6 g 水平-竖直（X-Z 向）双向耦合地震激励下，采空区顶板各监测点处的拉伸应变具有相似的变化规律。但是，由于竖向地震分量的参与，随着传播距离的增加，水平波和竖直波在岩体传递中的波场会产生分离现象，竖向地震分量会削减水平波的破坏强度，各监测点处的水平拉伸应变会有所下降。

在上述现象中，与竖直分量可以强化矿柱顶底端变形不同的是，当地下矿石被采掘形成采空区之后，矿柱顶底端位置会形成一定的应力增压区，在水平-竖直(X-Z 向)双向耦合地震激励作用下，输入地震激励的竖向地震分量可以直接作用于矿柱，在竖直方向上产生的惯性力能够强化矿柱的垂直地应力，从而使得矿柱顶底端的压应力进一步增加。尽管竖向地震分量也存在弱化水平波的作用，但与采空区顶板不同的是矿柱不受四周围岩的约束，当受到同样被弱化的水平波作用后，矿柱顶底端则会产生较大的变形。

采空区顶板中间位置监测点的拉伸应变时程曲线如图 5-13 所示。由图可知，在 0.3 g 工况下，采空区顶板中间位置的最大拉伸应变在 1 s 之前就出现了，如图 5-13(a)和(b)所示，这表明随着 0.3 g 工况下采空区模型整体逐渐进入弹塑性工作状态，顶板变形也发生突变，进入弹塑性变形阶段。当输入 0.6 g 地震激励时，整个采空区模型处于破坏阶段，整体刚度也显著下降，受岩体阻尼影响，波的传递会产生滞后，变形也会滞后发生，在 1 s 之后出现，如图 5-13(c)和(d)所示。

同时，分别在右边墙围岩中间部位的上、中、下 3 个位置竖直粘贴电阻应变片，用于分析不同工况下右边墙不同高度位置的变形情况。对不同工况下边墙围岩上、中、下 3 个监测点处的最大拉伸应变进行统计，如图 5-14 所示，随着输入地震激励加速度峰值的增加，右边墙围岩上、中、下 3 个监测点处的拉伸应变随

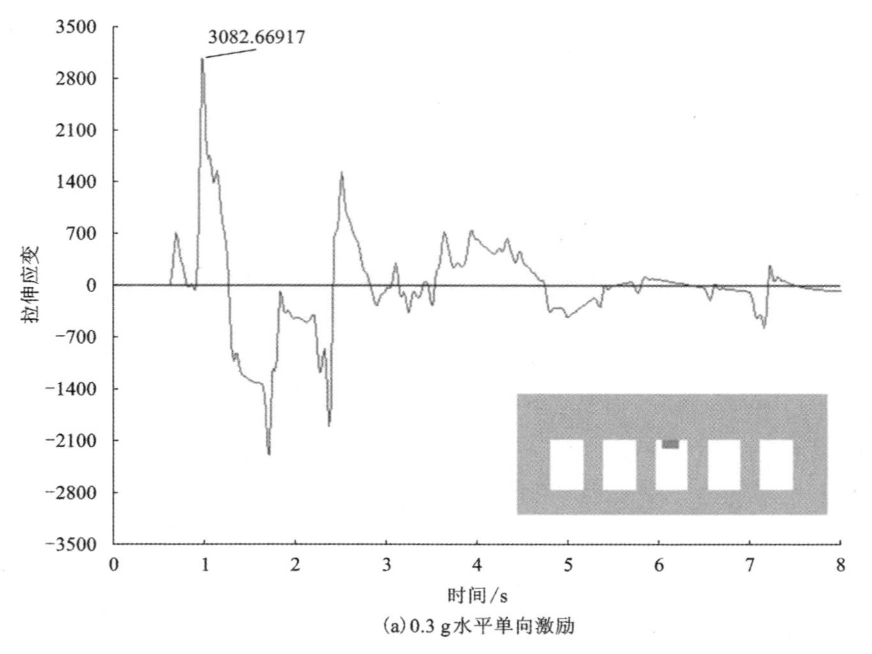

(a) 0.3 g 水平单向激励

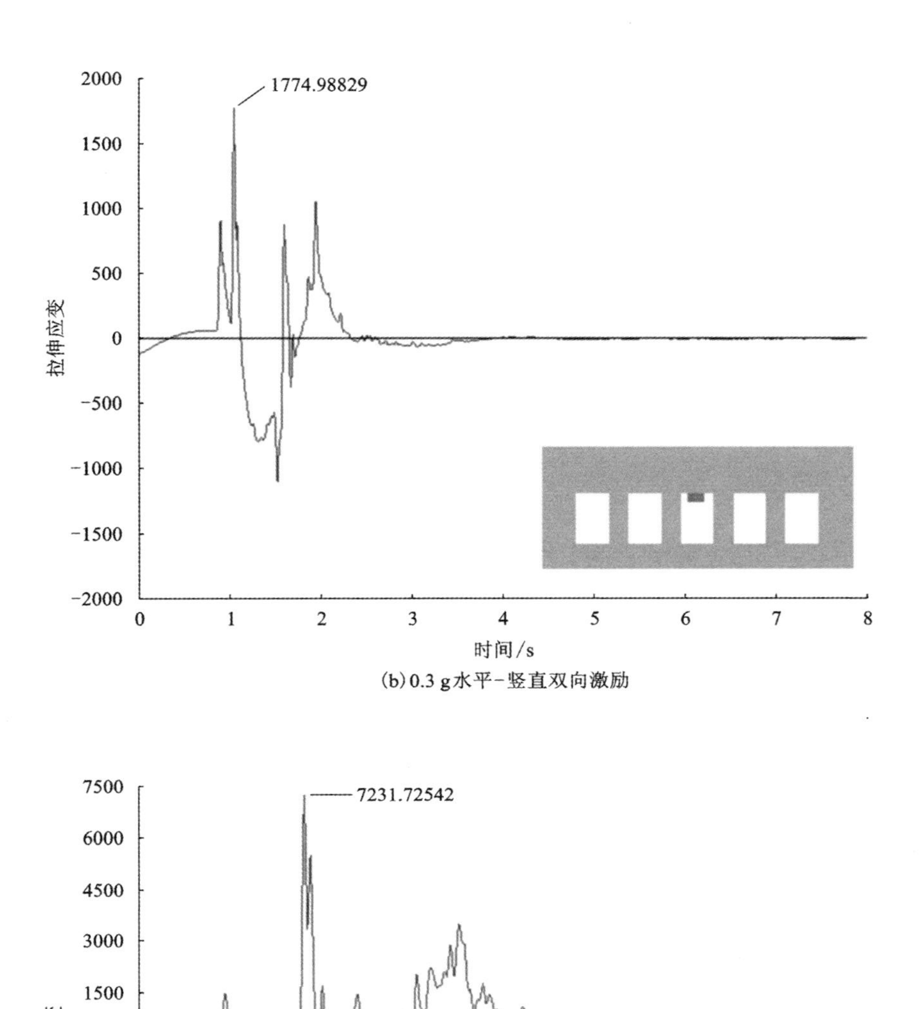

(b) 0.3 g水平-竖直双向激励

(c) 0.6 g水平单向激励

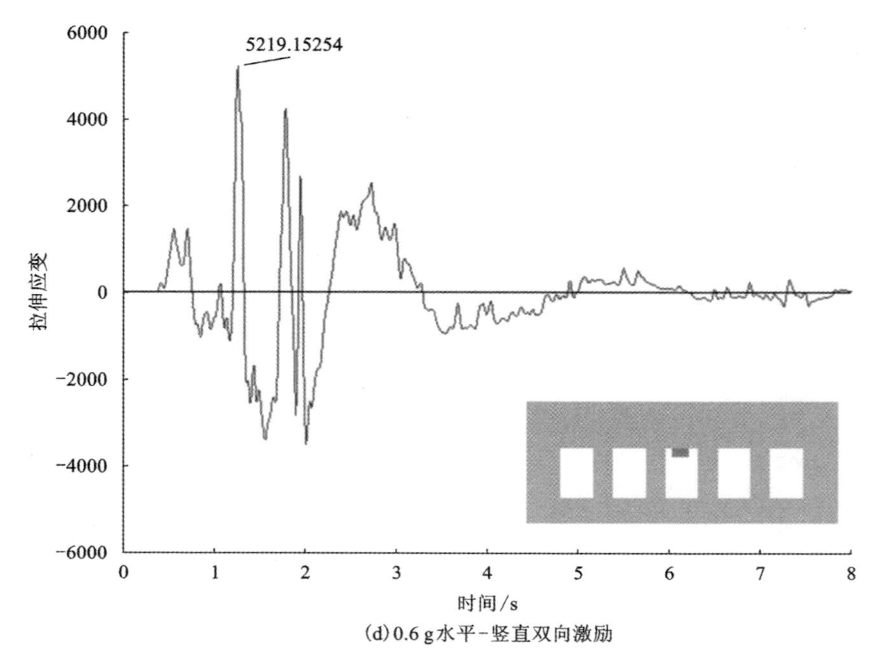

(d) 0.6 g水平-竖直双向激励

图 5-13　不同工况下采空区顶板中间位置拉伸应变时程曲线

之增加，但均未超过最大拉伸极限应变，这表明作为半无限围岩体的采空区边墙在地震作用下具有较好的抗震性能。

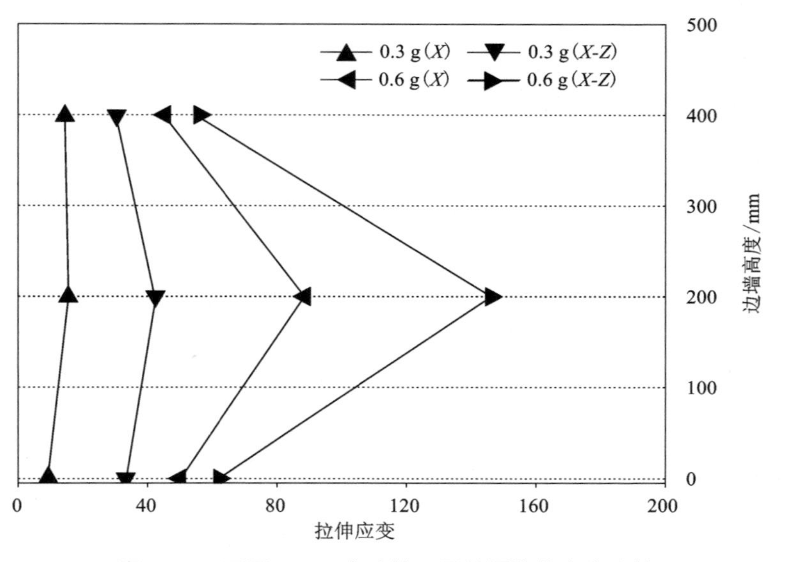

图 5-14　不同工况下右边墙不同位置拉伸应变比较

此外，通过比较边墙上、中、下 3 个位置的拉伸应变可以发现，中间部位的拉伸变形最大，这主要是因为该位置是整个边墙暴露面积最大部位，在水平地震激励下，一方面受到侧向围岩地应力，另一方面受到水平地震动力作用，从而共同造成该位置有向凌空面外鼓变形的趋势，因此出现不同工况下该处的拉伸应变要高于同方向上的边墙上端和边墙下端情况。此外，因为边墙上端和下端部位与上下覆岩层距离最近，尽管也属于半无限岩体，但与中间部位相比，上下端的受力状态则更为复杂，不仅受到来自另一侧围岩的水平地应力约束，同时还受到上下岩体在水平分量上的约束，从而更加限制了其在水平方向的位移。这种现象在 2008 年汶川大地震中有过典型的案例，与龙溪山岭隧道边墙产生的震害极为相似，边墙衬砌中间位置发生了明显外鼓破坏，如图 5-15 所示。实际上，地下采空区开采中除了对特殊工程进行支护外，一般不会像山岭隧道进行构建衬砌防护工程，因此产生震害的概率要更高。由此可以认为，在地震作用下采空区边墙整体上具有较好的抗震性能，但强地震（如 0.6 g）很有可能造成边墙围岩中间位置产生震害，而且边墙高度越高，中间部位产生的震害越为严重。

图 5-15　汶川地震中龙溪山岭隧道边墙典型震害[70]

采空区右边墙围岩中间位置竖向应变片的拉伸应变时程曲线如图 5-16 所示，从图中可以发现，随着输入地震激励加速度峰值的增加和激振方向的改变，边墙受到的拉伸应变依次增大，在 0.3 g 工况下，水平（X 向）单向地震激励下的拉伸应变最小，而有竖向地震分量参与时，拉伸应变增加一倍；当输入强幅值（0.6 g）地震激励后，拉伸应变明显增大，其中水平-竖直双向耦合地震激励造成的变形最为严重，由此可以推断自然强震作用下边墙中腰位置同样极有可能产生震害。

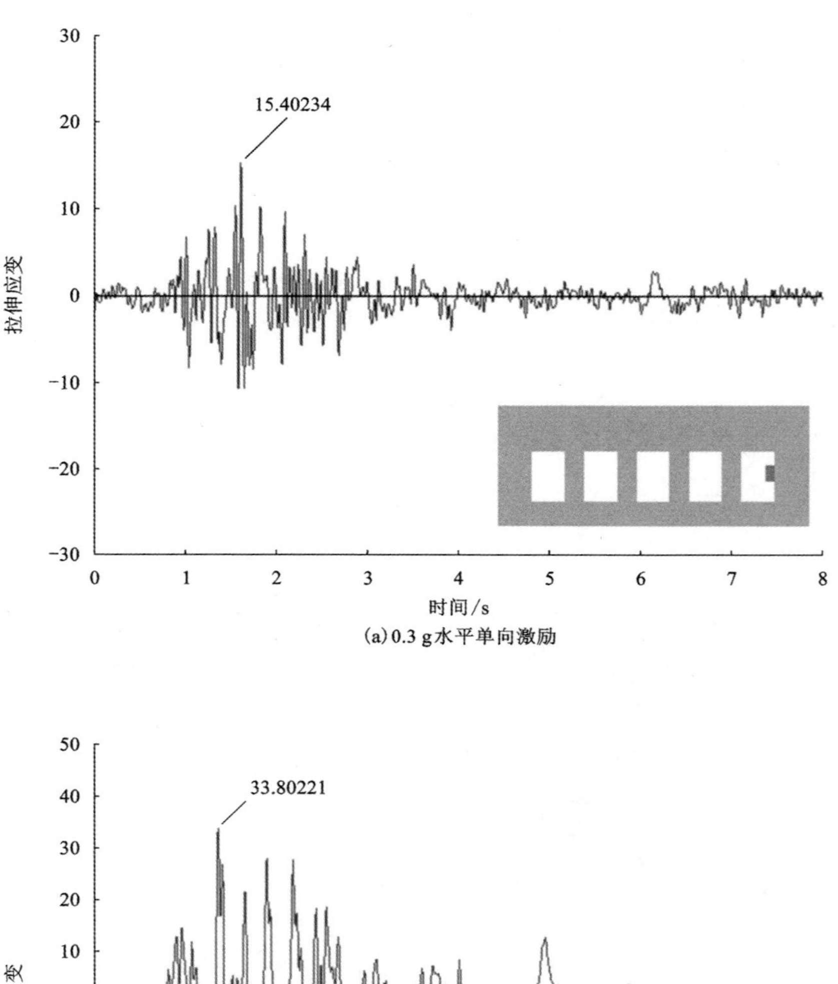

(a) 0.3 g水平单向激励

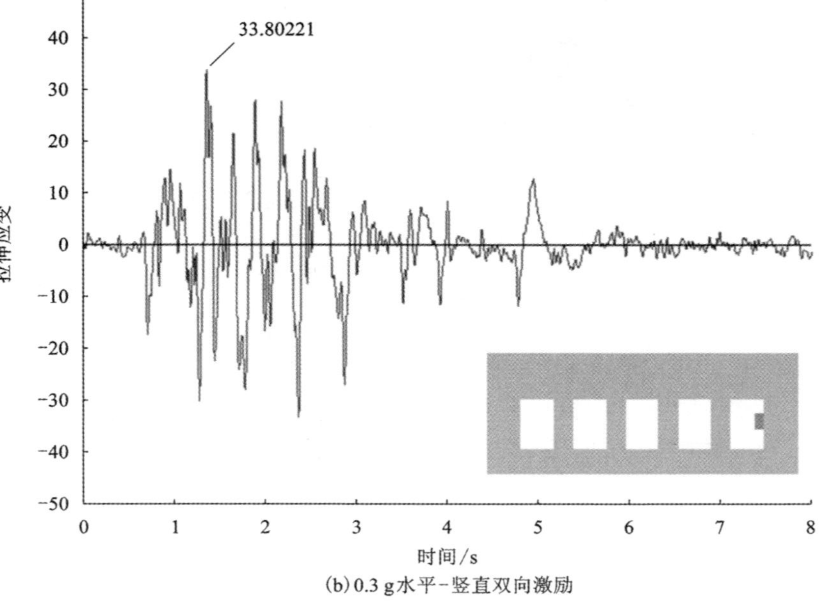

(b) 0.3 g水平-竖直双向激励

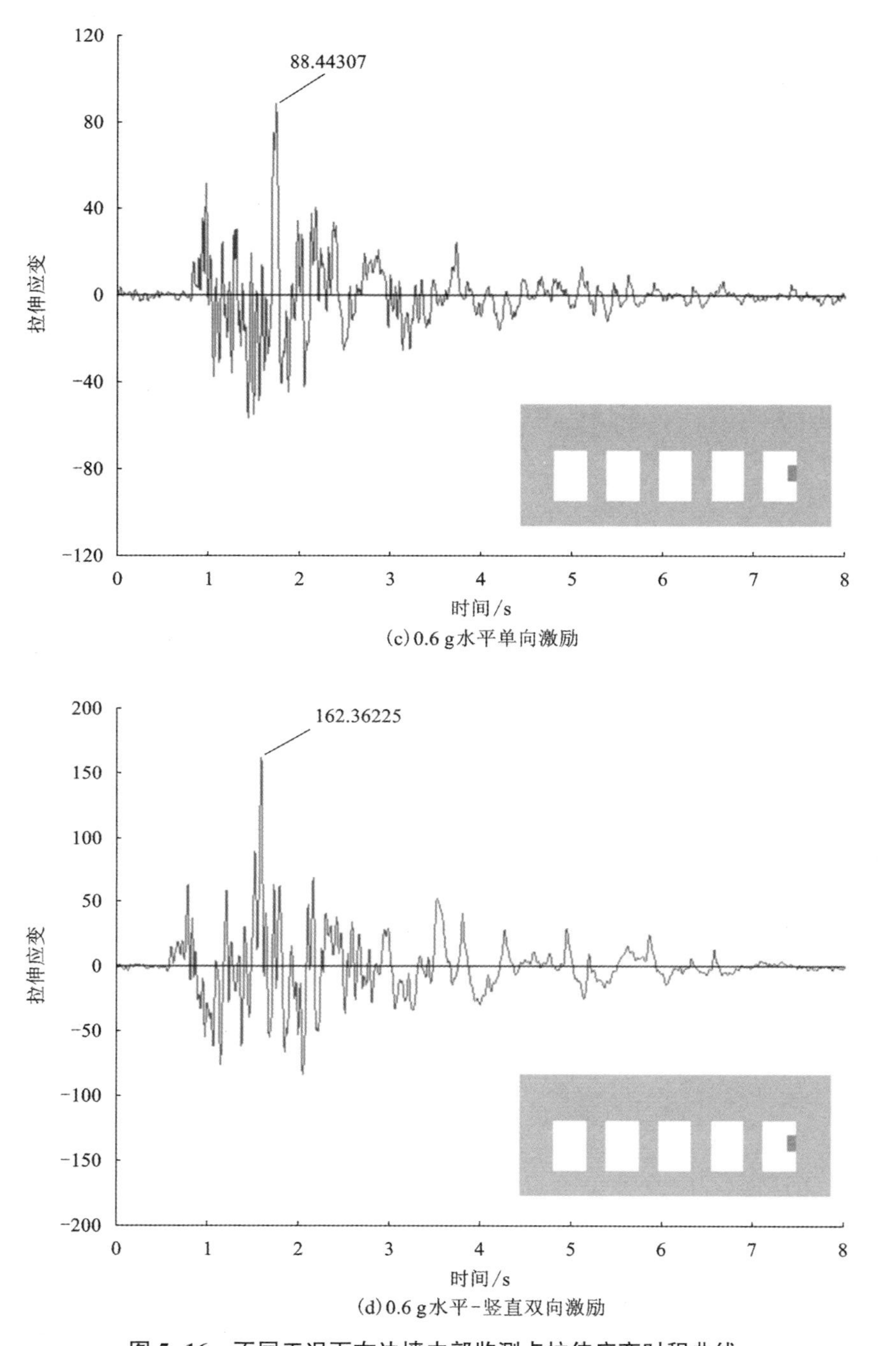

图 5-16　不同工况下右边墙中部监测点拉伸应变时程曲线

5.4 地震作用下采空区围岩震害空间分布

在试验完全结束后，将采空区模型外侧的刚性模型箱取走，对采空区模型内部和外部围岩体出现的主要宏观损伤破坏区域进行了统计和标记。采空区模型正反面围岩体主要宏观损伤区域如图 5-17 和图 5-18 所示。在采空区模型的正面一侧，地震动力荷载导致的震害主要分布在采空区左下角边墙与底板连接的部位、矿柱与顶板连接处采空区外延部位、外侧围岩体表面以及采空区右下角边墙与底板连接的部位。由于采空区模型整体呈对称性，在采空区模型的反面一侧，震害位置大致与正面一侧较为相似，且正面左下角的裂纹与反面右下角的裂纹通过采空区底板贯通，另一侧也出现类似现象。由此得出，在地震动力荷载下，采空区模型的宏观破坏遍布整个采空区结构体大部分区域，说明在地震荷载逐级作用下，地下采空区结构体系累积造成了极为严重的震害。

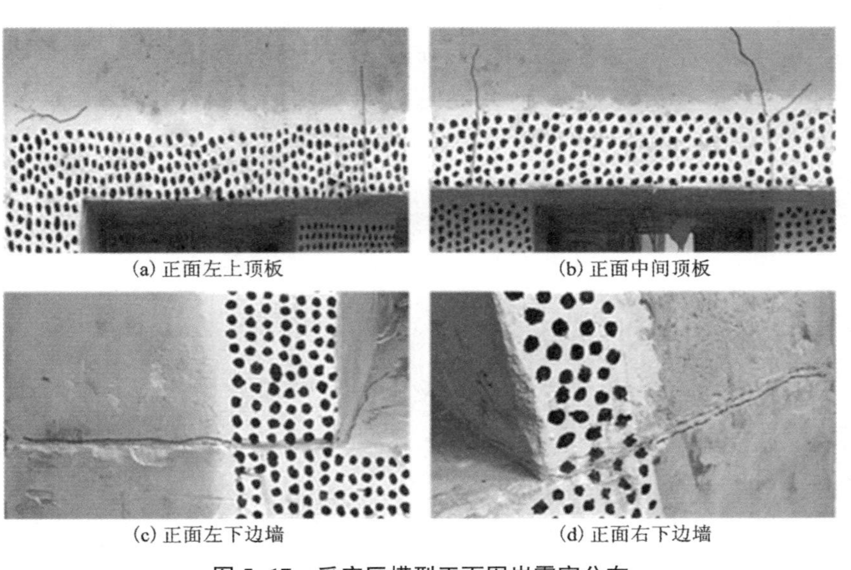

(a) 正面左上顶板　(b) 正面中间顶板　(c) 正面左下边墙　(d) 正面右下边墙

图 5-17　采空区模型正面围岩震害分布

从采空区顶底板破坏来看，震害裂纹一方面主要出现在采空区顶板的内侧，并由内侧贯通至围岩外侧，如图 5-17(a)和(b)所示，即在 1#和 2#矿柱的顶端与顶板相连接的位置有 2 处，在 3#和 4#矿柱之间的采空区顶板位置有 1 处，在模型正面底板有 3 处，在模型反面 7#和 8#矿柱中间位置有 1 处；另一方面主要在采空区顶板外侧围岩表面出现多条水平裂纹，如图 5-18(a)和(b)所示。通过分析不同工况时刻的宏观裂纹萌生、发育、扩展等过程发现，采空区顶板的多条裂纹首先萌生于顶板内侧，随着地震激励的相继输入，逐渐扩展至围岩外侧，这主要是因为采空区顶板在上部覆岩自重荷载和地震激励扰动共同作用下发生了动静组合式破坏，并随着地震荷载的增加而加剧，损伤累积效应也进一步显现。

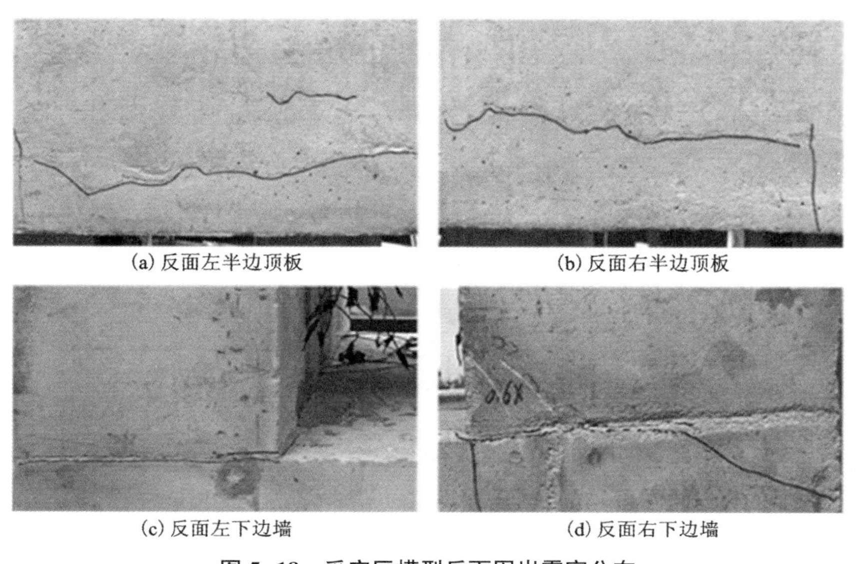

(a) 反面左半边顶板　(b) 反面右半边顶板

(c) 反面左下边墙　(d) 反面右下边墙

图 5-18　采空区模型反面围岩震害分布

从采空区两侧边墙破坏情况来看，当地震激励达到 0.6 g 时，采空区模型两侧边墙与底板连接处均发生了贯通式宏观裂纹，两侧边墙在底板处几乎发生断裂，采空区结构的空间稳定性受到了严重的威胁。通过对试验过程中相关位置裂纹的发育分析可知，这些裂纹首先萌生于底板两端位置，随着地震激励的逐级输入，逐渐由两端位置向中间位置延伸，最后致使两侧的裂纹在采空区底板和边墙连接处的中部位置发生了贯通，这一方面说明地震激励下的采空区损伤破坏也是渐进式发展；另一方面说明采空区边墙与底板连接处是采空区系统的薄弱部位，容易遭受地震荷载而发生破坏，也是实际工程应该重点监测和防治的关键部位。

综上所述，随着地震激励加速度峰值逐渐增大，采空区结构体在整个地震激励输入过程中发生了累积损伤破坏，从初始弹塑性损伤状态逐渐转入塑性损伤累积加剧状态，最终引起了采空区结构体关键部位产生宏观破坏，整个过程渐进式发展。根据采空区模型所有结构体产生的震害位置进行观察、记录和标记，最终绘制出了采空区结构体系震害空间分布图，如图 5-19 所示。从图中可以发现，采空区结构体震损破坏具有以下两方面特征：

(1)矿柱体系的损伤破坏具有一定的对称性和空间性，除1#和4#矿柱在上半部分发生了剪切破坏外，其余矿柱的损伤破坏主要出现在顶底端位置，即柱顶或柱脚。

(2)采空区围岩体的损伤破坏形式呈现出多元化，显得更为复杂多变，主要发生在采空区中间部位的顶板内侧、围岩体外表面、采空区底板中间部位以及左右边墙与底板连接部位。

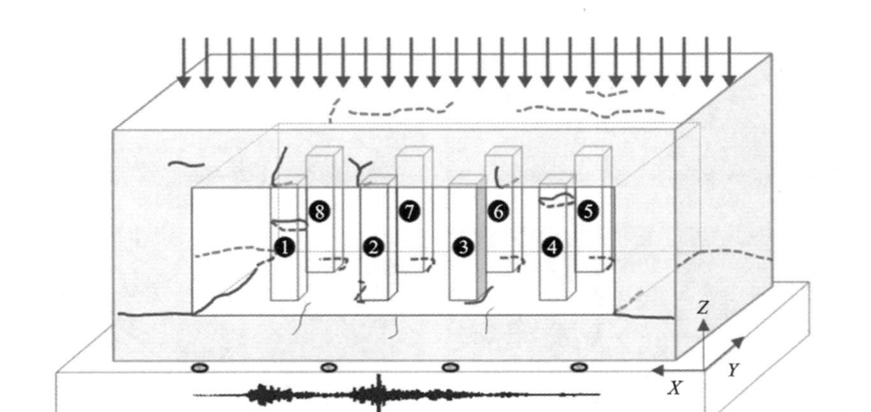

图 5-19　采空区结构体系震害空间分布

5.5　本章小结

本章通过分析采空区顶板体系和边墙围岩不同位置的地震响应、变形特性及震害分布，模拟了采空区围岩体系地震动力失稳过程，探明了采空区围岩体系变形易损区域，并绘制了采空区震害空间分布图，主要结论总结如下：

(1)通过分析采空区顶板水平方向不同位置地震响应发现，受材料阻尼和波的传播路径影响，顶板两端区域的加速度响应强于顶板中间位置，且竖向地震分量具有强化作用。同时，顶板各位置的损伤随着地震激励增加而逐渐加剧。

(2)边墙围岩兼具了矿柱部分特性，加速度响应存在高程放大效应，在0.3 g地震工况下发生突变，进入弹塑性工作状态，随输入地震激励进一步输入，地震响应显著增强。

(3)分析顶板不同位置的动力变形特性发现，采空区顶板两端到中间的变形展现出先降后增变化趋势，即顶板中间位置大于顶板两端位置，再大于靠近两端顶板位置，其中顶板中间位置具有突变增加现象。尽管作为半无限围岩体的边墙在地震作用下具有较好的抗震性能，但变形结果显示地震中边墙最有可能产生震害的部位是中腰位置。

（4）通过观察震后采空区围岩体系震害可知，随输入地震激励加速度增加，围岩体系的震害渐进产生和扩展，主要分布在采空区中间部位的顶板内侧、围岩体外表面、采空区底板中间部位以及左右边墙与底板连接部位，说明这些区域是围岩体系地震致灾的薄弱部位。最后，结合矿柱体系震害分布，绘制了采空区体系的震害空间分布图。

第6章　地下采空区结构体系地震动力特性数值模拟

6.1　引言

地震模拟振动台试验方法目前在地震工程研究领域已占据了重要地位，一般是将原型结构按照一定的相似比例进行缩放，制作出缩尺相似材料模型体，将其固定在振动台面上，从振动台底部输入压缩后的真实地震波，通过相似模型的动力响应、变形规律及震害现象推演出原型结构相关地震动力破坏特性，再现实际中的地震灾变过程，进而指引科研人员、设计人员和地震专家学者的工作方向，因此，振动台试验方法已成为地下结构抗震性能研究的常用方法之一。然而，模型试验通常存在模型制作和试验测试经费高昂、边界处理效果不理想、测试元件数量不足和监测数据异常等缺陷，严重影响着模型试验的准确性和实用性。同时，振动台极限承载能力也是模型试验的一大瓶颈，不能承载相似模型的实际配重，常常会导致模型发生重力失真，从而降低试验结果的可靠性。

此外，考虑到室内试验对一些内在因素无法全面考虑，一些动力特性也无法直观获取，本书通过数值模拟方法辅助开展了振动台试验的验证性和探索性研究，一方面将数值模拟结果与室内试验结果进行对比分析，验证试验结果的合理性，另一方面探索不同埋深采空区体系的地震动力响应规律，以弥补室内无法开展大量试验的不足，进而更加全面地揭示地下采空区体系地震动力特性。本章主要研究内容是基于 $FLAC^{3D}$ 有限差分软件，建立与实际振动台试验 1∶1 的三维数值模型，对比分析数值模拟结果与试验结果的吻合性。此外，通过开展不同埋深下采空区结构体地震动力响应和应力场演化规律研究，探讨了埋深对地下采空区体系地震动力特性的影响。

6.2　FLAC^{3D} 有限差分程序简介

FLAC^{3D}(Fast Lagrangian Analysis of Continua in Three Dimensions)是由美国 ITASCA 公司研发的三维显式有限差分程序，是一款岩土工程专业数值仿真计算软件，可以很好地对土质和岩体等三维结构体非线性地震动力问题进行模拟，目前已广泛应用于土木、交通、水利、石油和采矿等领域，特别适用于岩(土)体材料渐进破坏和变形失稳分析。

FLAC^{3D} 动力分析过程通常采用完全非线性动力时程分析法，主要分为 2 个步骤：一定地质条件下的静力平衡计算；施加动力荷载的动力分析。在静力平衡计算阶段，需要确定模型尺寸、初始条件、材料类型及网格大小等；在动力分析阶段，需要考虑边界条件、动力阻尼、地震波施加方式及地震波调整等问题。整个分析流程[313]如图 6-1 所示。

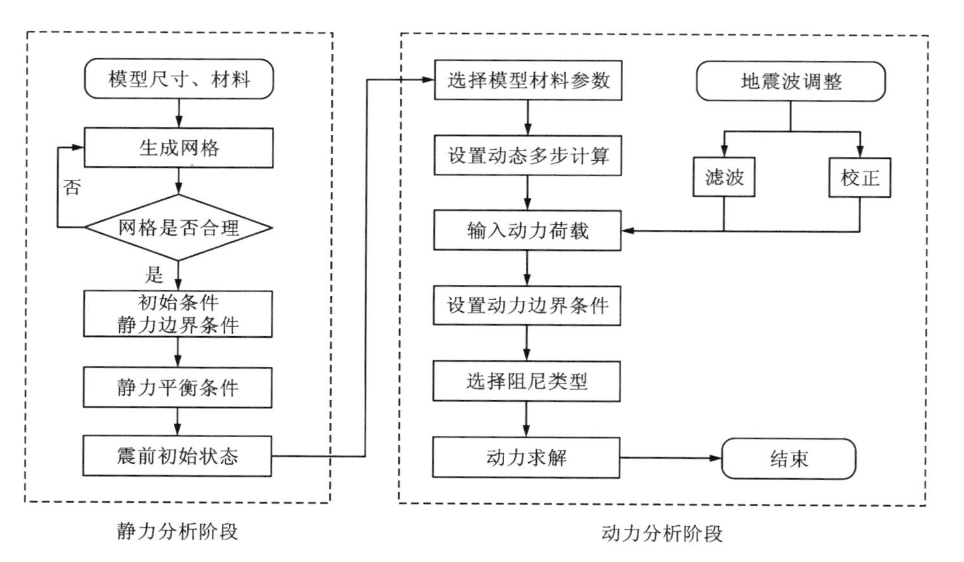

图 6-1　FLAC^{3D} 完全非线性动力时程分析流程

6.3 基本假定和模型构建

为了验证前文试验结果的合理性，数值模拟中采用的材料参数将参考采空区原型，并与地震模拟振动台试验相似模型的力学参数基本一致[314]。基于工程现场和缩尺相似模型试验，模型构建时选用的力学参数如表 6-1 所示。

表 6-1 相似材料力学参数

抗压强度/MPa	抗拉强度/MPa	密度/($kg \cdot m^{-3}$)	弹性模量/GPa	泊松比	黏聚力 c/MPa	内摩擦角 φ/(°)
4.12	0.42	1812	1.13	0.31	1.47	42

由于地下岩石材料具有非均质性、各向异性及膨胀性等特征，建模时岩体材料采用弹塑性本构模型和 Mohr-Coulomb(摩尔-库伦)破坏准则。同时，在数值模型构建过程中，在真实再现地下采空区系统地震动力响应的前提下，力求简单易操作。因此，本书在地下采空区数值模拟时做如下几点假设：

(1)采空区模型各部位材料相同，且假定各向同性；

(2)简化采空区模型实际形状，假设各结构体为规则形状；

(3)建模时采用的模型单元不考虑水平侧压力系数的影响；

(4)在模型计算过程中，不考虑采场四周地下水和其他动力荷载的影响；

(5)忽略模型材料本身对地震波传播过程中的各类影响；

(6)采空区模型仅考虑上覆岩层的自重应力，不考虑构造应力；

(7)输入地震波时，假设各质点保持一同运动，忽略行波效应；

(8)输入地震波时，不考虑斜入射产生的影响。

本次地下采空区三维模型是依照振动台模型试验进行 1∶1 构建，整个采空区结构体系(矿柱、顶底板及四周围岩体)划分的网格单元总数为 45000 个，单元网格边长为 4.5 cm，具体三维网格模型如图 6-2 所示。

根据苏联学者金尼克的假说，将采空区结构体各点的垂直地应力视为上覆岩层的重量，则地下不同埋深的地应力可通过式(6-1)获得。

$$\sigma_v = \gamma H \tag{6-1}$$

式中：σ_v 为垂直地应力；γ 为岩体容重；H 为埋深。

同时，为了探究不同埋深下采空区体系地震动力响应特征，通过施加不同垂直地应力来进行数值模拟研究，上覆岩层平均容重取 27 kN/m^3。在数值模拟计

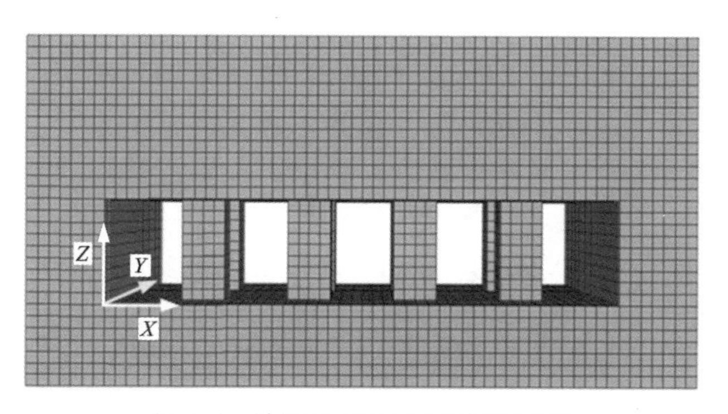

图 6-2　地下采空区三维模型网格图

算过程中，根据采空区不同埋深情况，先在模型上部施加静力，当静力达到平衡后，再按照动力加载方案，依次逐级输入地震激励。本章首先开展了 100 m 埋深下采空区振动台试验的数值模拟，然后进行了采空区体系处于地下不同深处的地震动力特性研究。不同埋深下采空区模型所需施加的垂直地应力如表 6-2 所示。

表 6-2　不同埋深下采空区垂直地应力

模型编号	埋深/m	垂直地应力/MPa
M-1	100	0. 135
M-2	125	0. 16875
M-3	150	0. 2025
M-4	175	0. 23625
M-5	200	0. 27
M-6	300	0. 405
M-7	400	0. 54

6.4　地震激励输入

基于前文地下采空区地震模拟振动台试验研究结果，在动力计算过程中，采用与振动台试验相同的地震激励和加载方案，地震激励从模型底部均匀输入。与地面结构相比，地下采空区结构体系在随机地震荷载作用的同时，来自上覆岩层的静荷载同样会对采空区模型产生作用，即地震波引起的动荷载与上覆岩层自重静荷载将同时作用于采空区体系，是典型的动静组合案例，如图 6-3 所示。

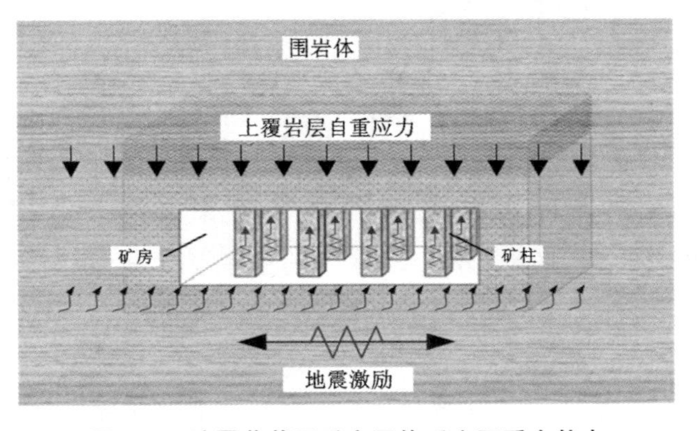

图 6-3 地震荷载下采空区体系实际受力状态

事实上，当地下采空区结构体持续遭受稳定的上覆岩层自重和随机性地震荷载作用后，必将引发采空区各结构体首先产生变形，然后损伤累积，最终发生宏观破坏。因此，模型在地震动力计算时，主要分为 2 个步骤：

(1) 对采空区结构体进行初始地应力分析，即静荷载平衡计算；

(2) 对静力平衡后的模型输入地震动力荷载，即动荷载计算。

在模型静力分析阶段，对模型四周进行水平约束，底部进行固定约束，顶部为自由边界。在动力分析阶段，为了有效吸收边界地震波，减少地震波反射的影响，模型四周围岩和底板均设置为黏弹性边界，上顶部为自由边界。阻尼设置为瑞利阻尼，大小统一取值为 3%。在 $FLAC^{3D}$ 模拟中，动荷载的输入主要分加速度时程、速度时程和应力时程 3 种加载方式。由于本研究模型底部采用黏性边界中的安静边界进行约束，因此在模拟过程中不能直接采用加速度时程输入地震激励，需要通过式(6-2)将加速度时程变换为应力。

$$\begin{cases} \sigma_n = 2(\rho C_P) v_n \\ \sigma_s = 2(\rho C_S) v_s \end{cases} \tag{6-2}$$

式中：σ_n 和 σ_s 分别为正应力和剪应力；C_P 和 C_S 分别为 P 波和 S 波在介质中的传播速度；v_n 和 v_s 分别为输入正粒子速度和剪粒子速度。由于模拟采用的是横波，在实际模拟计算时，加速度时程转化为应力时程的关系为：

$$\sigma_s = -2v_s\sqrt{G\rho} \tag{6-3}$$

式中：v_s 可通过输入地震加速度积分获得。

6.5　地下采空区振动台模型试验数值模拟分析

在地震波输入过程中，模型不同区域加速度大小可以有效表征相关区域的地震动力响应，因此在模型不同区域布置了若干个加速度监测点，具体监测点布置情况如图 6-4 所示。监测点重点布置在 3 个区域：①矿柱体系上下端，包括监测点 P1~P8，其中监测点 P5 和 P6 布置在 5#矿柱上下端，P7 和 P8 布置在 6#矿柱上下端，为了便于区分，图中对后排 5#和 6#矿柱进行了“特殊”处理，主要用于对比分析矿柱上下端地震加速度响应差异；②采空区外侧围岩表面，包括监测点 P9~P15，主要用于对比研究围岩外表面不同区域的地震动力响应；③采空区顶板及边墙围岩，包括监测点 P16~P19，主要用于研究顶板和边墙围岩不同区域加速度响应变化规律。

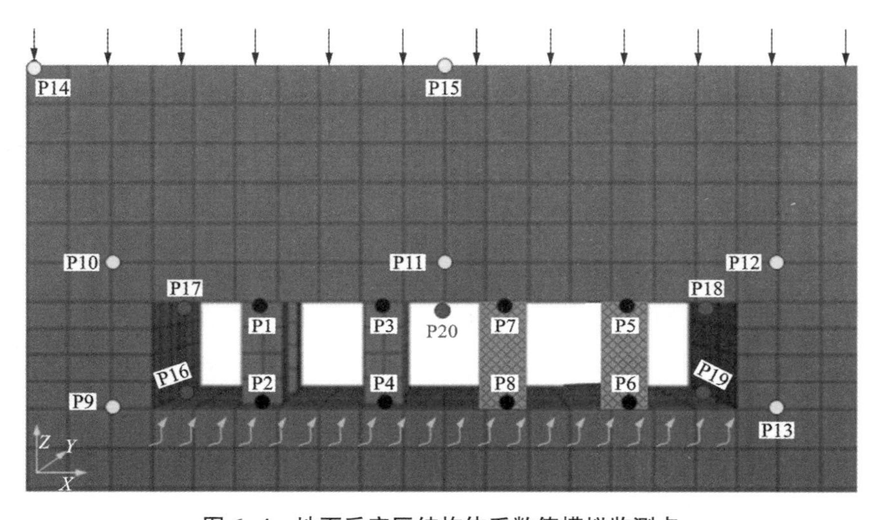

图 6-4　地下采空区结构体系数值模拟监测点

地下采空区结构体系模型构建完成后各结构体在 100 m 深处的等效主应力云图如图 6-5 所示。由于上覆岩层自重的存在，各结构体的应力集中区具有明显特征。从图中可以发现，各矿柱的上下端表现出明显的受压状态，承载着来自上覆岩层的压应力。与此同时，采空区顶板则呈现出明显的拉伸状态，主要出现在采空区的正中间位置，而底板尽管也表现出拉伸状态，但较顶板而言，主要出现在两边缘位置。此外，静力计算平衡后，左右边墙围岩除顶板与边墙连接处出现压应力集中区外，其他区域整体受力均匀，没有产生明显的应力集中区。

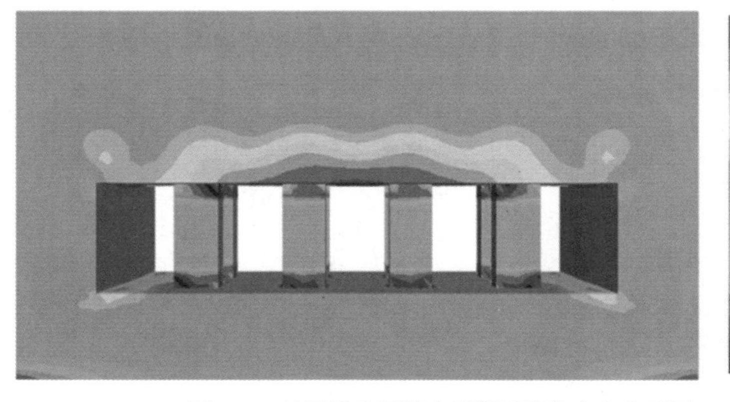

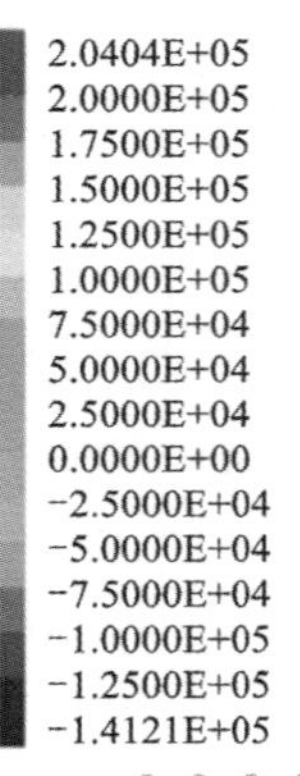

图 6-5　地下采空区静力平衡后等效主应力云图

6.5.1　不同工况下矿柱体系加速度响应对比

在静力平衡计算完成之后，按照振动台模型试验地震波加载方案，从模型底部依次输入各工况地震激励，并同步采集各监测点加速度数据。前文研究已表明，0.3 g 地震加速度是整个采空区模型进入弹塑性工作状态的临界地震激励，0.6 g 地震加速度是采空区模型发生宏观破坏的临界地震激励，因此模拟部分将重点对 0.3 g 和 0.6 g 工况下的地震动力响应展开研究。

数值模拟和振动台试验在 0.3 g 和 0.6 g 水平（X 向）单向地震激励下 1#和 6#矿柱上端 X 向加速度时程曲线对比图如图 6-6 和图 6-7 所示。从图中发现，数值模拟与振动台试验的 X 向加速度时程曲线变化趋势整体上保持较好的吻合性，说明数值模拟结果在一定程度上是合理可信的。在 0.3 g 工况下，1#和 6#矿柱上端加速度峰值的振动台试验结果分别为 0.35931 g 和 0.17147 g，比数值模拟结果获得的 0.34862 g 和 0.15848 g 要略高一点，这可能是由于在该工况下模拟中的边界约束比模型试验时发挥的效果更好，从而产生的约束更稳定，导致监测到的 X 向地震加速度峰值略低于试验结果。相反，在 0.6 g 工况下，数值模拟结果高于模型试验结果，且二者吻合度降低，这可能是由于试验模型发生了宏观破坏，矿柱刚度也发生下降，地震波发生了衰减，加速度峰值发生了下降。

在 0.3 g 和 0.6 g 水平-竖直（X-Z 向）双向耦合地震激励下数值模拟与振动台试验对比图如图 6-8 和图 6-9 所示。整体而言，二者的加速度时程曲线波形具有很好的吻合性。由于竖向地震分量和矿柱位置的影响，在 0.3 g 工况时，1#矿柱上端加速度峰值的数值模拟结果小于振动台试验结果，而 6#矿柱上端的数值模拟结果则大于振动台试验结果。在 0.6 g 工况时，振动台试验中的 1#和 6#矿柱上

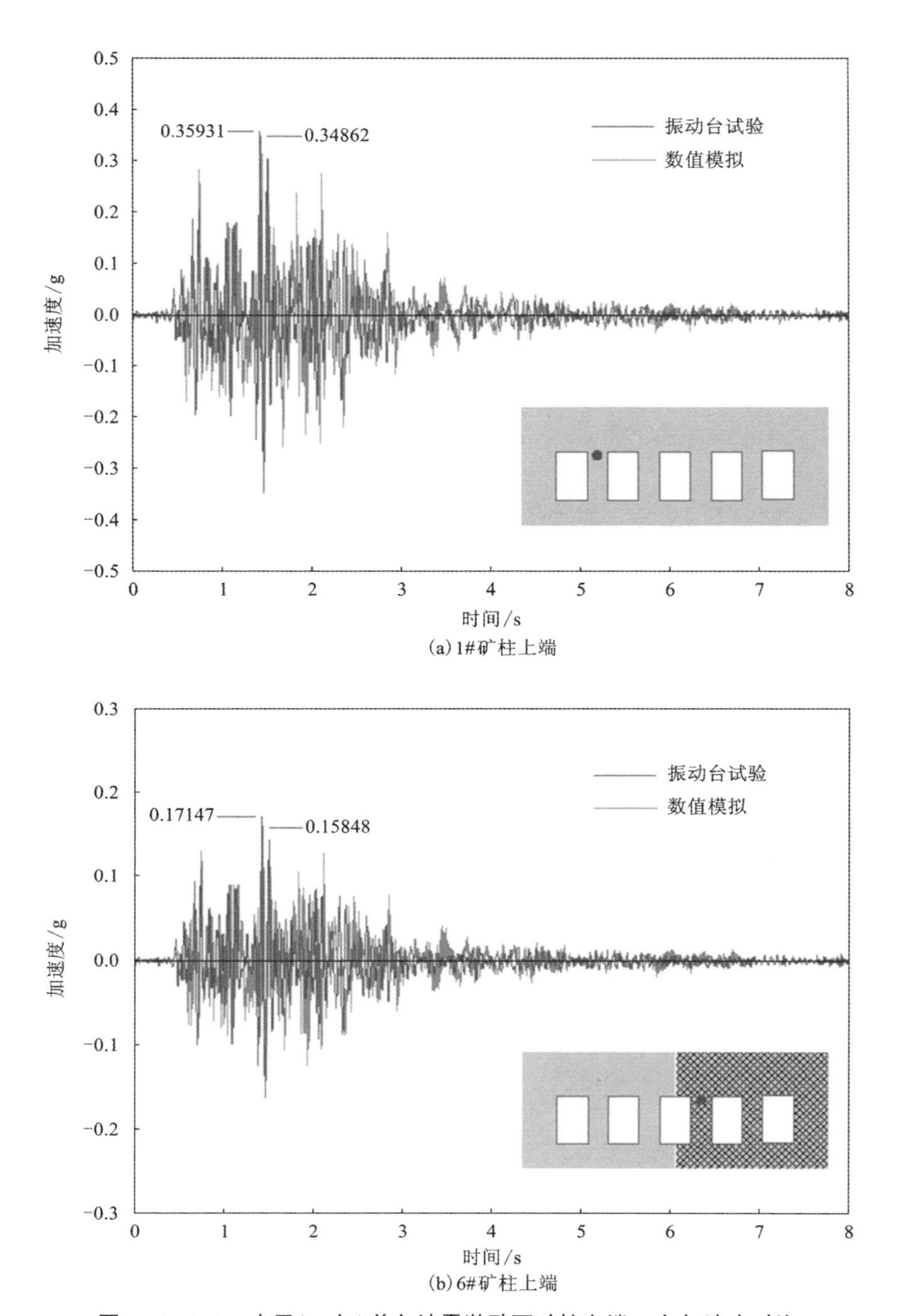

图 6-6　**0.3 g** 水平(X 向)单向地震激励下矿柱上端 X 向加速度对比

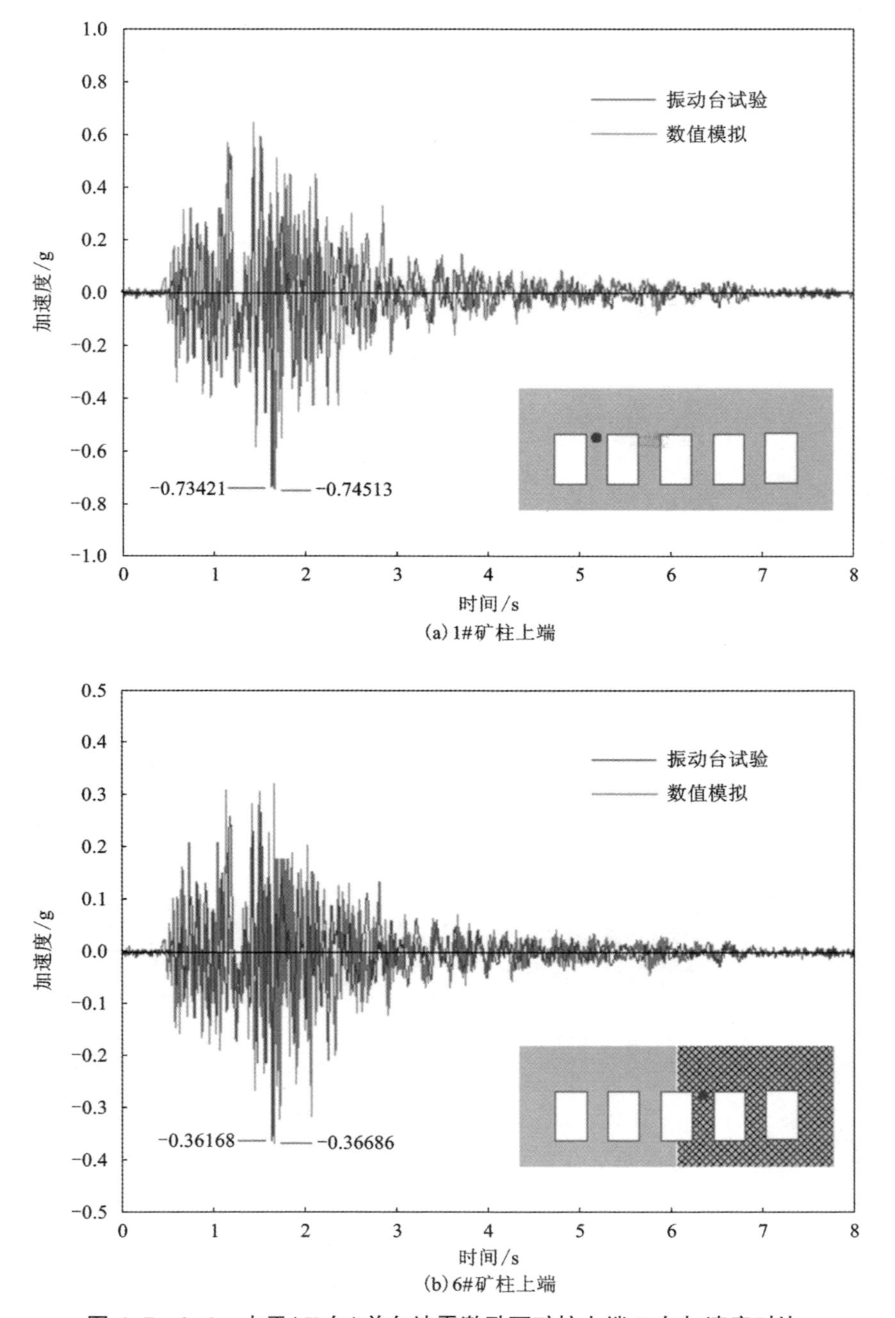

图 6-7　0.6 g 水平(X 向)单向地震激励下矿柱上端 X 向加速度对比

端 X 向加速度峰值均高于数值模拟结果，但二者差距不大，说明矿柱体系在水平-竖直(X-Z 向)双向耦合地震激励下数值模拟的地震响应与振动台试验同样表现出了一定的复杂性，这可能主要是由竖向地震分量引起的。

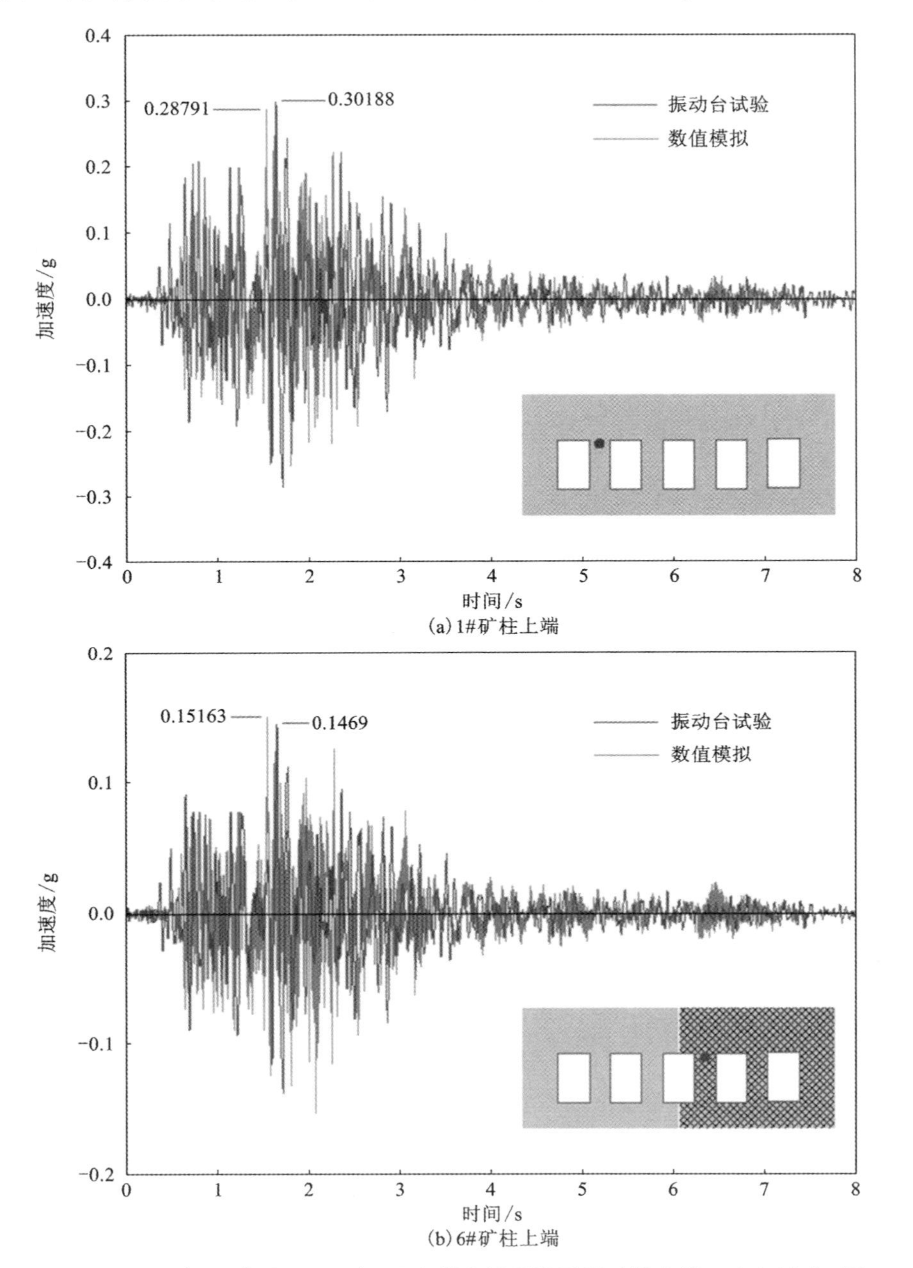

图 6-8　0.3 g 水平-竖直(X-Z 向)双向耦合地震激励下矿柱上端 X 向加速度对比

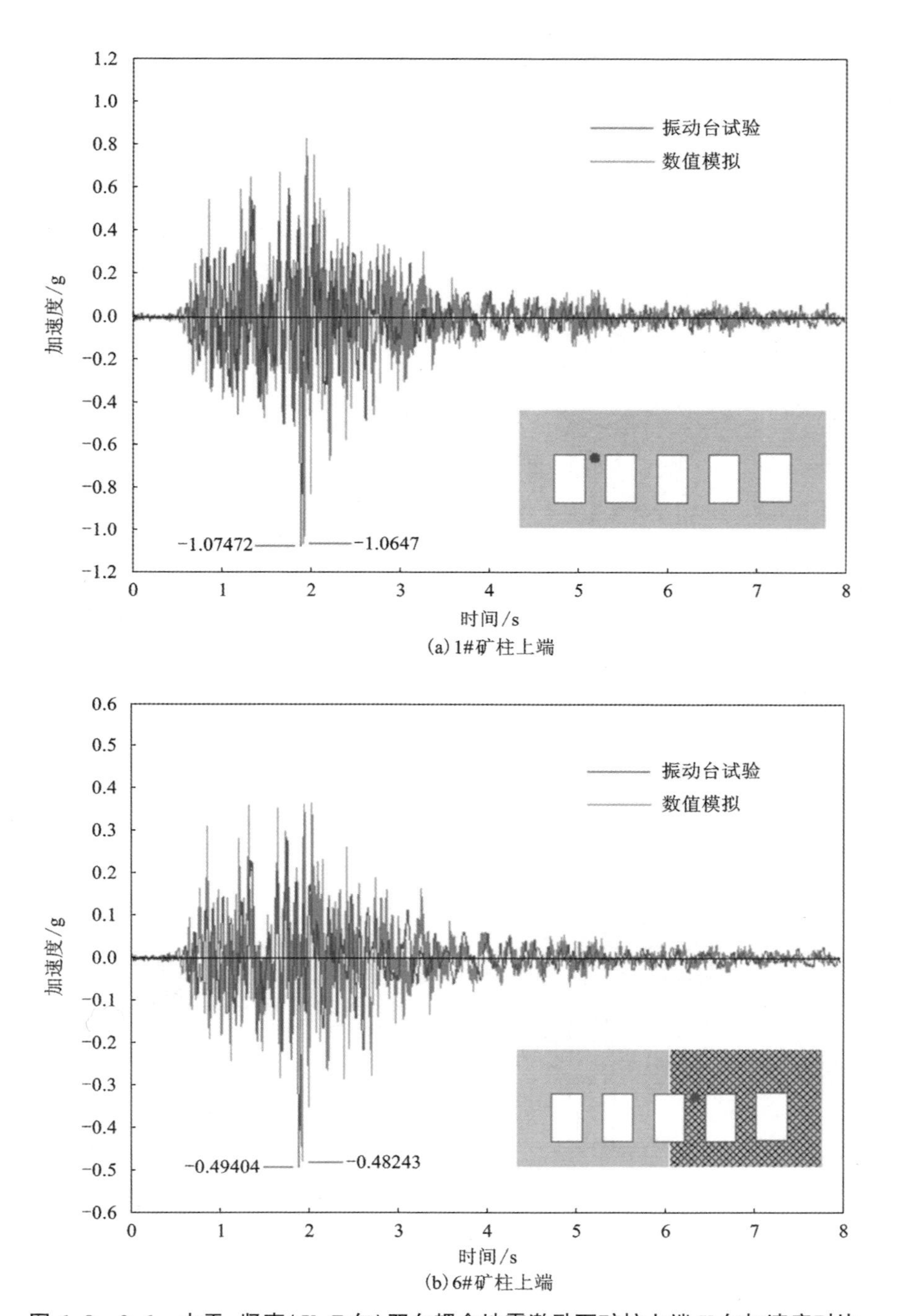

图 6-9　0.6 g 水平-竖直(X-Z 向)双向耦合地震激励下矿柱上端 X 向加速度对比

在同一地震激励工况下，振动台试验与数值模拟中采空区模型不同位置处矿柱顶端的加速度峰值如图 6-10 所示。整体上，随着输入地震激励加速幅值的增加，无论是水平单向地震激励还是水平-竖直双向耦合地震激励，在试验与模拟中各矿柱顶端加速度峰值均呈现出逐渐增加趋势，且在小振幅工况下，试验与模拟结果基本一致。但是，随着矿柱体系进入弹塑性工作状态后，一方面，水平-竖直双向耦合地震激励工况下矿柱顶端的加速度峰值明显高于水平单向激励工况下

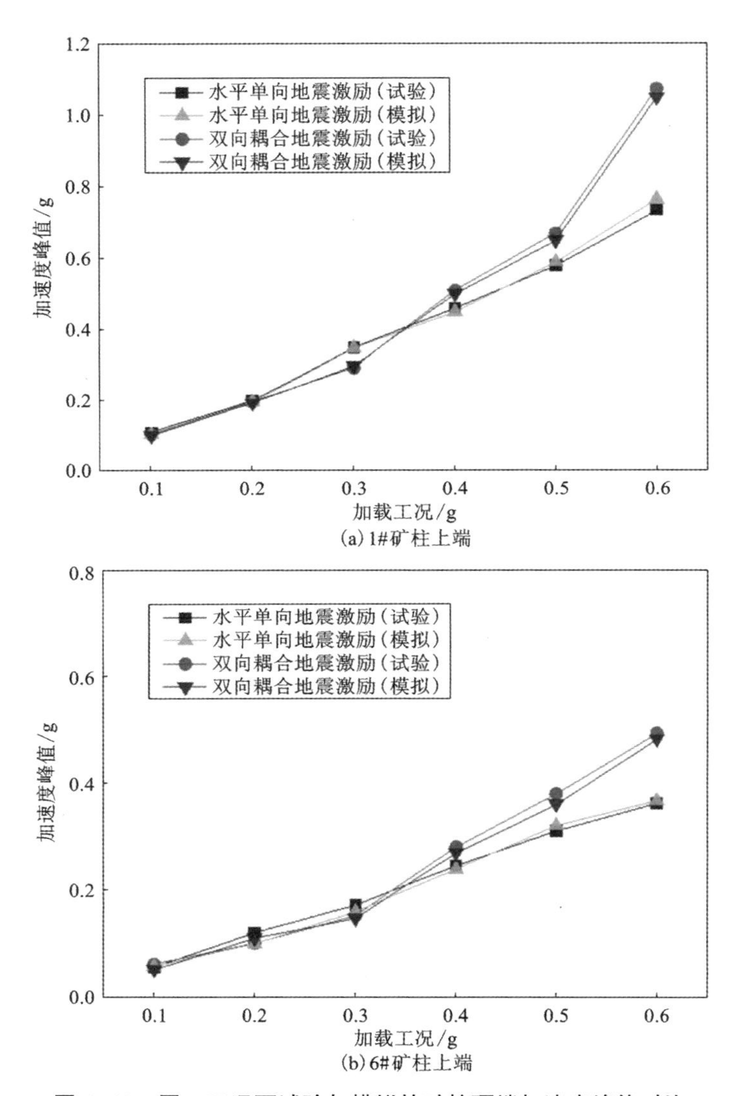

图 6-10　同一工况下试验与模拟的矿柱顶端加速度峰值对比

的监测值，这主要是竖向地震分量在高幅值地震激励中展现出了一定的地震破坏效应，导致地震加速度峰值升高；另一方面，从 0.4 g 工况开始，振动台试验结果与数值模拟结果的吻合性逐渐下降，二者产生了一定差异，这主要是因为室内试验和数值模拟在边界处理方面存在一定差距，受地震波在岩体材料中传输的影响，尽管输入相同的地震激励，结果存在一定差异也是必然的。

6.5.2 不同工况下顶板围岩加速度响应对比

数值模拟与振动台试验在 0.3 g 和 0.6 g 水平（X 向）单向地震激励下顶板左端与顶板中部位置 X 向加速度时程曲线对比图如图 6-11 和图 6-12 所示。由图可知，在 0.3 g 工况下，顶板左端的振动台试验和数值模拟的加速度时程曲线在整体上拟合效果较好，但前者的加速度峰值高于后者，而顶板中部的加速度同样具有良好的吻合性，数值模拟得到的加速度峰值却高于振动台结果，这可能是由于振动台试验模型边界处理的效果并没有数值模拟中的稳定，当输入地震激励时，采空区体系内的各结构体随着地震波的传输时刻发生动态调整，进而产生上述现象。在 0.6 g 强震作用下，数值模拟与振动台试验中的顶板左端和中部位置的加速度时程曲线波形吻合度一般，且数值模拟得到的顶板左端和中部位置的加速度峰值均高于振动台试验，这说明在高幅值地震作用下，受边界稳定性和变形损伤共同影响，数值模拟与振动台试验在曲线波形和加速度幅值方面均产生了一定的差异。尽管不同工况下数值模拟与振动台试验的波形和幅值存在一定差异，但数值模拟中的顶板左端加速度峰值大于顶板中部的变化趋势与振动台试验结果保持一致，说明数值模拟结果整体上是准确可信的，在一定程度上可以代替振动台试验来表征顶板围岩地震动力响应分析。

水平-竖直（X-Z 向）双向耦合地震激励下 0.3 g 和 0.6 g 工况时数值模拟与振动台试验中顶板左端与顶板中部位置 X 向加速度时程曲线对比图如图 6-13 和图 6-14 所示。由图可知，在 0.3 g 工况下，数值模拟中的顶板左端和中部加速度时程曲线波形和加速度幅值与振动台结果吻合度并不高，这可能与模型边界稳定、结构损伤及竖向地震分量影响都存在一定关联。当输入 0.6 g 地震激励加速度时，数值模拟中的顶板左端加速度时程曲线波形与试验实测结果具有较好的吻合度，但幅值存在一定的差异性，这也再次证明了有竖向地震分量参与的水平-竖直（X-Z 向）双向耦合地震激励对顶板产生的地震响应更为复杂。

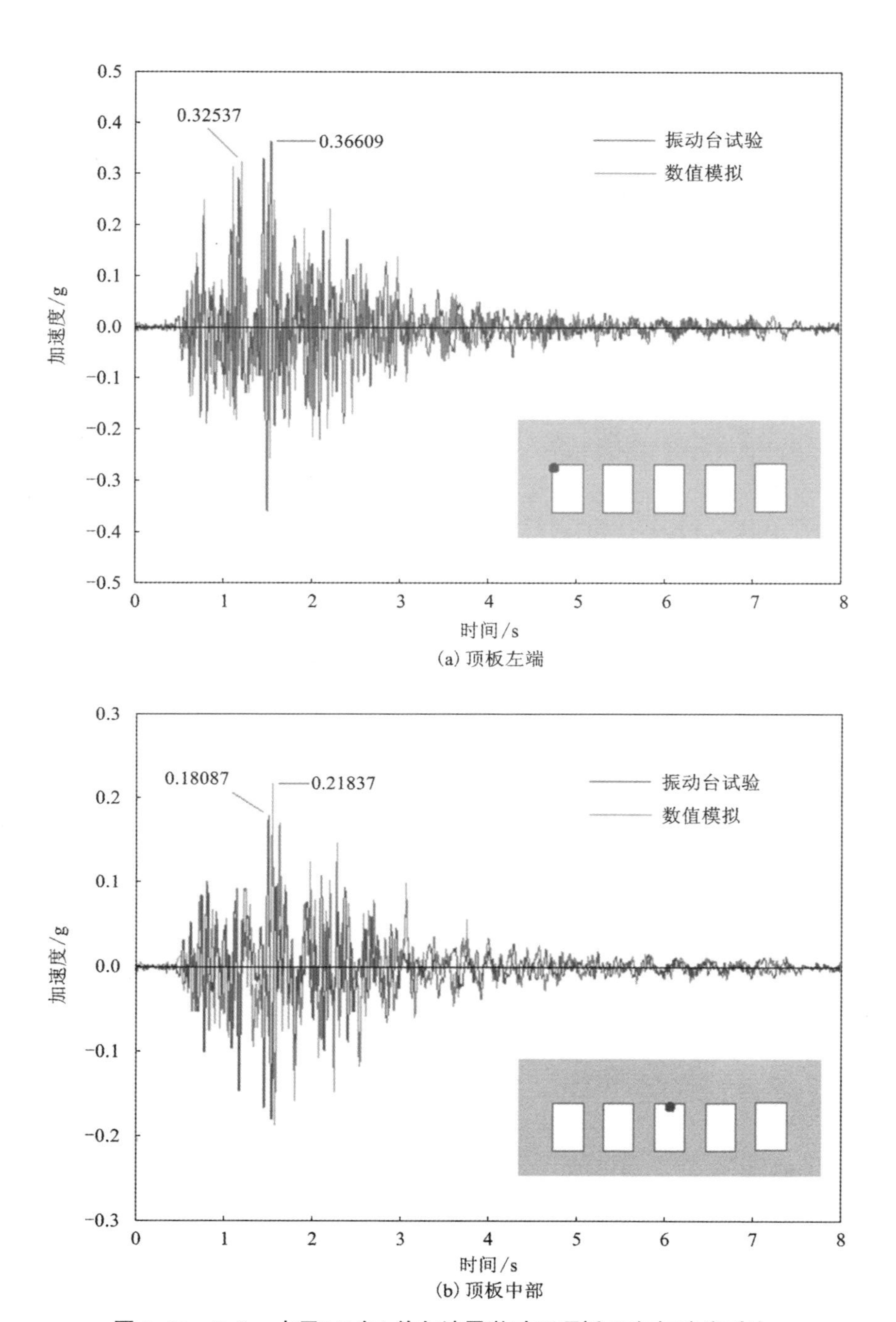

图 6-11　0.3 g 水平(X 向)单向地震激励下顶板 X 向加速度对比

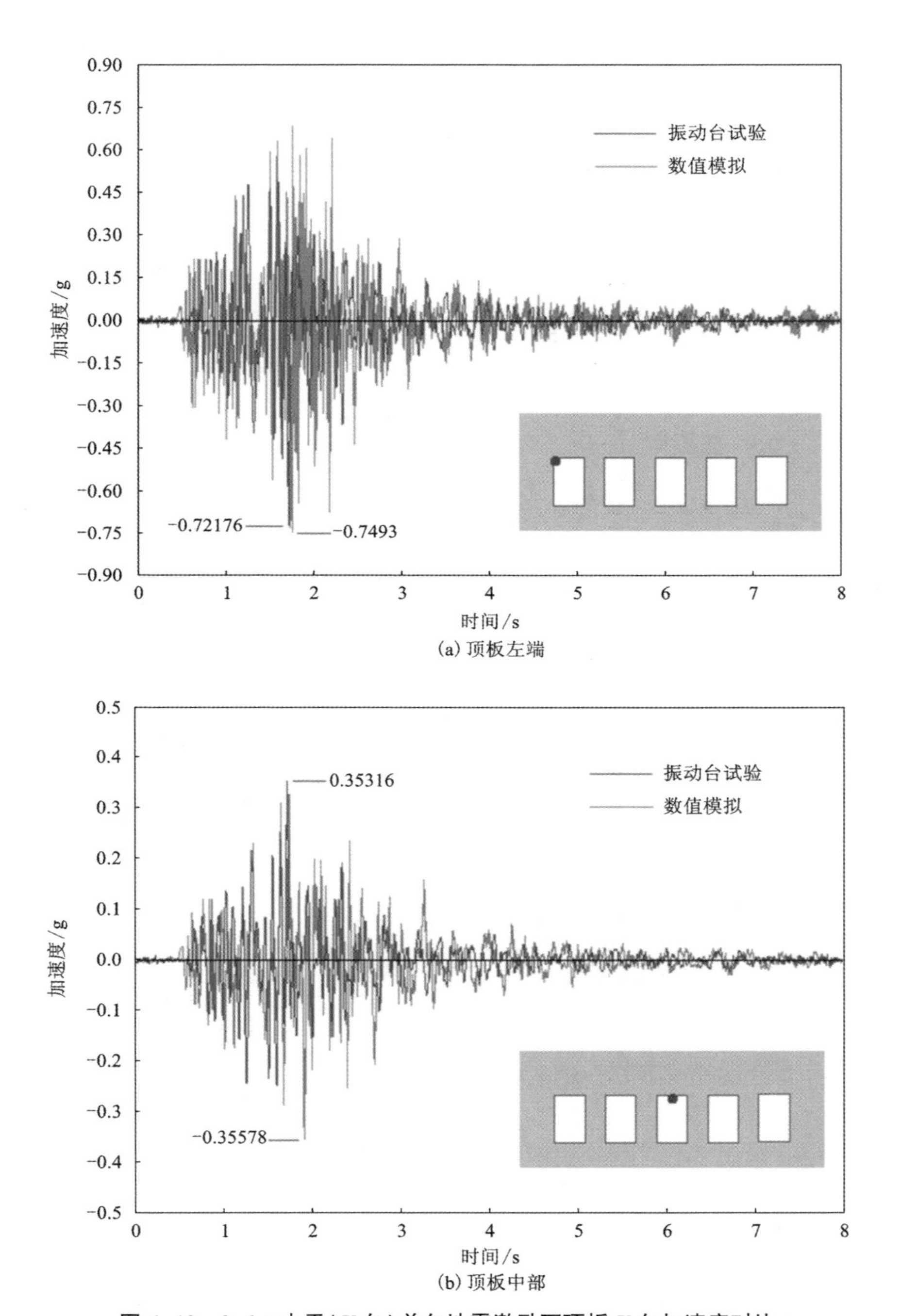

(a) 顶板左端

(b) 顶板中部

图 6-12　0.6 g 水平(*X* 向)单向地震激励下顶板 *X* 向加速度对比

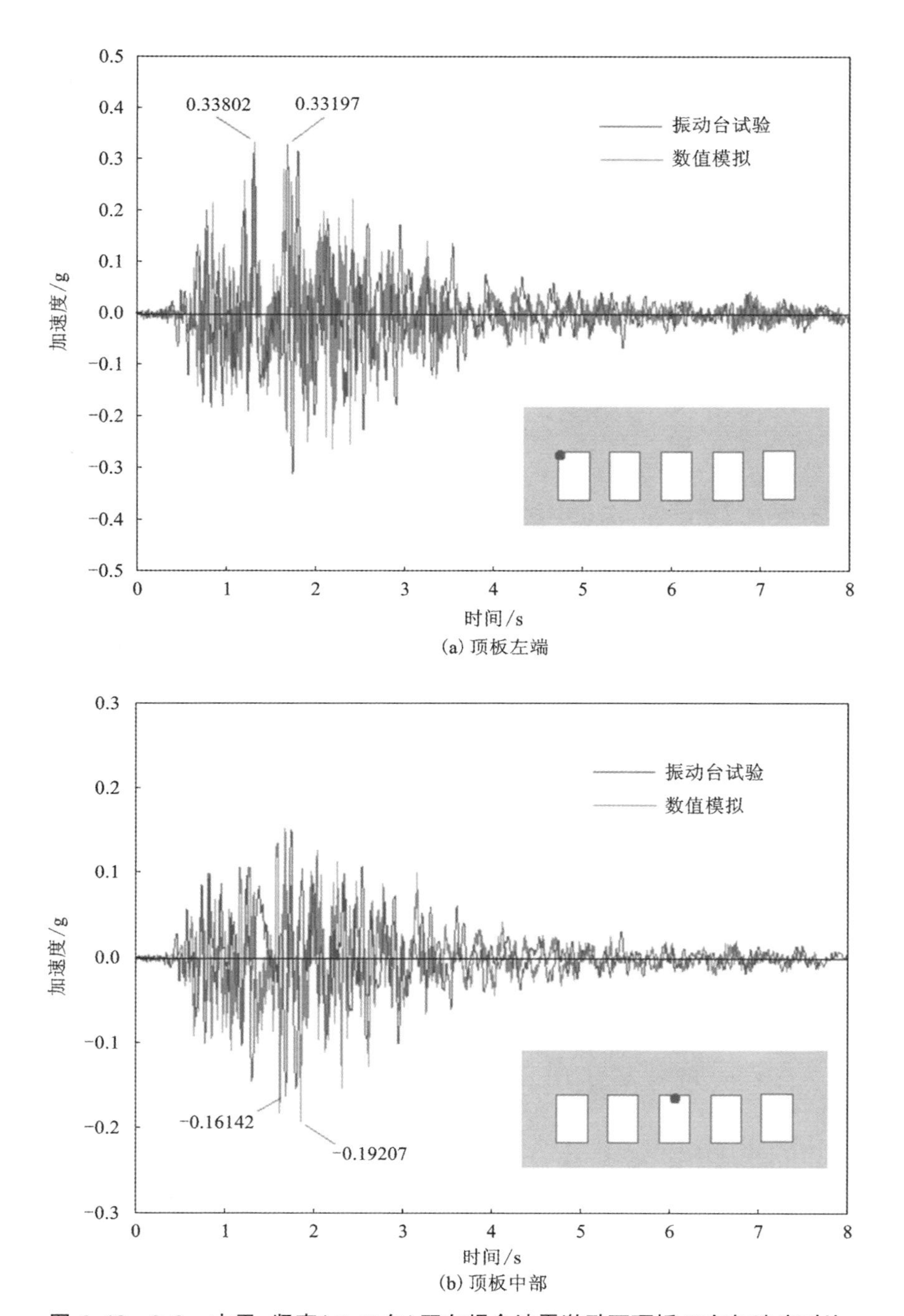

图 6-13　0.3 g 水平-竖直(X-Z 向)双向耦合地震激励下顶板 X 向加速度对比

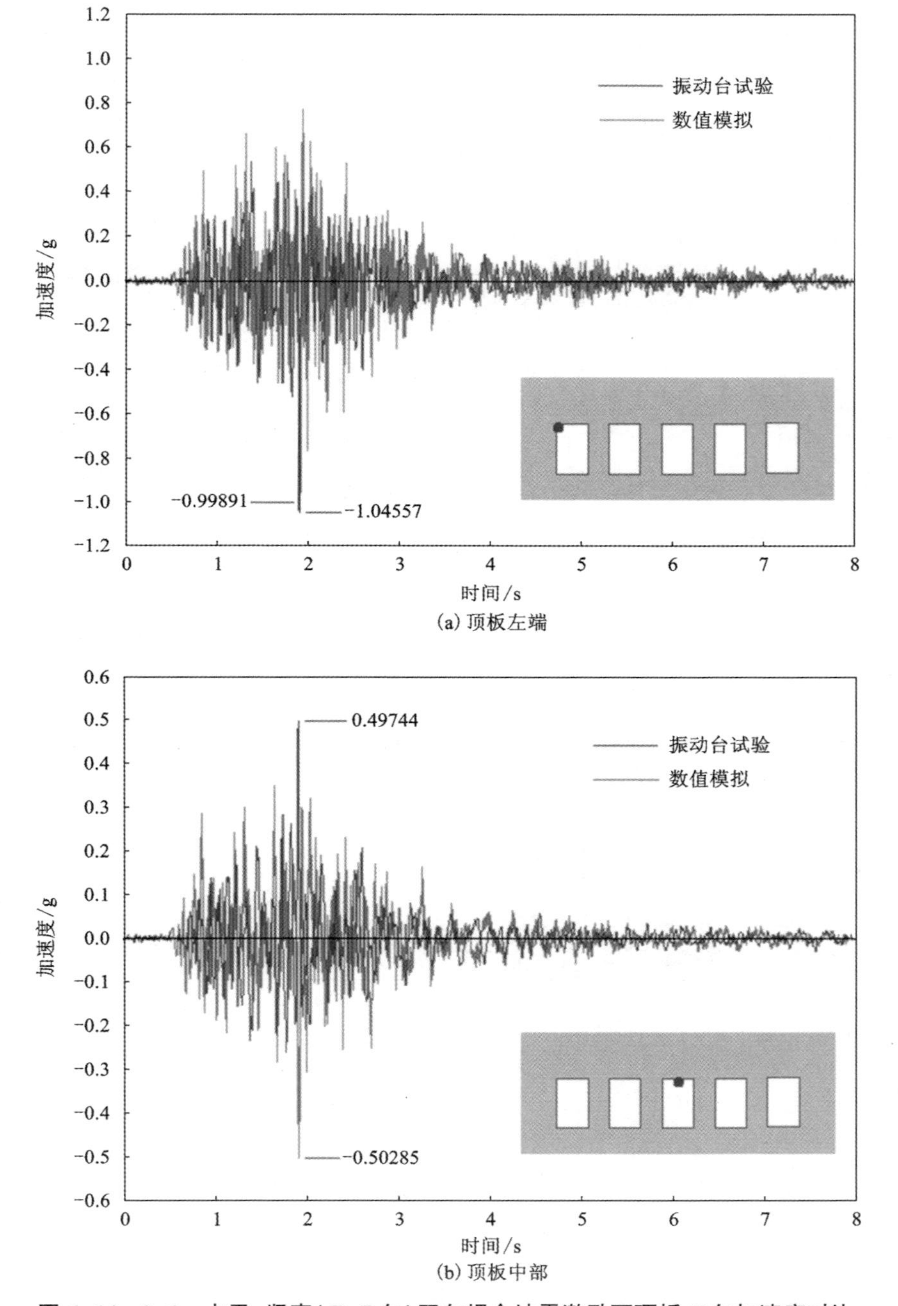

(a) 顶板左端

(b) 顶板中部

图 6-14　0.6 g 水平-竖直(X-Z 向)双向耦合地震激励下顶板 X 向加速度对比

6.5.3　不同工况下区域围岩加速度响应特征

研究表明，地下岩体动力灾害的孕育及灾变是在灾源结构体与周边区域围岩体协同作用下完成的[31]，即外部动荷载对地下采空区体系造成的灾害所涉及的范围远大于传统采空区体系，承灾体与周围相关区域动力响应存在一定相关性。为了探索地震荷载引起的区域动力响应效应，本书对采空区区域围岩不同部位布置的监测点(图 6-4)所获得的加速度数据进行了动力响应分析。

在 0.3 g 和 0.6 g 水平(*X* 向)单向地震激励下区域围岩不同监测点的加速度时程曲线如图 6-15 和图 6-16 所示。由图可知，无论是边墙围岩还是上覆岩层围岩，各监测点在 0.3 g 和 0.6 g 水平单向地震激励下的波形响应规律表现出了较好的一致性，这主要是因为作为区域岩体的边墙和覆岩的各质点三向受力，当受到水平地震激励作用时，能够持续保持一体，运动步调一致。

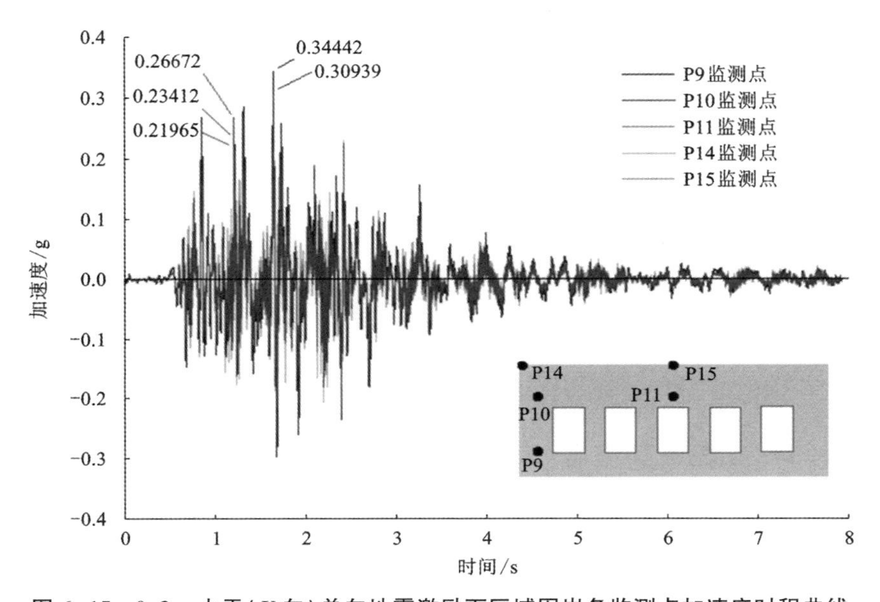

图 6-15　0.3 g 水平(*X* 向)单向地震激励下区域围岩各监测点加速度时程曲线

但是，受岩体材料阻尼和传播距离影响，输入的地震波在围岩体向上和水平传播过程中均存在一定的衰减效应，通过对比垂直方向上各监测点的加速度峰值可知，随着地震波向上传播距离的增加，地震加速度峰值发生了衰减降低，即有 $A_{ij\mathrm{P9}}>A_{ij\mathrm{P10}}>A_{ij\mathrm{P14}}$ 和 $A_{ij\mathrm{P11}}>A_{ij\mathrm{P15}}$，如图 6-17 所示。同样，在上覆岩层水平方向上，随着地震波水平传递距离的增加，地震加速度峰值逐渐下降，即有 $A_{ij\mathrm{P10}}>A_{ij\mathrm{P11}}$ 和 $A_{ij\mathrm{P14}}>A_{ij\mathrm{P15}}$，如图 6-18 所示，说明各监测点加速度峰值随传播距离增加而减小，

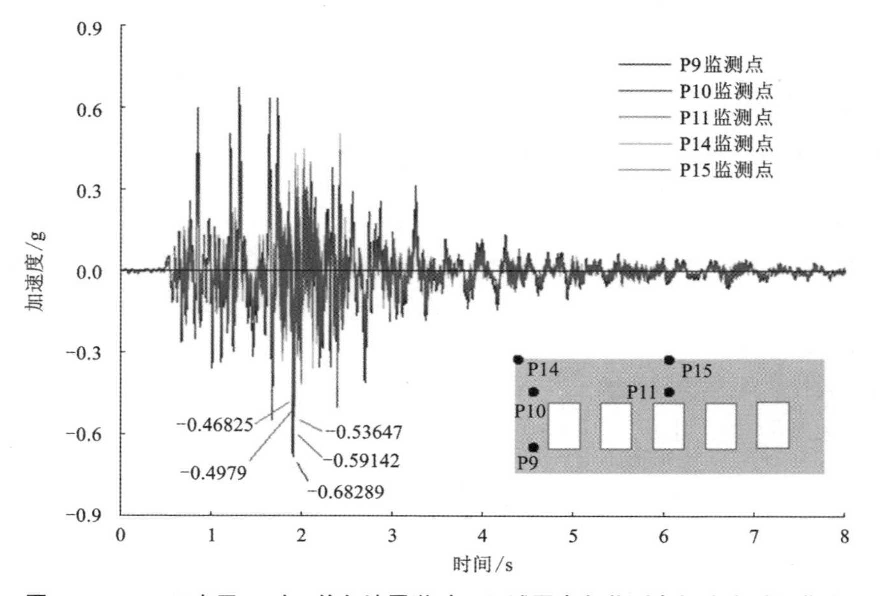

图 6-16　0.6 g 水平(X 向)单向地震激励下区域围岩各监测点加速度时程曲线

且采空区正上方的加速度峰值最小，在 0.3 g 和 0.6 g 工况下正上方加速度峰值分别降低了 26.8%和 21.9%，这表明采空区的存在影响地震波传递，耗散了波的传递能量，从而对正上方的地震动力响应起到弱化作用，但这并不意味采空区的存在有利于地下结构的抗震减灾，因为地下采空区体系中各结构体的抗震性能各异。

6.5.4　不同工况下采空区体系应力场演化分析

与一般动力荷载相比，地震荷载在相同时间间隔内不会重复循环同一应力路径，且产生的峰值大小基本也不相同，因此无法对比相同加速度峰值处的变形和损伤。基于前文加速度响应分析结果可知，地震加速度峰值主要在 0.5~2 s 出现，本书则选取不同地震激励工况下加速度时程曲线在 0.5 s、1 s 和 1.5 s 时刻采空区模型正视图主应力场云图和沿模型 X 向中轴线切片的主应力场云图，如图 6-19 所示，其中 $A-A'$切片图展示了矿柱-围岩后半部分应力场。

在水平(X 向)单向地震激励下 0.3 g 和 0.6 g 加速度时程曲线分别在 0.5 s、1 s 和 1.5 s 时刻的主应力场云图如图 6-20、图 6-21 所示。当输入 0.3 g 地震激励时，由于采空区模型开始逐渐进入弹塑性变形阶段，在 0.5 s 时刻，1#、4#、5#及 8#矿柱的上下端和底板与边墙相连部位的中间位置均产生了压应力集中区，最

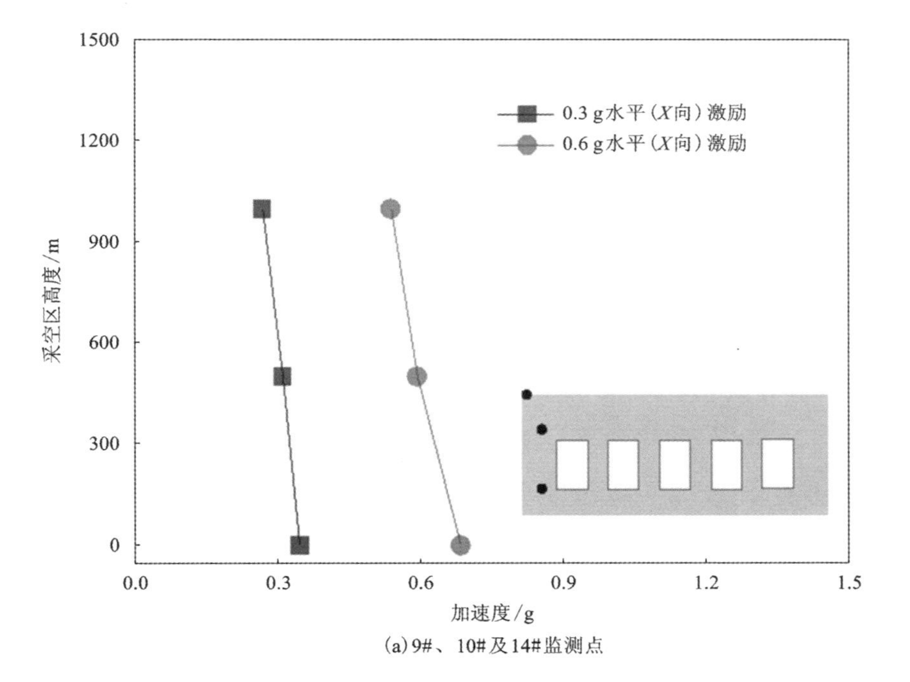

(a) 9#、10#及14#监测点

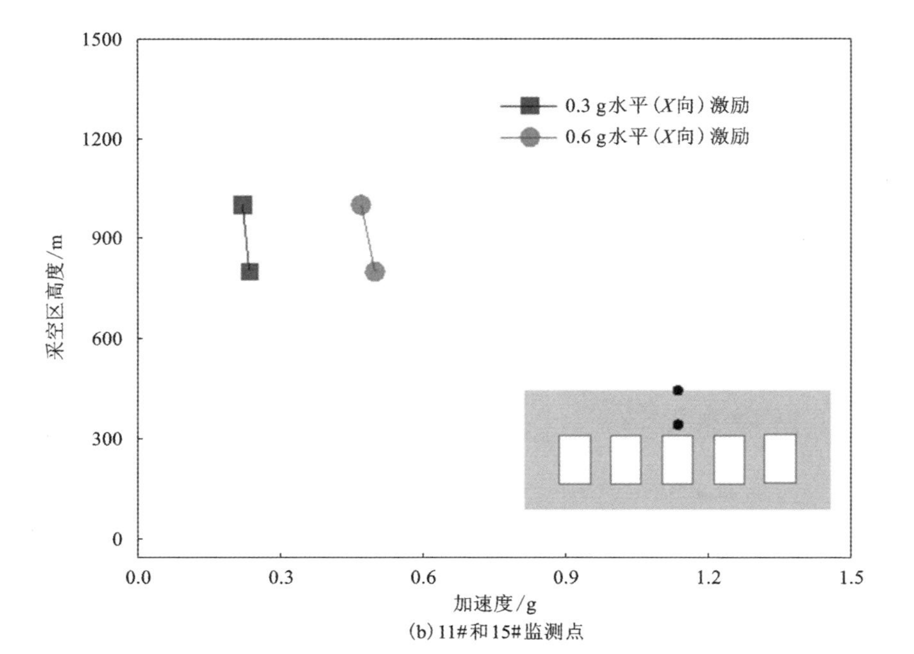

(b) 11#和15#监测点

图 6-17　区域围岩垂直方向上不同监测点加速度峰值对比

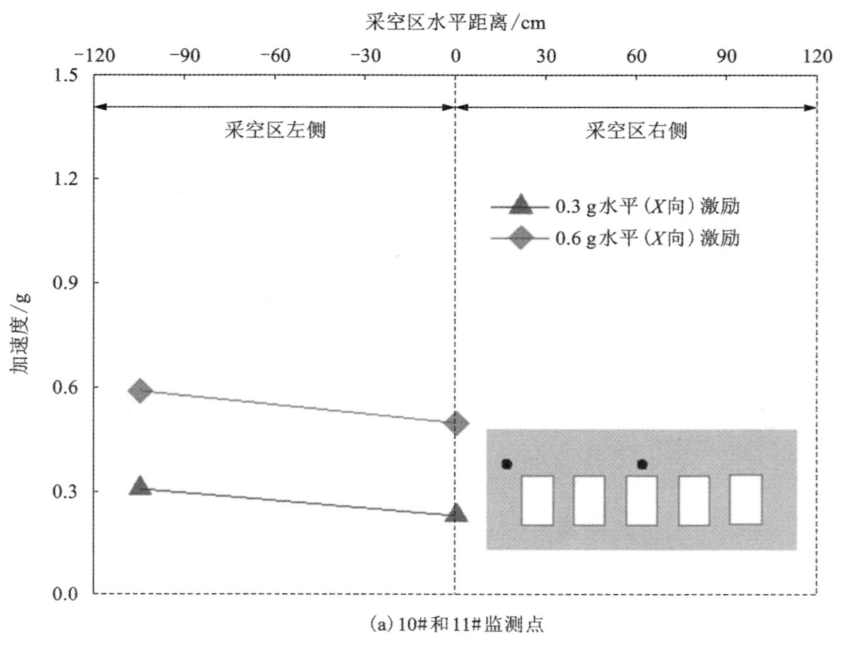

(a) 10#和11#监测点

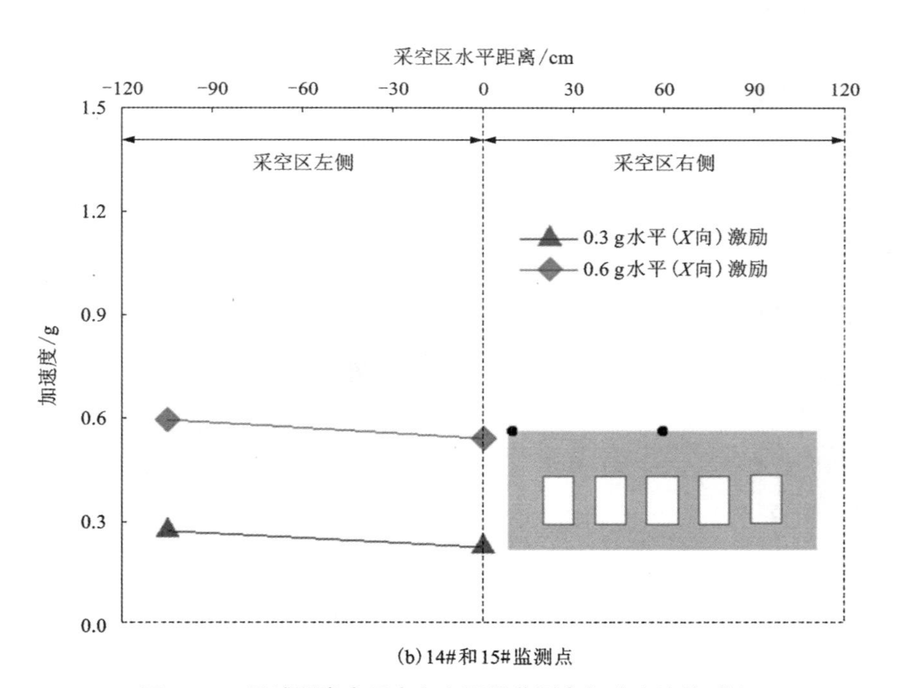

(b) 14#和15#监测点

图 6-18　区域围岩水平方向上不同监测点加速度峰值对比

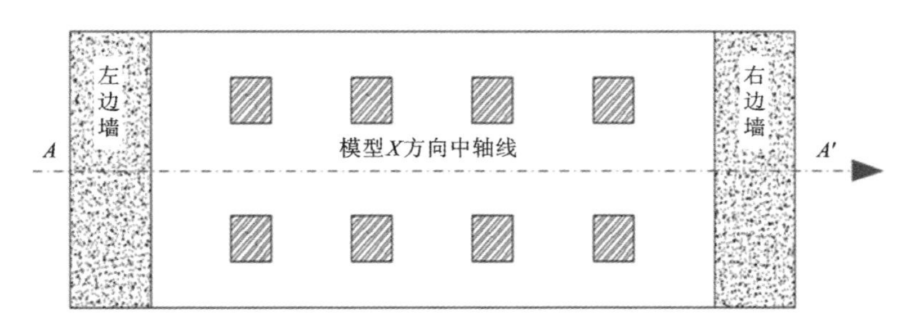

图 6-19　地下采空区模型顶板中轴线示意图

大应力可达 0.256 MPa，远高于上覆岩层在 100 m 处产生的垂直应力 0.135 MPa，说明水平（X 向）单向地震激励会加剧相关区域的压应力集中程度。

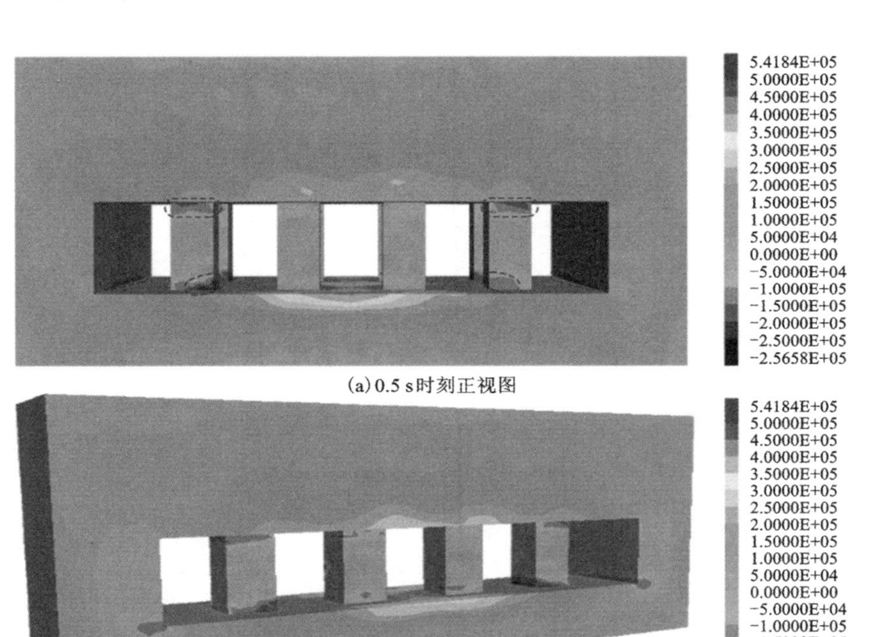

(a) 0.5 s时刻正视图

(b) 0.5 s时刻A-A'切片图

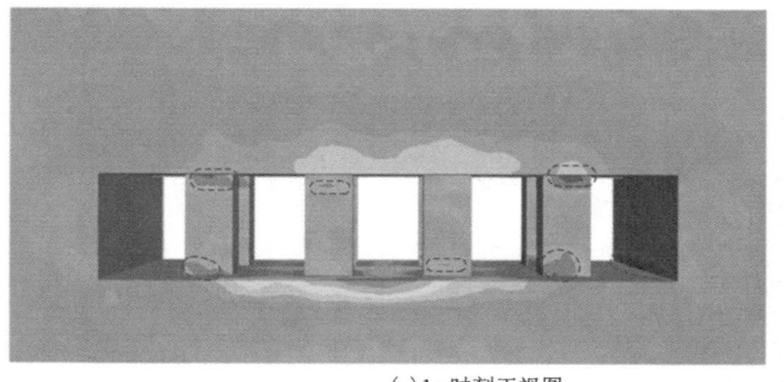

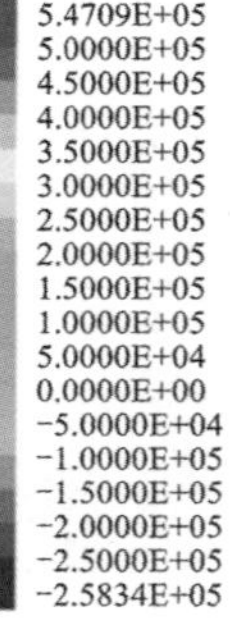

(c) 1 s时刻正视图

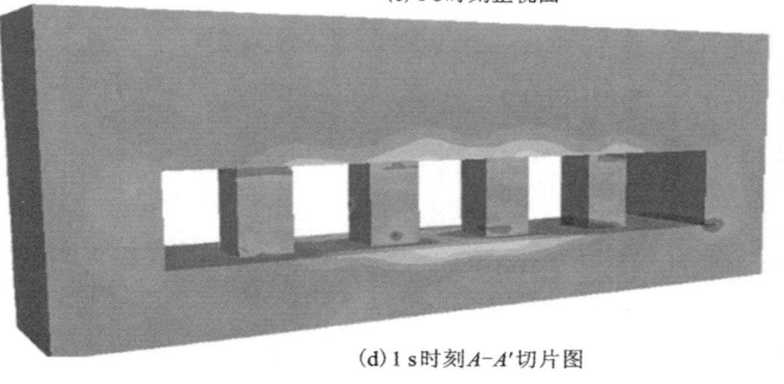

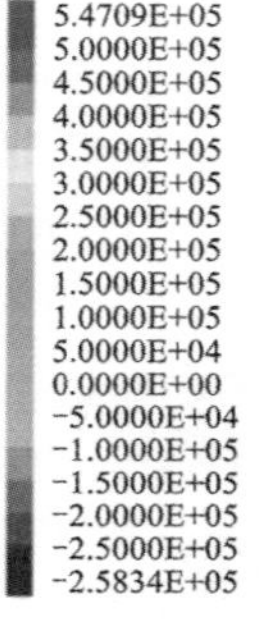

(d) 1 s时刻$A-A'$切片图

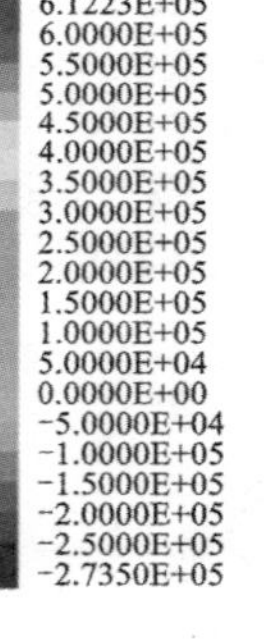

(e) 1.5 s时刻正视图

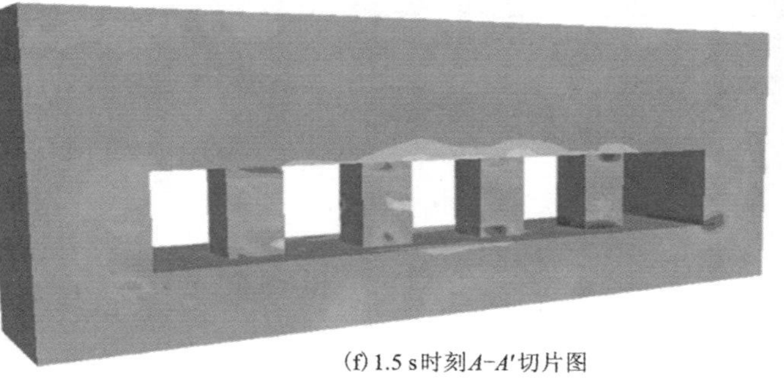

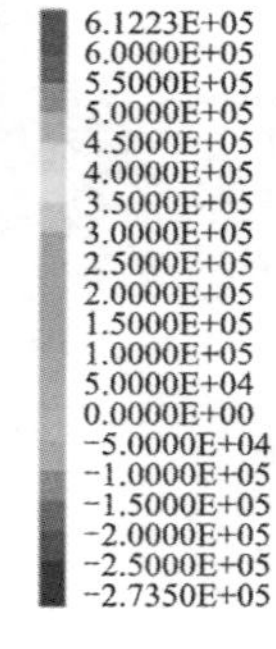

(f) 1.5 s时刻$A-A'$切片图

图 6-20　0.3 g 水平(X 向)单向地震激励

扫一扫，看彩图

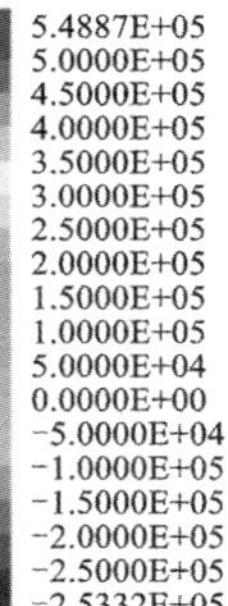
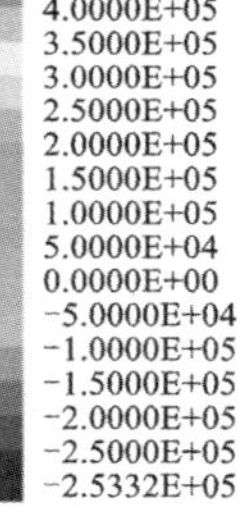

(a) 0.5 s时刻正视图

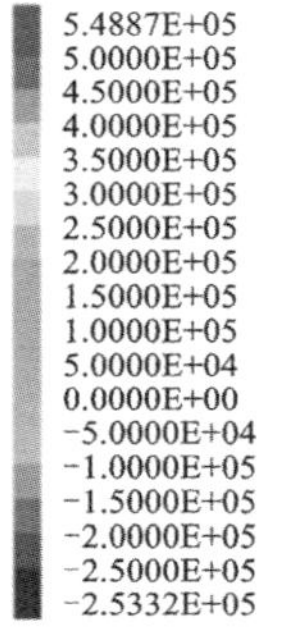

(b) 0.5 s时刻$A-A'$切片图

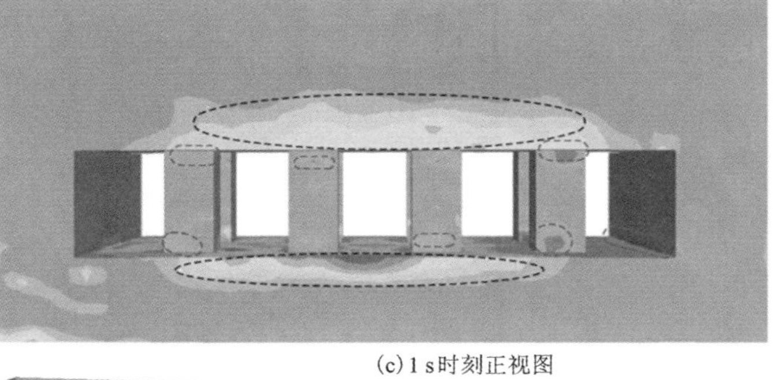
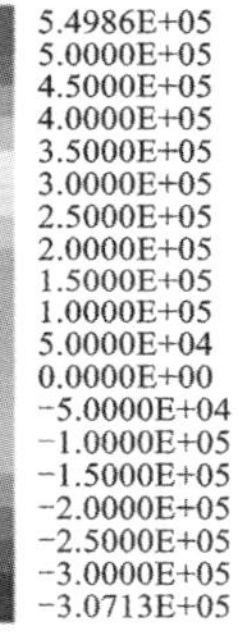
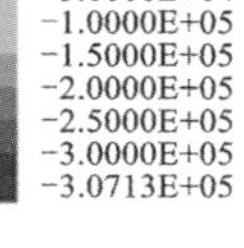

(c) 1 s时刻正视图

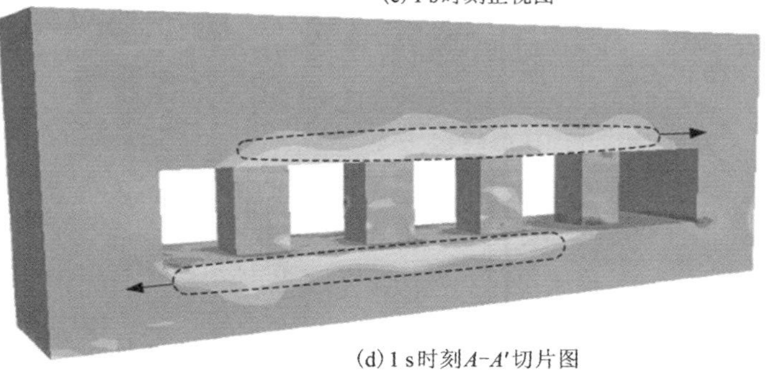
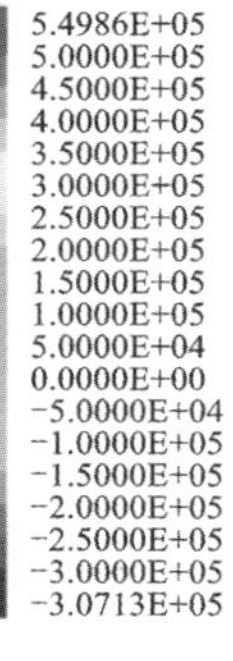

(d) 1 s时刻$A-A'$切片图

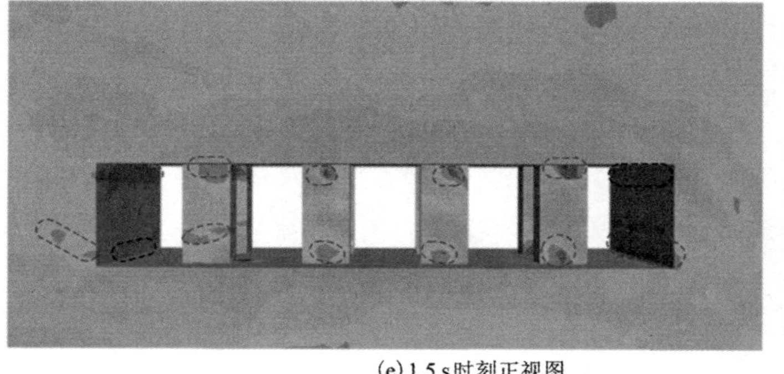

(e) 1.5 s时刻正视图

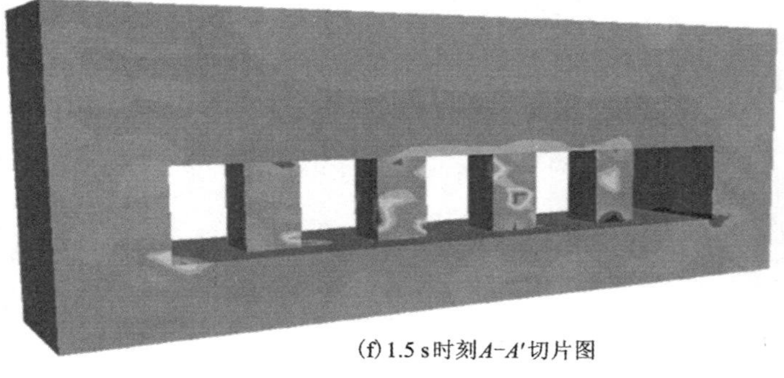

(f) 1.5 s时刻A-A′切片图

图 6-21　0.6 g 水平(X 向)单向地震激励

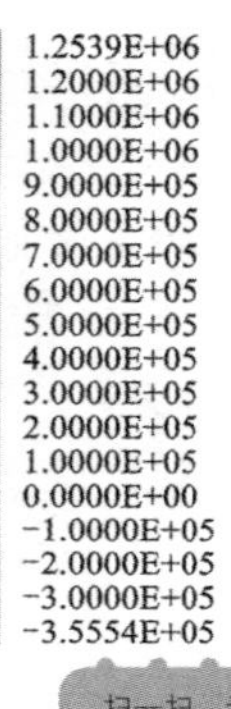

随着地震激励的进一步输入，在 1 s 时刻，2#矿柱上端、3#矿柱下端、6#矿柱下端及 7#矿柱的上下端也相继产生了明显的压应力集中区，整个采空区顶板和底板的中间部位则产生明显的拉伸应力集中区，而此时左边墙与底板连接部位的应力集中区由上一时刻的剪切转变为拉伸。当地震激励输入至 1.5 s 时刻，8 根矿柱上下端的应力集中区进一步加剧和扩展，此时顶底板和左右边墙区域围岩体的主应力场集中区范围也明显增大。

当输入 0.6 g 地震激励时，采空区模型进入破坏阶段，在 0.5 s 时刻 1#和 4#矿柱上端、1#矿柱下端右侧及 4#矿柱下端左侧产生了明显剪切应力，左右边墙与底板连接部位中间位置则出现了压应力，且左侧应力集中区有向外侧延伸趋势。在 1 s 时刻，大部分矿柱的上下端中心位置大部分展现出了剪切状态，右边墙与顶板连接部位同样处于受压状态。此时，顶板右侧部分和底板左侧部分处于拉伸状态，且与上一时刻相比，整个拉伸应力集中区域明显扩大，如图 6-21(b)所示。从 A-A′切片图可以发现，顶板拉伸主应力场有向右侧扩展趋势，而底板拉伸主应力场则有向左侧扩展趋势，这表明在 0.6 g 水平强震激励作用下，顶板和底板整体上产生了水平相对运动。

随着地震激励进一步传递，在 1.5 s 时刻，8 根矿柱上下端整体上呈现出一侧受压、另一侧受拉的应力集中区，并且 1#矿柱下半部分出现了一条剪切应力集中带。从 $A-A'$ 切片图可以发现，5#、6#、7#矿柱中部和 8#矿柱柱脚右侧均出现小范围的拉伸应力集中区。左右边墙与顶底板连接部分的左上角和右下角展现出了压缩应力集中区，而左下角和右上角则展现出了拉伸应力集中区，而且左下角应力集中区出现了向左侧外部延伸趋势。上述现象说明当地震波在岩体中传输 1.5 s 后，受地震波传输时间差影响，采空区上部和下部产生了相反的水平地震力，致使二者发生了相对运动，由此诱发采空区各结构体不同位置产生了不同类型的应力集中区，这也表明各结构体的应力集中区不仅与输入地震波的强度有关，而且与地震波的输入时长存在一定的关联。

与水平（X 向）单向地震激励相比，当输入 0.3 g 水平-竖直（$X-Z$ 向）双向耦合地震激励后，各时刻采空区结构体的主应力场无明显太大差异，应力集中区同样出现在各矿柱的上下端、边墙与底板连接部位及顶底板中间位置，如图 6-22 所示。同样，从 1 s 时刻起，左边墙与底板连接部位的主应力集中区由剪切应力转变为拉伸应力，这也意味着在低幅值的水平-竖直（$X-Z$ 向）双向耦合地震激励中起主导作用的依然是水平向地震分量。

当输入 0.6 g 水平-竖直（$X-Z$ 向）双向耦合地震激励后，在 0.5 s 时刻，整个采空区模型的主应力场未产生明显变化，应力集中区与水平（X 向）单向地震激励时基本一致，如图 6-23 所示。在 1 s 时刻，尽管主应力集中区的位置与水平（X 向）单向地震激励时大体一致，但此时矿柱上下端和边墙与底板连接部位的应力集中区范围有所扩大，应力值有所增加。同样，顶底板的拉伸应力集中区的范围收缩和幅值降低。在 1.5 s 时刻，水平-竖直（$X-Z$ 向）双向耦合地震激励下采空区模型整体主应力场最明显的特征是顶底板的拉伸应力集中区范围出现了收缩现象，且主要在顶底板中间位置产生了最大拉伸应力。上述现象的出现，主要与地震波激励输入方向有关；由于竖直地震分量的参与，当水平波和竖直波传入岩体后会发生波场分裂现象，致使整个采空区结构体系在空间范围内的运动变得更为复杂，在水平方向上竖向地震分量会削弱水平波振动强度，导致水平拉伸应力区范围出现收缩；在竖直方向上竖向地震分量则会叠加强化垂直地应力，从而使得竖向的惯性力增大，矿柱上下端的压应力增加，应力集中区更为显著。

上述研究表明，在不同地震激励反复循环加卸载作用下，应力集中区主要出现在矿柱上下端、左右边墙与底板连接部位中间位置及顶底板中间部位。随着地震激励的输入，采空区模型系统的主应力场不断进行着动态调整，各结构体之间的应力会出现相互迁移现象。当输入的地震波强度足够大时，会使各结构体应力集中区达到极限状态而发生失稳现象，因此采空区体系在不同地震激励下应力集中区是容易发生震损破坏的薄弱位置。

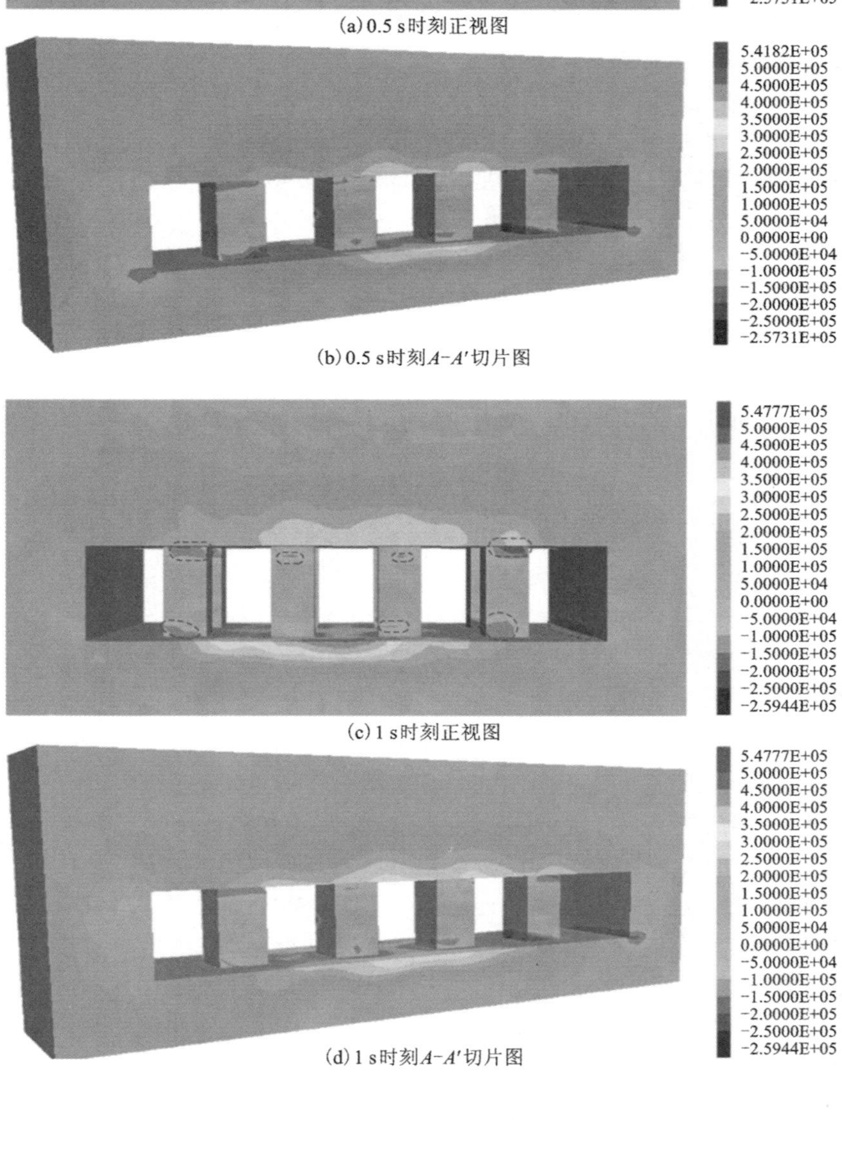

(a) 0.5 s时刻正视图

(b) 0.5 s时刻 A-A' 切片图

(c) 1 s时刻正视图

(d) 1 s时刻 A-A' 切片图

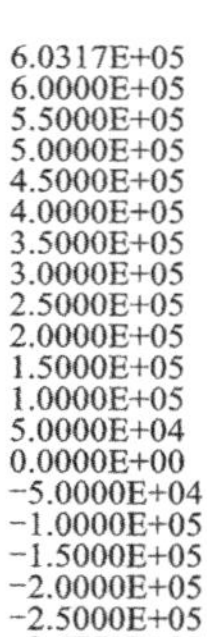
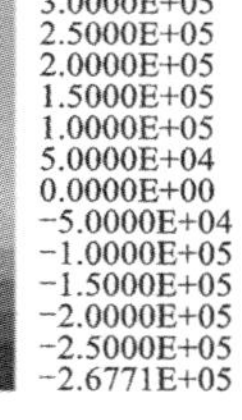

(e) 1.5 s时刻正视图

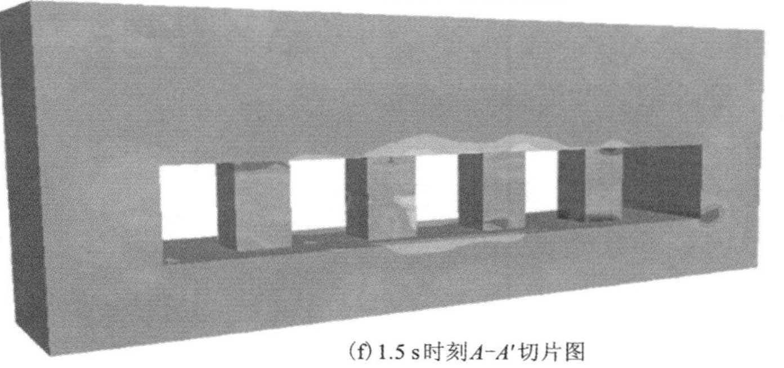
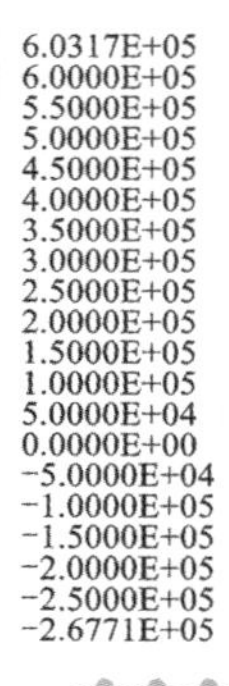

(f) 1.5 s时刻*A-A'*切片图

图6-22　0.3 g水平-竖直(*X-Z*向)双向耦合地震激励

(a) 0.5 s时刻正视图

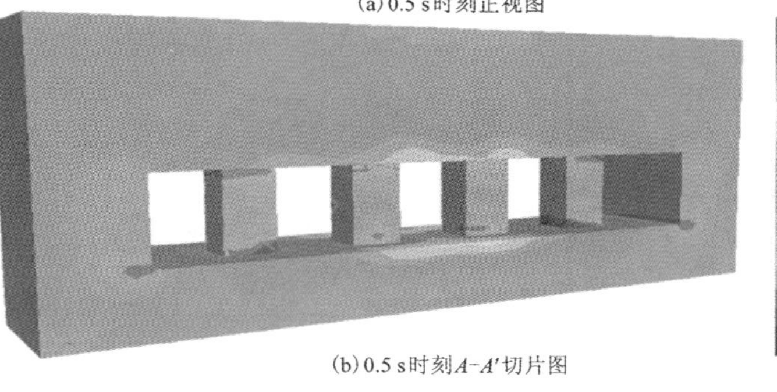
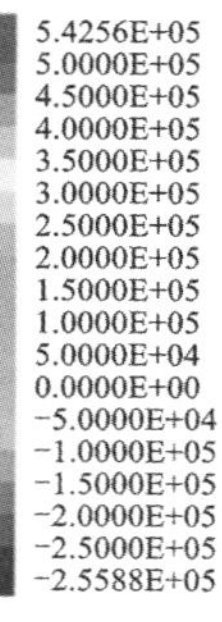

(b) 0.5 s时刻*A-A'*切片图

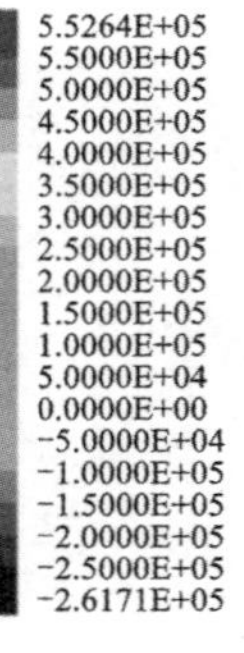

(c) 1 s时刻正视图

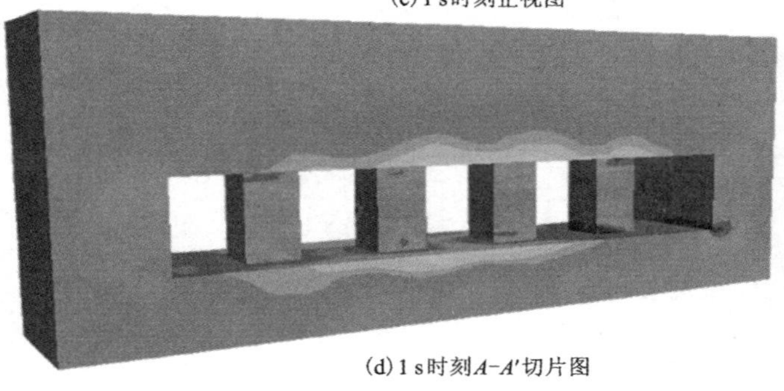

(d) 1 s时刻A-A'切片图

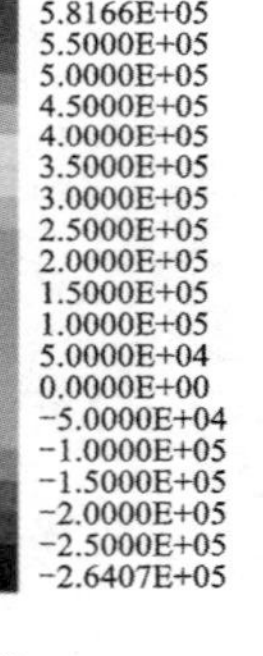

(e) 1.5 s时刻正视图

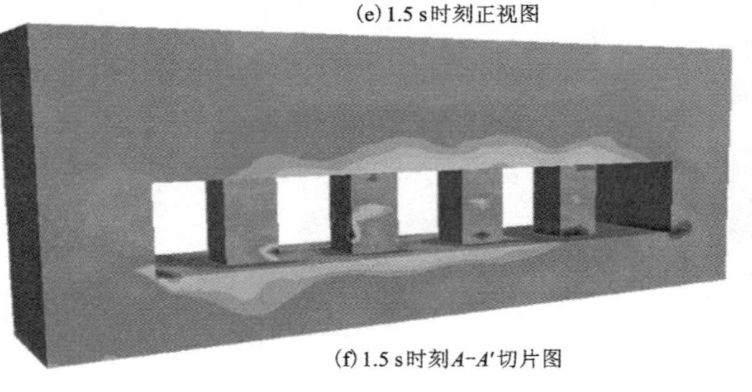

(f) 1.5 s时刻A-A'切片图

图 6-23　0.6 g 水平-竖直(X-Z 向)双向耦合地震激励

6.6　不同埋深下采空区结构体系地震动力特性分析

地下岩体初始应力场本质上是由上覆岩层自重应力和构造应力叠加而成[315]，但在地震作用下地下采空区应力场变得更为复杂，因此作者对数值模拟过程进行了相应简化，只考虑上覆岩层自重产生的垂直应力。根据式(6-1)可知，随着采空区埋深的增加，垂直应力随之增大。在相同地震激励下，不同埋深采空区的动力响应将存在一定的差异。魏晓刚[46]通过研究煤矿埋深对其地震动力峰值位移影响研究表明：随着巷道结构埋深增加，峰值位移显著降低。陈阳洋[61]通过研究埋深对采空区地表加速度影响表明：埋深 200 m 是影响地表加速度峰值大小的临界深度。张晓明等[181]和王春丽[183]分别利用软件 $FLAC^{3D}$ 和 ABAQUS 模拟讨论了采空区的存在对地表地震动力响应的影响，采空区会显著弱化上方地表地震动力响应。本节基于前文对地下埋深 100 m 采空区结构体系振动台试验和数值模拟研究基础上，通过 $FLAC^{3D}$ 有限差分软件进一步开展了埋深 125 ~400 m 地下采空区结构体系的地震动力特性。受篇幅限制，只选取水平单向地震激励开展研究。

6.6.1　不同埋深矿柱体系加速度响应

在不同工况下不同埋深(100~400 m)处 1#和 6#矿柱上端 X 向加速度时程曲线如图 6-24 和图 6-25 所示。由图可知，在 0.3 g 工况下，不同埋深下的 1#和 6#矿柱上端监测到的水平 X 向加速度时程曲线的波形具有很好的吻合性。但是，随着埋深的持续增加，无论是采空区边缘 1#矿柱还是采空区中间 6#矿柱上端的加速度峰值均随着埋深增加而持续下降。与 100 m 埋深相比，埋深为 150 m、200 m、300 m 及 400 m 的 1#矿柱上端 X 向加速度幅值分别下降了 34%、50.3%、57.3%和 60%，6#矿柱上端分别下降了 13.9%、43.4%、55%和 60.6%，这说明随着埋深增加，来自上覆岩层的自重对矿柱产生的垂直地应力不断增加，从而严重抑制了矿柱上端在水平方向的动力响应，即埋深越大，柱端加速度峰值越低。

在 0.6 g 强震工况下，不同埋深下各柱上端振动产生的加速度波形吻合度发了明显下降，埋深大于 150 m 的波形并不像埋深为 100 m 时产生多个峰值，而是随埋深增加波形峰值同样被过滤。与 100 m 埋深相比，在 150 m、200 m、300 m 及 400 m 埋深处，1#矿柱加速度幅值分别下降了 33.3%、35.6%、42.9%和 45.9%，6#矿柱加速度幅值分别下降了 22.1%、50.2%、53.1%和 58.9%。这主要是因为随着埋深增加，上覆岩层自重随之增加，会阻碍矿柱体系的水平运动。相反，随着输入地震激励幅值的增加，地震荷载破坏了采空区体系内部结构的完整

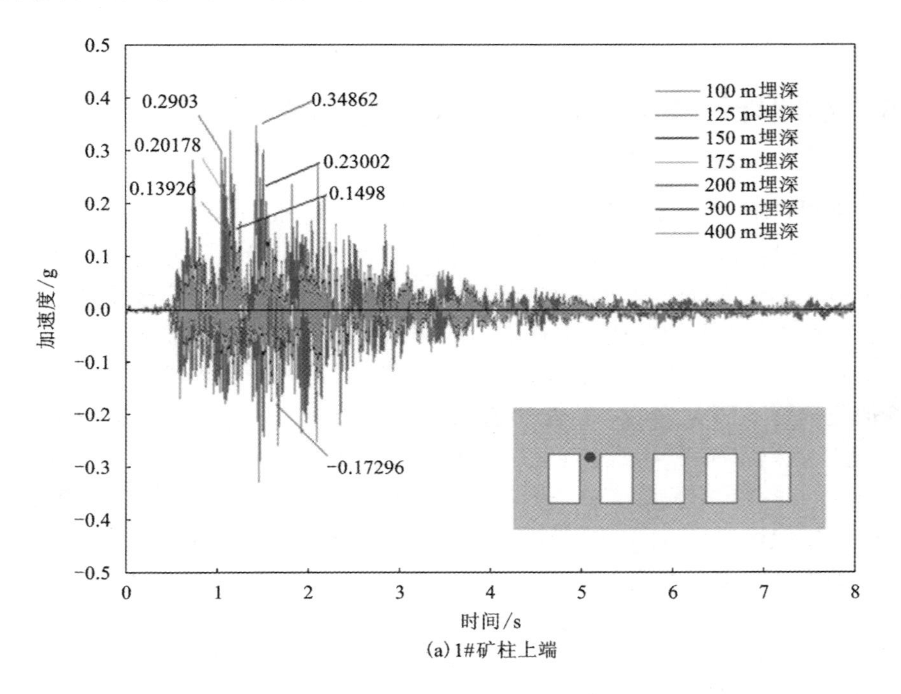

(a) 1#矿柱上端

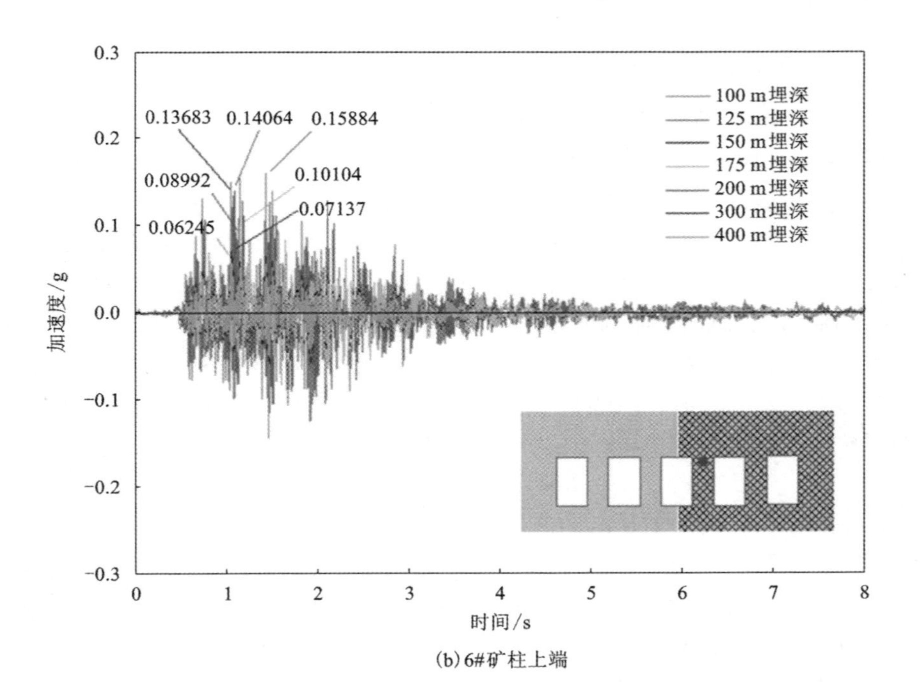

(b) 6#矿柱上端

图 6-24　0.3 g 水平(*X* 向)单向地震激励下不同埋深矿柱上端 *X* 向加速度对比

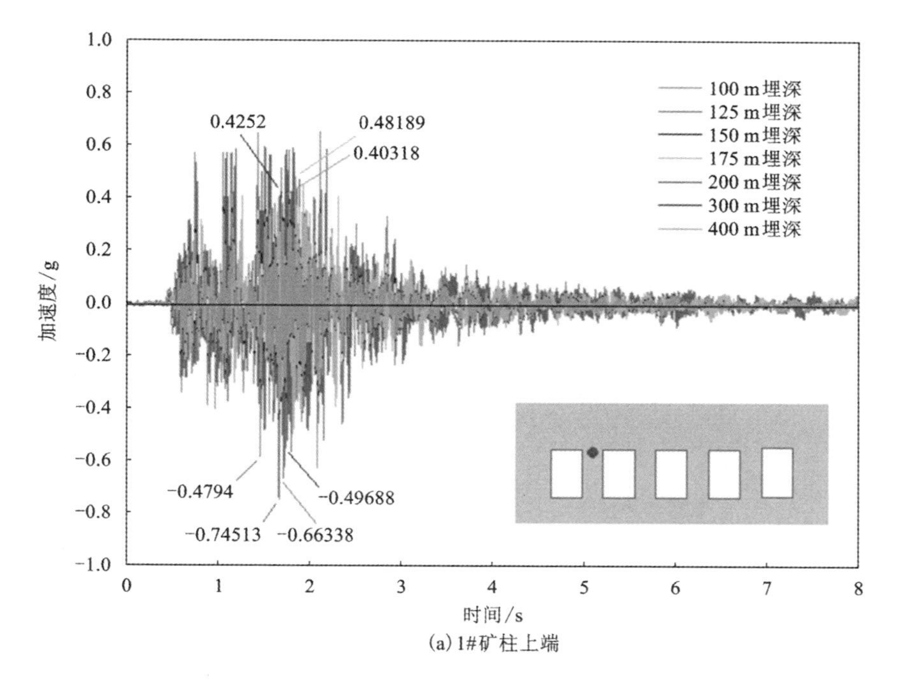

(a) 1#矿柱上端

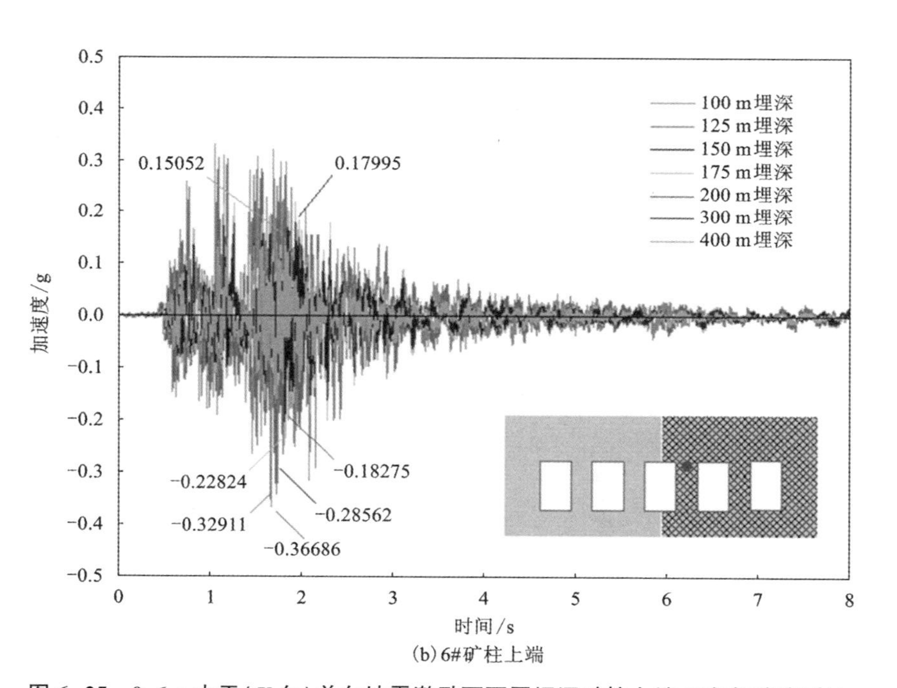

(b) 6#矿柱上端

图 6-25　0.6 g 水平（X 向）单向地震激励下不同埋深矿柱上端 X 向加速度对比

性，致使结构体系动力响应增强，因此随着埋深增加，地下结构的地震响应具有双重特性。

1#和 6#矿柱在不同工况下的加速度峰值变化情况如图 6-26 所示，在 0.3 g 工况下，随着埋深的增加，边缘位置 1#矿柱和中间位置 6#矿柱的加速度随之下降，在 100~150 m 1#矿柱和 6#矿柱加速度峰值显著降低，而在 150 m 埋深以下 1#矿柱和 6#矿柱加速度降幅放缓，甚至埋深 300 m 之后趋于不变。在 0.6 g 工况下，同样在 100~150 m，1#矿柱和 6#矿柱上端加速度随深度增加发生了线性下降变化，而 150 m 之后加速度峰值随深度增加逐渐放缓，降幅甚微。

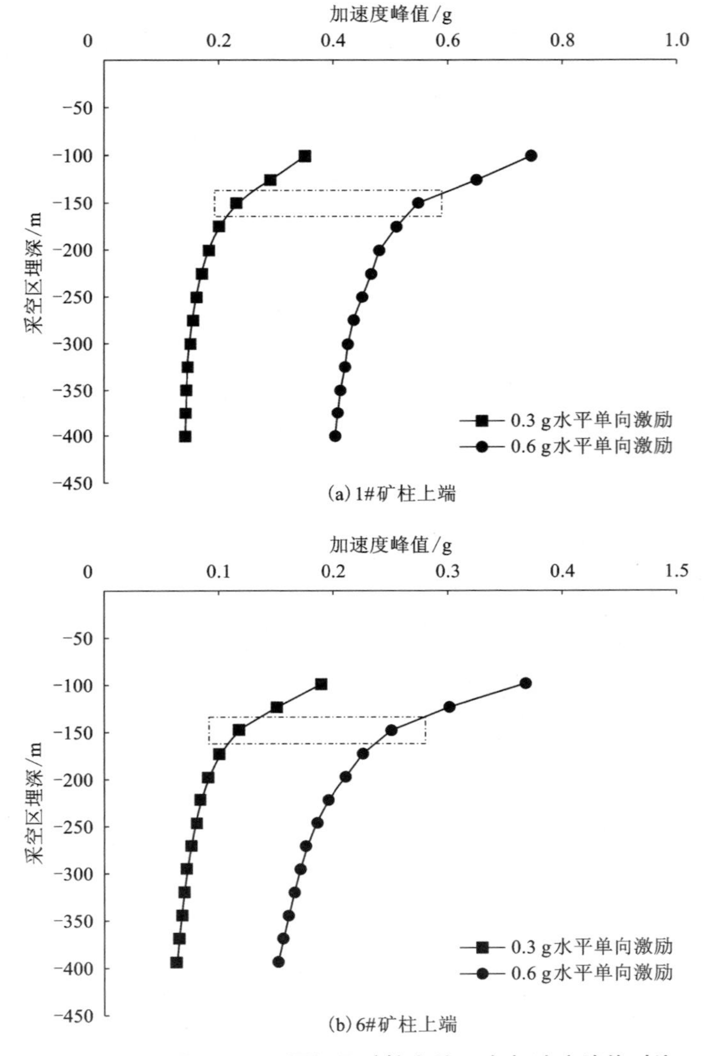

图 6-26　不同工况下不同埋深矿柱上端 X 向加速度峰值对比

6.6.2 不同埋深顶板围岩加速度响应

在不同埋深下采空区顶板左端部位与中间位置的加速度时程曲线如图 6-27 和图 6-28 所示，在 0.3 g 工况下，顶板左端和中部位置加速度波形具有较高的吻合性。但是，与矿柱一样，随着采空区埋深增加，顶板不同部位同样发生了降幅现象，顶板左端部位与埋深 100 m 相比，在 150 m、200 m、300 m 及 400 m 埋深时加速度峰值分别下降了 47.6%、60.7%、63.3%和 67.8%，顶板中部位置则下降了 37.2%、49.9%、55.1%和 60%，说明随采空区埋深增加，地震波在围岩传输时能量不断被消耗，顶板加速度幅值由此下降。因为采空区系统在该工况下的损伤并不严重，各结构体系保持着良好的刚度，所以围岩材料对地震波并未产生明显的过滤作用，由此保证了不同埋深下波形之间产生了良好的吻合性。同时，与振动台试验和数值模拟在 100 m 埋深的地震响应一样，随着埋深的增加，采空区顶板水平方向左端部位加速度响应要强于中部位置，这也表明数值模拟结果是可信的，能够很好地再现了不同埋深下采空区顶板的地震动力响应。

在 0.6 g 工况下，不同埋深采空区顶板不同监测点处的加速度波形吻合度有所下降，同一时刻地震波的运动步调出现了不协调，表明强震作用下不同埋深顶板各位置处地震波的振动形式具有不协调性。与埋深 100 m 相比，埋深 150 m、200 m、300 m 及 400 m 处采空区顶板左端位置的加速度峰值分别下降了 36%、43.7%、46.1%和 48.3%，顶板中部位置分别下降了 28.5%、39.6%、41.6%和 45.6%。但是，与 0.3 g 工况相比，各位置的加速度峰值的降幅有所减弱，这主要是因为在 0.6 g 高强度地震的作用下，尽管随着埋深的增加，采空区顶板左端和中间位置的加速度发生了一定的衰减，但输入的强震荷载则反过来抑制着这种衰减。

顶板左端和中部位置的加速度峰值随埋深增加的变化图如图 6-29 所示。整体上，随着采空区埋深的增加，顶板水平方向上各位置的加速度响应明显被弱化，这表明随着采空区埋深增加，上覆岩层自重在竖直方向上加剧了顶板的垂直应力，抑制了顶板在水平方向上的振动。由图可知，埋深 100~150 m 顶板加速度峰值呈线性下降，且下降速率高于 150 m 埋深以后的各个监测点，因此 150 m 为加速度峰值变化的拐点，这表明在埋深 100~150 m，输入的地震波受材料阻尼、垂直地应力(即埋深增加)及水平边界的共同影响，随着地震波的能量显著被耗散，地震波幅值发生了明显降低，波形也由此被过滤，因此可以认为埋深 150 m 是顶板地震动力响应的临界埋深。这与陈阳洋[61]关于埋深 200 m 是影响采空区上方地表地震动力响应变化的临界深度的结论略有不同，这主要是因为一方面陈阳洋所研究的对象是采空区地表，与本书研究的对象相似但又存在本质差异，本书研究的是不同埋深下采空区顶板水平方向不同位置的加速度变化特征；另一方面是二者施加地震激励类型不同，因此得出的临界埋深存在一定的差异也比较正常。

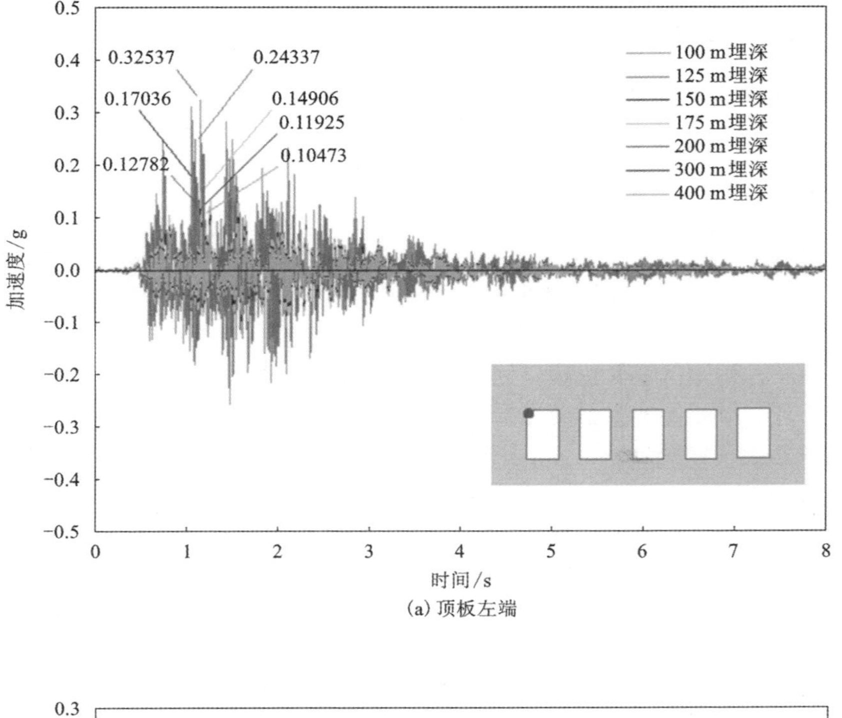

(a) 顶板左端

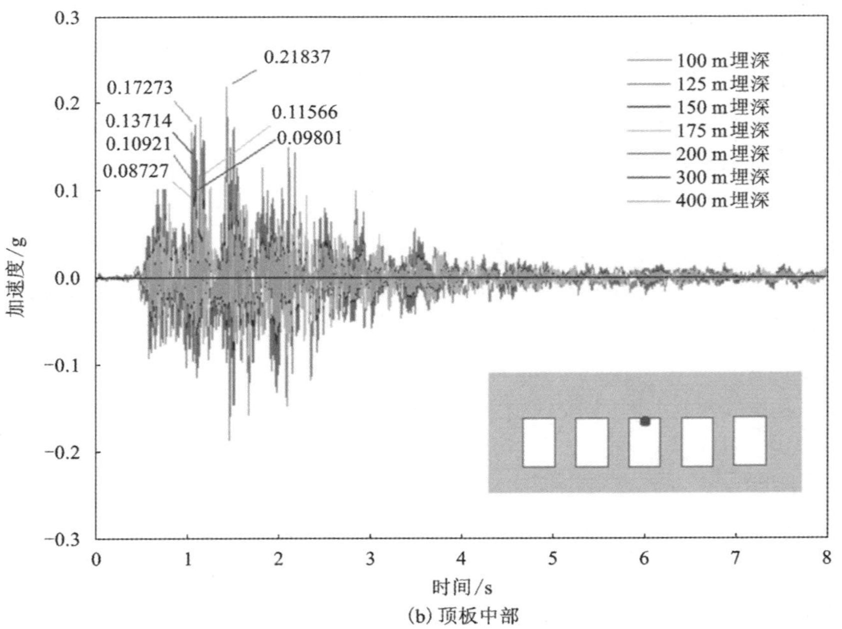

(b) 顶板中部

图 6-27　0.3 g 水平(*X* 向)单向地震激励下不同埋深顶板 *X* 向加速度对比

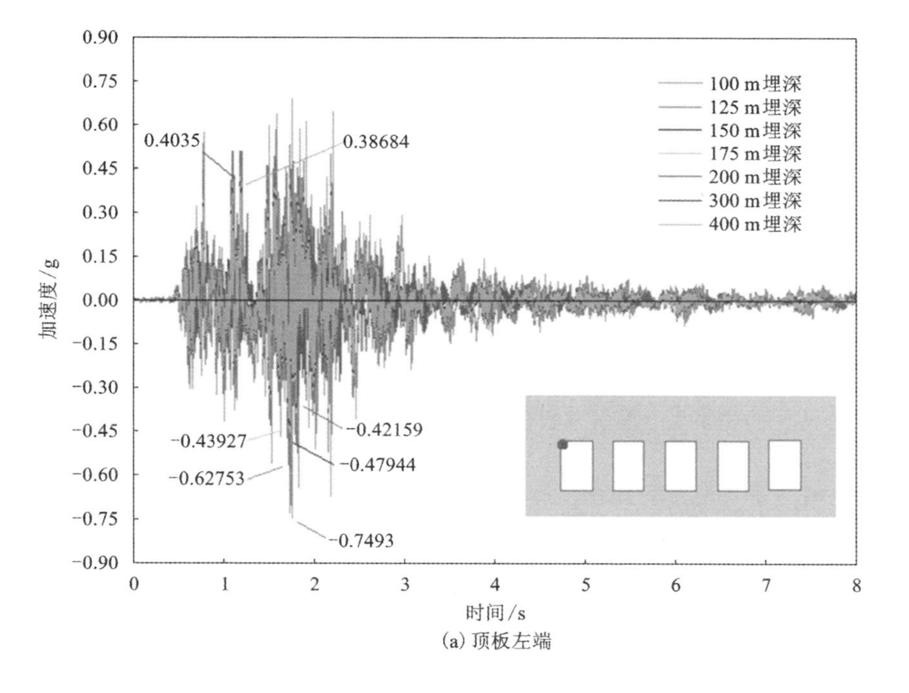

(a) 顶板左端

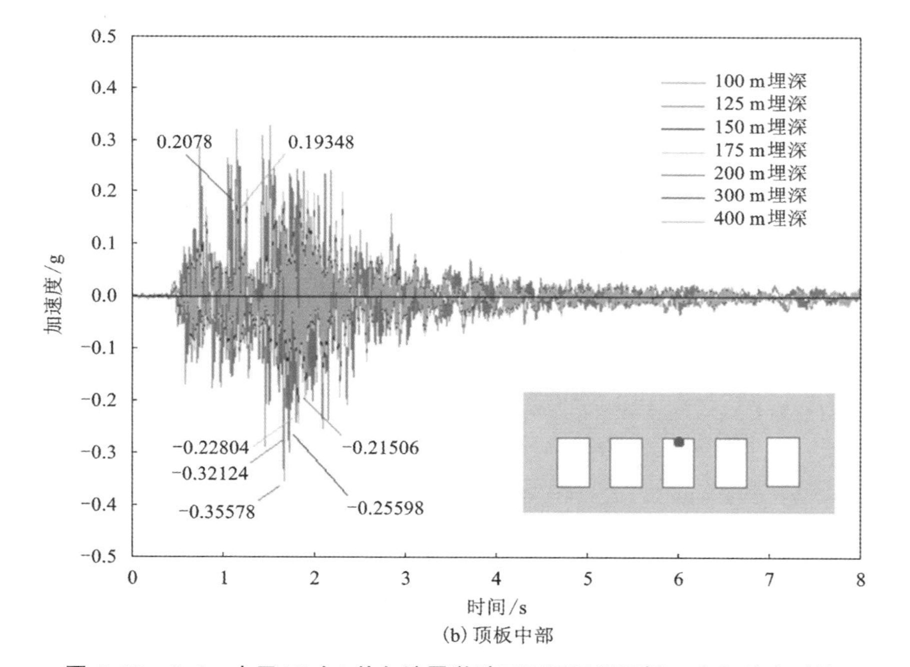

(b) 顶板中部

图 6-28　0.6 g 水平（X 向）单向地震激励下不同埋深顶板 X 向加速度对比

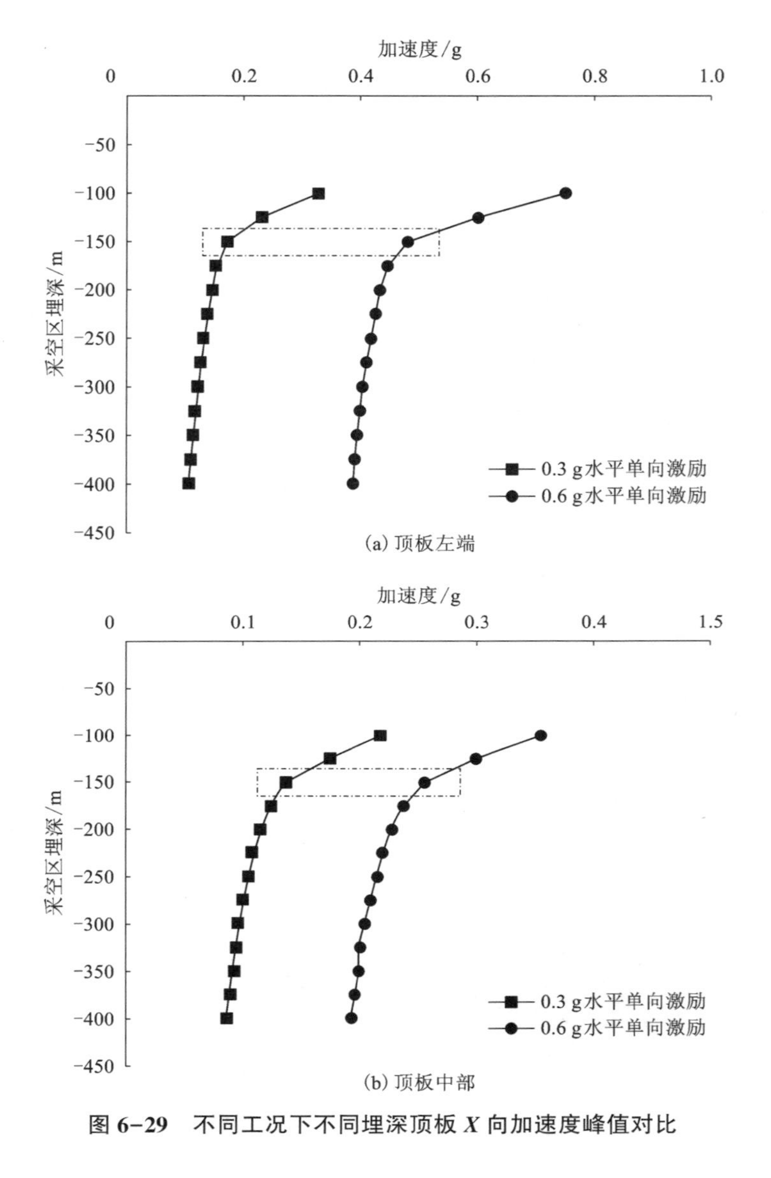

图 6-29　不同工况下不同埋深顶板 X 向加速度峰值对比

6.6.3　不同埋深采空区体系应力场演化分析

基于 6.6.1 节和 6.6.2 节分别对矿柱和顶板加速度响应的分析可知，埋深 150 m 是地下采空区体系的临界埋深，本节分别选取埋深 150 m、200 m、300 m 和 400 m 的加速度时程曲线在 0.5 s、1 s 和 1.5 s 时刻的主应力场云图进行切片分析。0.3 g 和 0.6 g 水平（X 向）单向地震激励下 150 m 埋深处采空区体系在 0.5 s、1 s 和 1.5 s 时刻的主应力场云图如图 6-30～图 6-31 所示。由图 6-30 中的切片图可以发现，当 0.3 g 水平地震输入至 0.5 s 时，1#、4#、5#及 8#矿柱的顶底端以及左右边墙与底板相连部位的中间位置均产生了显著的压应力集中区，最高可以达到 0.232 MPa，明显高于埋深为 150 m 处上覆岩层产生的垂直地应力 0.2025 MPa，说明水平（X 向）单向地震激励加剧了这些区域压应力的集中，且随着地震激励输入得以强化，1 s 时刻大部分区域达到了 0.234 MPa。与埋深 100 m 同时刻这些区域产生的最大压应力为 0.258 MPa 相比，埋深 150 m 时最大应力下降了 9.3%，这与 6.6.1 节中埋深 150 m 处 1#矿柱上端水平 X 向加速度响应展现出的下降现象具有很好的一致性。

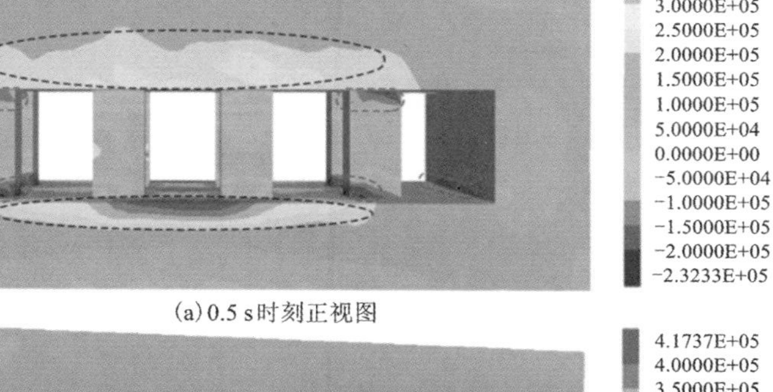

(a) 0.5 s时刻正视图

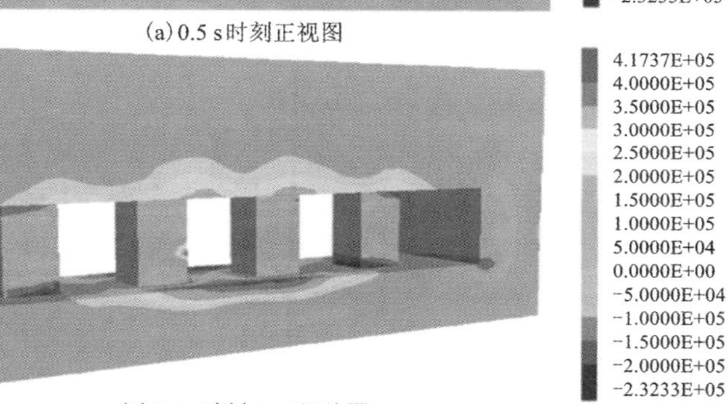

(b) 0.5 s时刻A-A'切片图

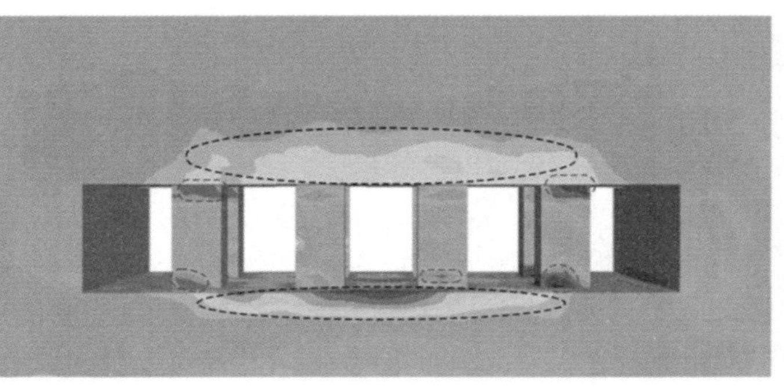
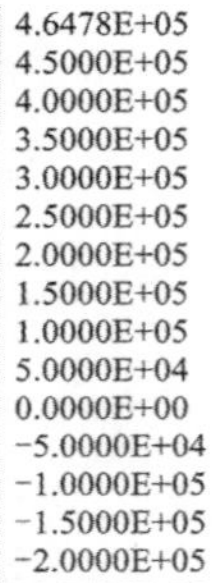
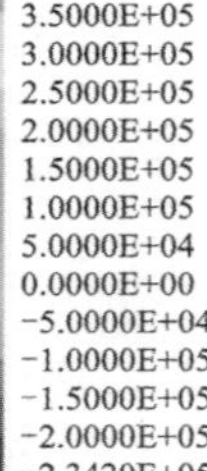
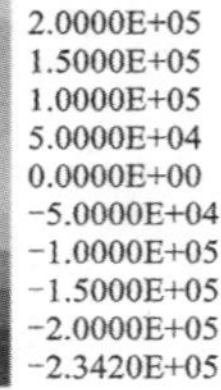
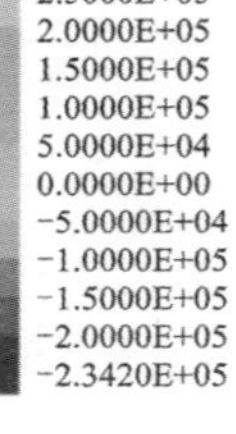

(c) 1 s时刻正视图

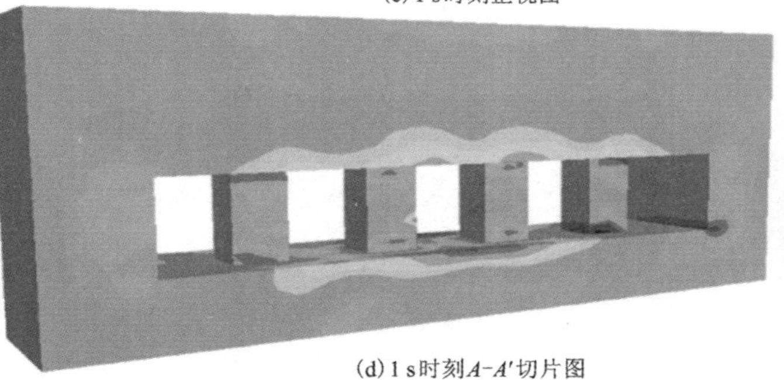

(d) 1 s时刻*A*-*A*′切片图

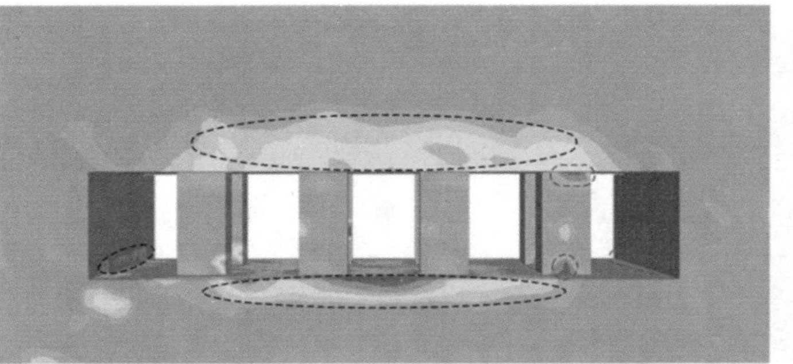

(e) 1.5 s时刻正视图

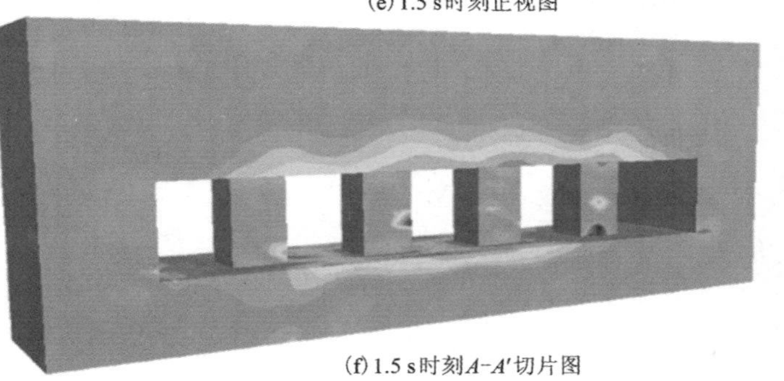

(f) 1.5 s时刻*A*-*A*′切片图

图 6-30　150 m 埋深下 0.3 g 水平(*X* 向)单向地震激励

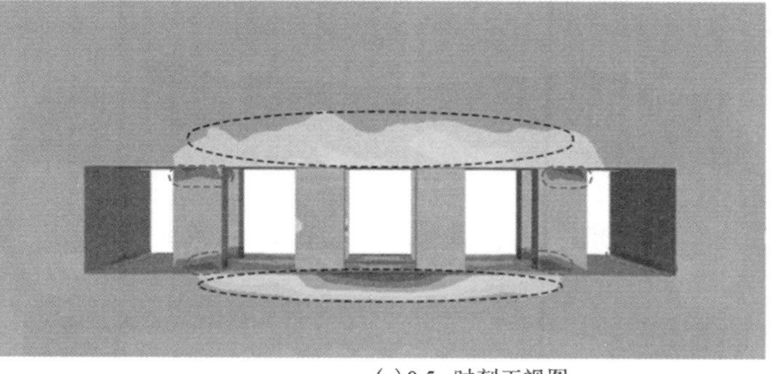
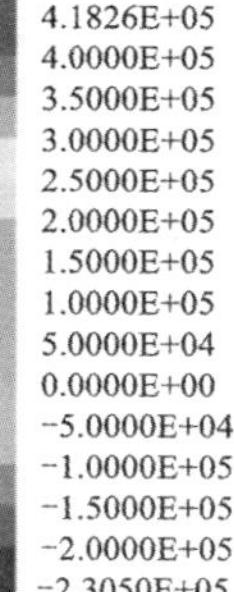
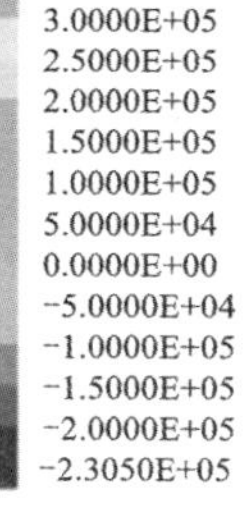

(a) 0.5 s时刻正视图

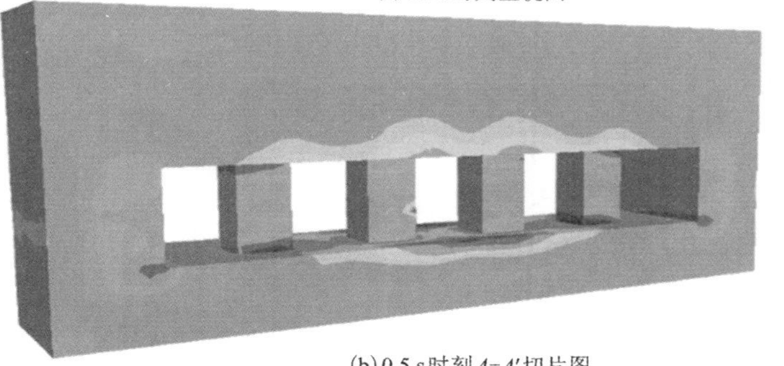
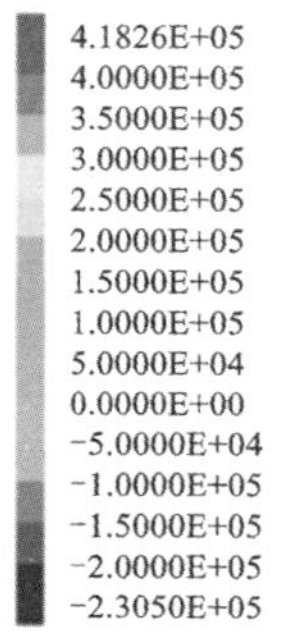

(b) 0.5 s时刻A-A'切片图

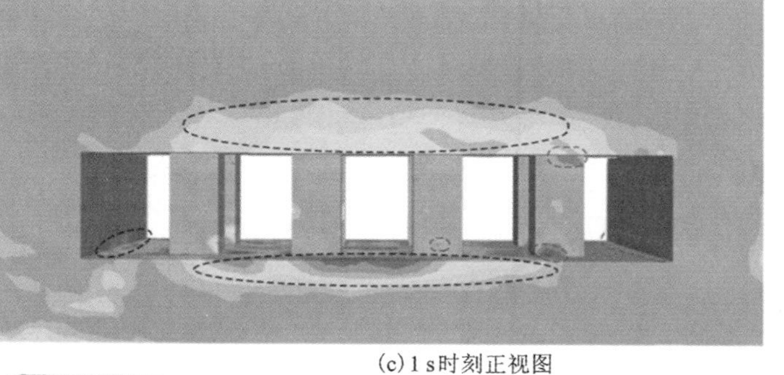
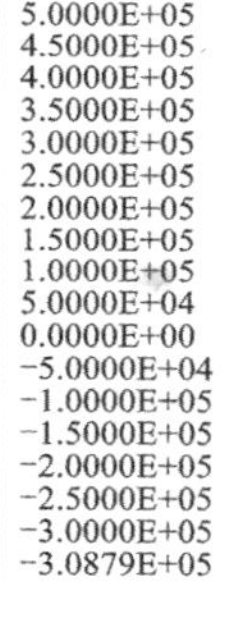

(c) 1 s时刻正视图

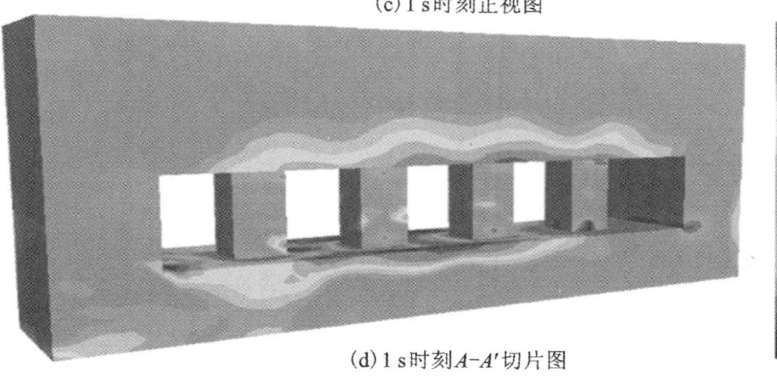
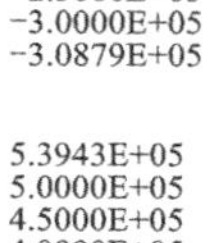
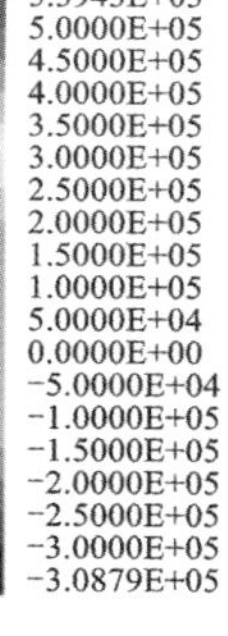

(d) 1 s时刻A-A'切片图

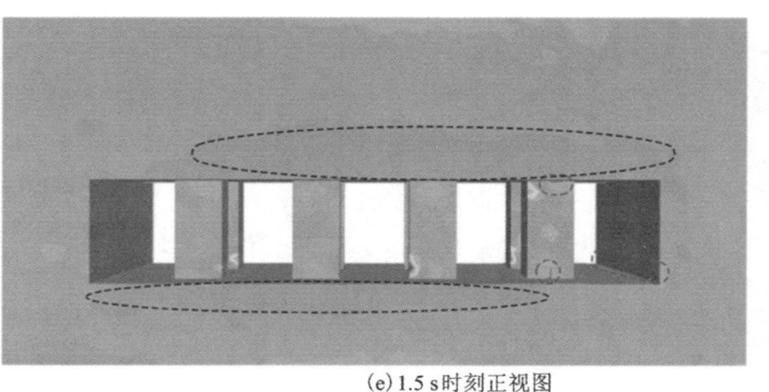

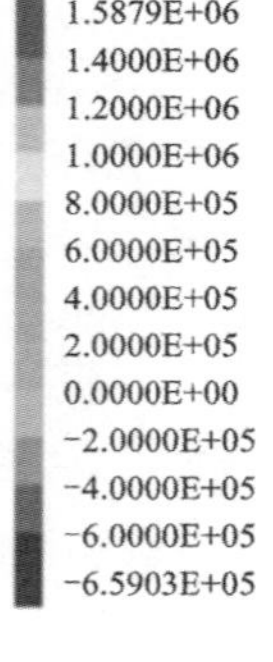

(e) 1.5 s时刻正视图

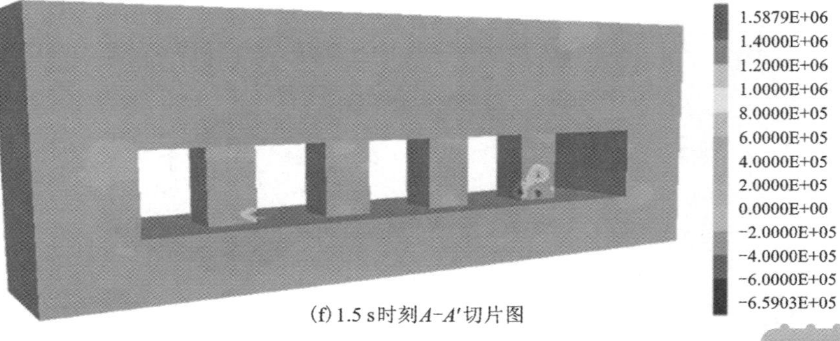

(f) 1.5 s时刻A-A'切片图

图6-31　150 m 埋深下 0.6 g 水平(*X* 向)单向地震激励

同时，在150 m埋深下，0.5时刻采空区四周围岩的应力场的变化非常显著，由里到外大体上可以划分为4个变化区域，即：①局部高应力区：分布在2#和3#矿柱正上方的顶板岩层局部区域和底板正中间位置，呈现出拉伸状态；②区域中高应力区：分布在8根矿柱正上方顶板覆岩区域和底板中间大部分区域，如图中的黑色椭圆线区域；③近场应力集中区：分布在前两个区域的外侧，环绕整个采空区四周形成最近的拉伸应力场；④远场拉压混合区：在近场应力集中区以外区域形成了既有拉伸应力，又有压剪应力(如顶板正中间最底层)的远场应力集中区。

此外，由上述0.5 s、1 s和1.5 s时刻的主应力云图发现，在水平(*X*向)单向地震激励的整个输入过程中，矿柱大部分区域受到了拉伸应力，这是因为整个矿柱受到水平地震荷载后在*X*方向上顶底端发生了水平相对运动，导致柱身处于拉伸状态。

从图6-31发现，在0.6 g工况下，随着地震激励的输入，0.5 s时刻矿柱体系和围岩体系的应力场变化与0.3 g工况大体相似。在地震波输入至1 s时刻，上一时刻的矿柱应力集中区大部分消退，只是在4#和5#矿柱上下端以及右边墙与底板连接部位产生了最大应力为0.308 MPa的局部压应力区域。此时，左边墙与底板连接部位的应力状态由 0.5 s 时刻的压缩变为拉伸。同时，由 $A-A'$ 切片图可知，顶底板均处于拉伸状态，主应力场分别有向右侧和左侧扩展趋势，这表明在 0.6 g 水平强震作用下，埋深为 150 m 的采空区顶板和底板也会发生水平相对运动，进而引起底板左半侧和顶板右半侧呈现受拉状态。当地震激励输入至 1.5 s 时，整个采空区体系大部分区域都处于受拉状态，且最大拉伸区集中在顶板右半侧和底板左半侧以及矿柱中部位置，最大拉应力达到了 0.6 MPa，此时矿柱顶端大部分只是产生了压应力较小的集中区，这可能与此时的加速度幅值有关。

当埋深为 200 m 时不同工况下地震波输入各时刻采空区体系应力场云图如图 6-32 和图 6-33 所示。由图可知，当输入 0.3 g 地震波至 0.5 s 时刻，同样在 1#、4#、5#及 8#矿柱的顶底端以及左右边墙与底板相连部位的中间位置均产生了显著的压应力集中区，最大压应力为 0.234 MPa，略低于上覆岩层在埋深 200 m 处的垂直地应力，说明在埋深 200 m 时，水平(X 向)单向地震激励引起矿柱发生水平运动的能力明显下降。同时，各矿柱中间部位处于拉伸状态，其中 3#矿柱中间左侧出现了明显的拉伸区域。此时，和埋深 150 m 时的采空区四周围岩应力场相似，埋深 200 m 时围岩应力场同样可以划分为 4 个拉伸区域，不同的是，埋深 200 m 时的最大拉应力(0.416 MPa)低于埋深 100 m(0.541 MPa)和 150 m(0.417 MPa)的拉应力，这也表明随着埋深增加，水平地震荷载对采空区结构体系产生的水平地震力减弱，严重抑制了采空区上部和下部发生水平相对运动。

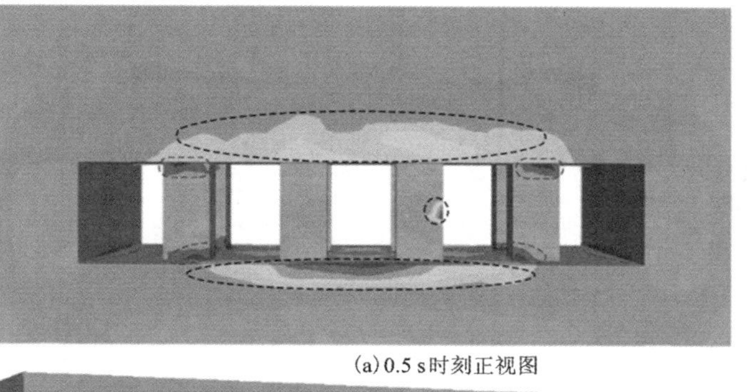
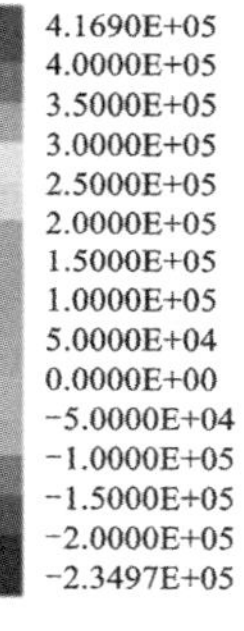

(a) 0.5 s 时刻正视图

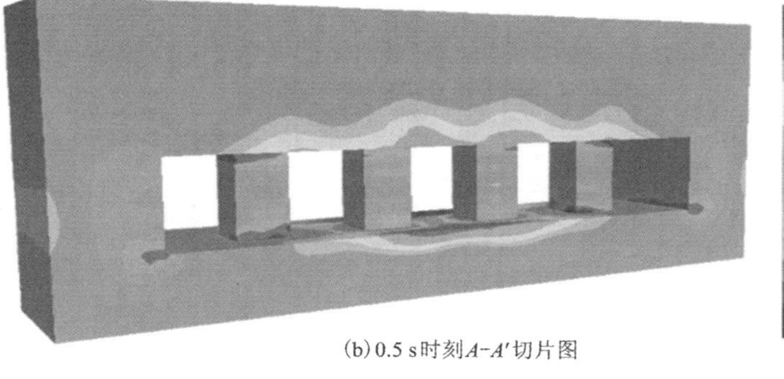
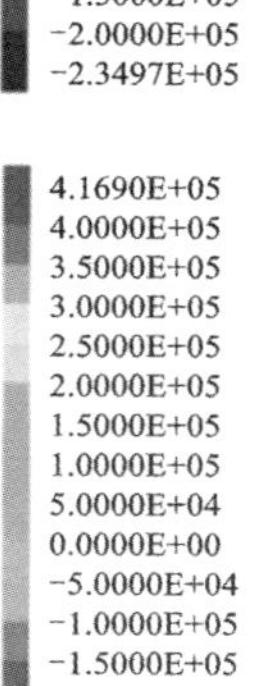
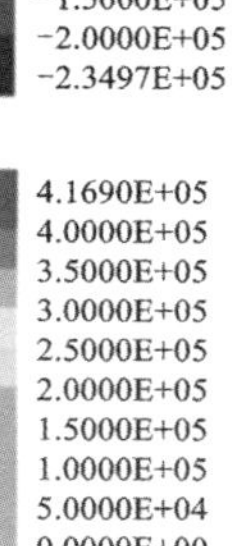

(b) 0.5 s 时刻 $A-A'$ 切片图

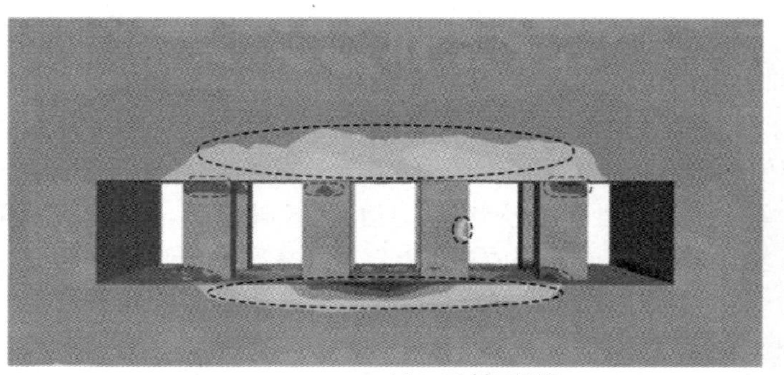
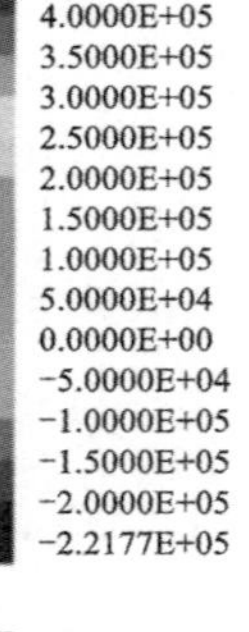

(c) 1 s时刻正视图

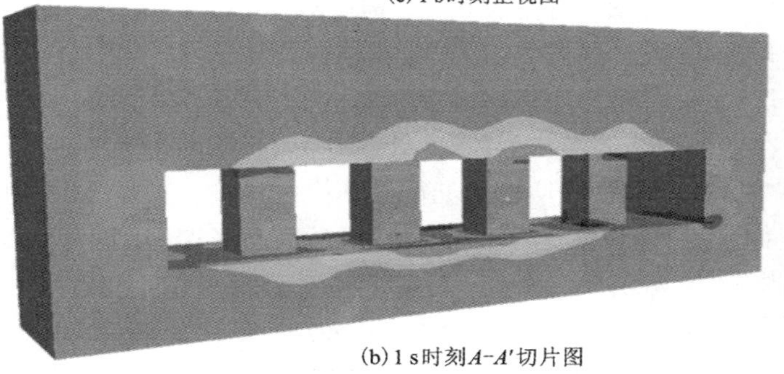

(b) 1 s时刻A-A'切片图

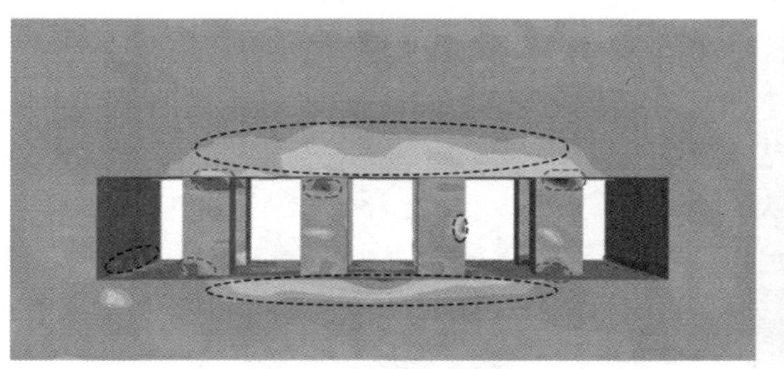
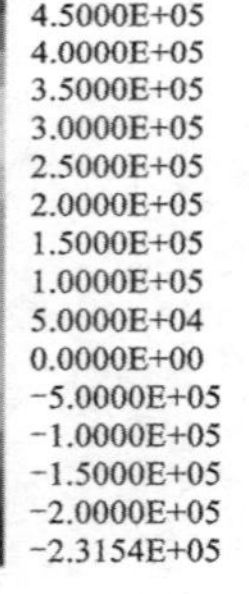

(e) 1.5 s时刻正视图

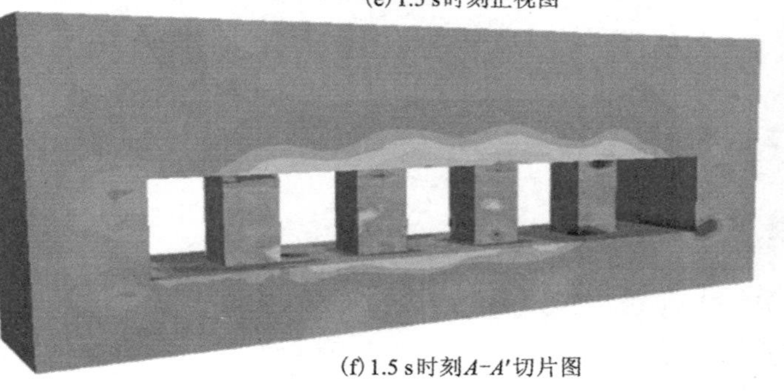
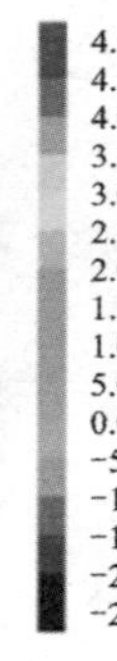

(f) 1.5 s时刻A-A'切片图

图 6-32　200 m 埋深下 0.3 g 水平(X 向)单向地震激励

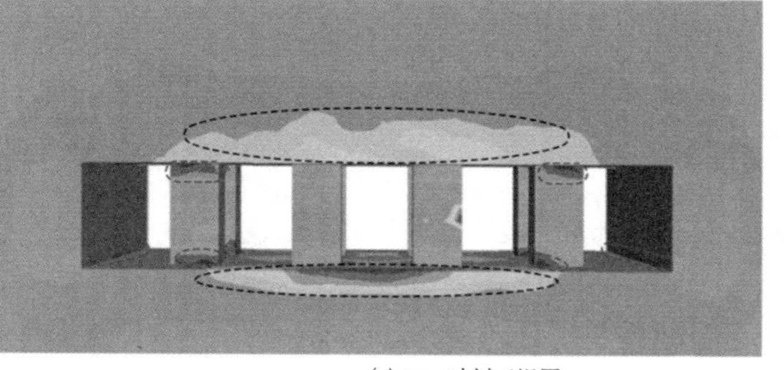
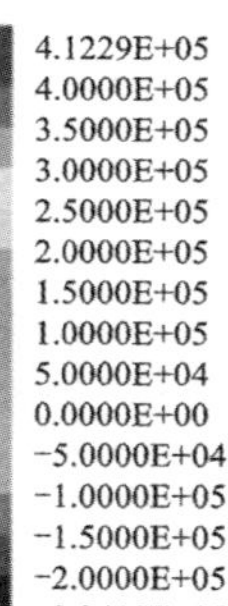
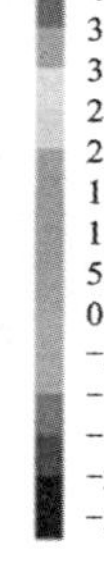
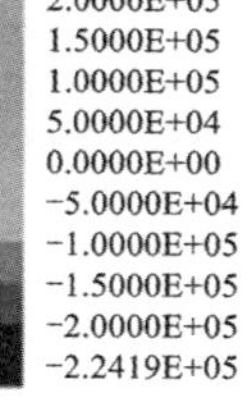

(a) 0.5 s时刻正视图

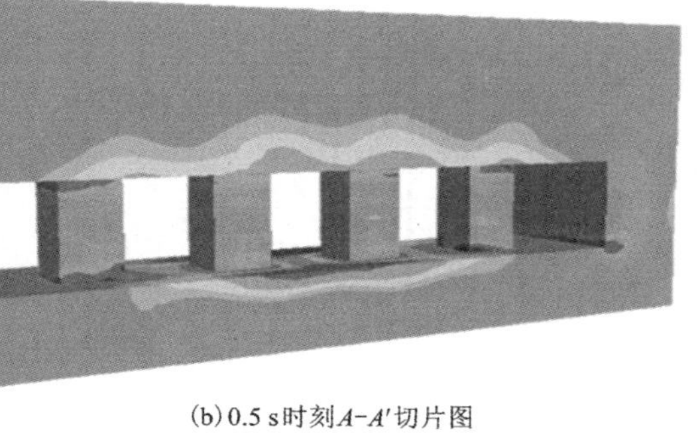
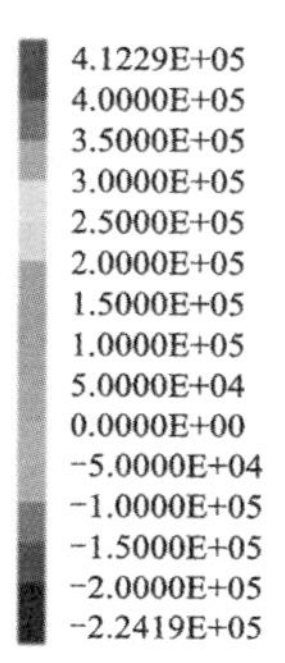

(b) 0.5 s时刻A-A'切片图

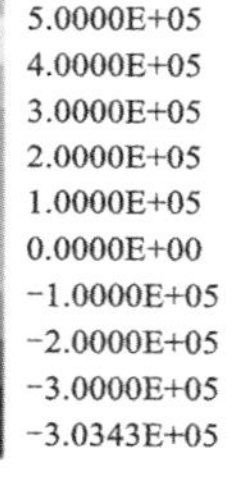

(c) 1 s时刻正视图

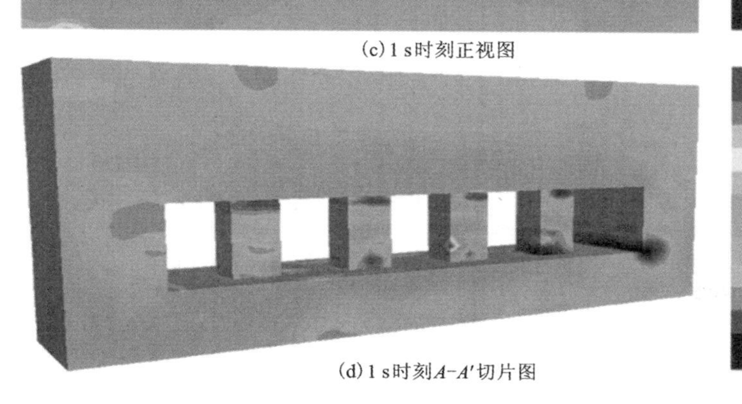
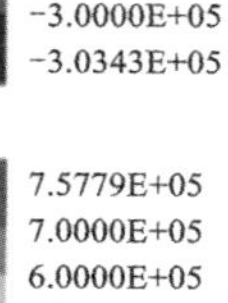

(d) 1 s时刻A-A'切片图

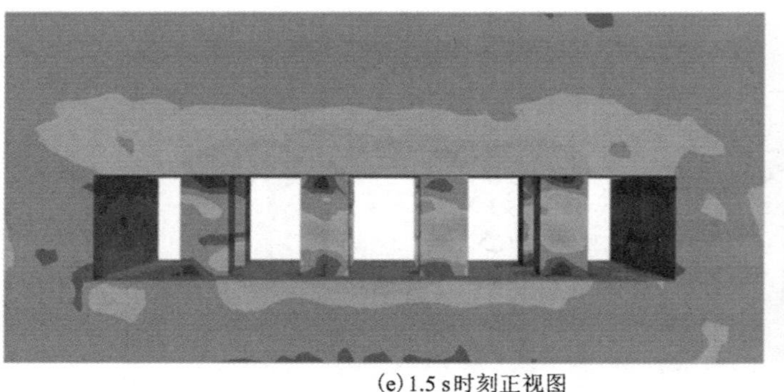
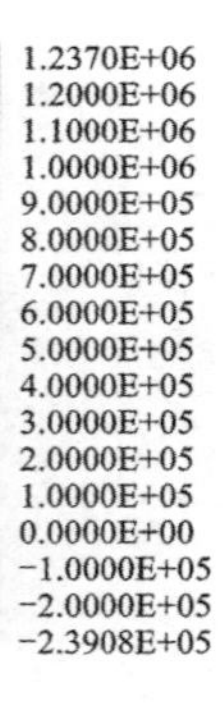

(e) 1.5 s时刻正视图

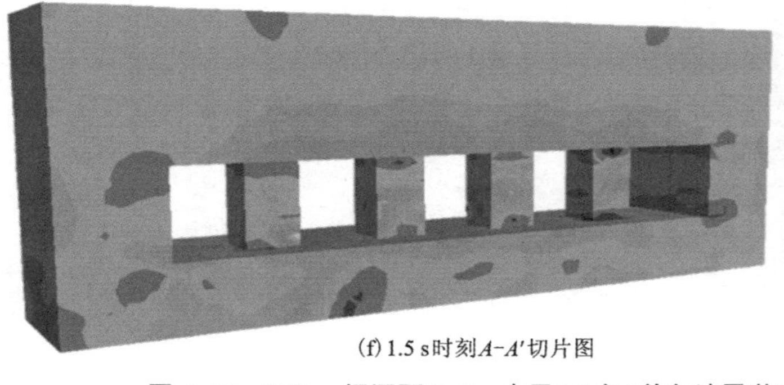
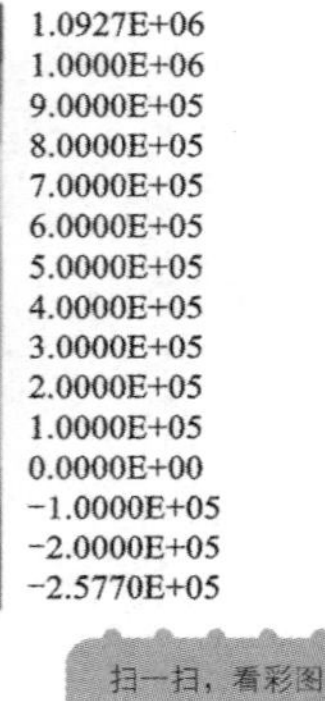

(f) 1.5 s时刻A-A′切片图

图 6-33　200 m 埋深下 0.6 g 水平(X 向)单向地震激励

扫一扫，看彩图

随着地震激励进一步输入，在 1 s 时刻，除 2#和 6#矿柱上端有新的压应力集中区产生外，其他矿柱体系均未发生其他变化。此时，左边墙与底板连接位置由上一时刻的压缩转变为拉伸。与埋深 150 m 一样，顶板和底板围岩在该时刻处于拉伸状态，但拉应力集中区范围明显收缩且小于埋深为 150 m 时的区域，最大拉应力也仅为 150 m 埋深应力的 82.7%，说明随埋深增加，地震作用下的主应力场无论是范围还是大小均被弱化。

当输入 0.6 g 高幅值地震激励时，0.5 s 时刻的采空区体系主应力场区域没有明显改变，但最大拉应力和最大压应力均发生了下降，说明随着埋深增加，地震作用下的采空区应力场一定程度上被弱化。当地震激励输入至 1 s 时刻，1#、2#、6#和 8#矿柱的上端以及 5#和 7#矿柱的顶底端产生压应力集中区，最大压应力为 0.303 MPa，高于埋深为 200 m 的垂直应力(0.27 MPa)。与 150 m 埋深类似，在 1.5 s 时刻，采空区体系大部分区域处于拉伸状态。

综上所述，100~200 m 埋深下采空区体系主应力场随着地震激励的输入，应力场处于动态调整中，而且整体上随埋深的增加，应力场在一定程度上被弱化。其中，压应力集中区主要出现在矿柱顶端部位以及边墙与底板连接位置，采空区顶板和底板正中间位置是最大拉应力出现的部位，这在 2008 年地震中同样有过相关案例，典型案例如龙溪山岭隧道的仰拱出现张裂或隆起震害，如图 6-34 所示。

(a) 仰拱边缘

(b) 仰拱中部

图 6-34　汶川地震中龙溪山岭隧道仰拱典型震害[70, 316]

当埋深为 300 m 时不同工况下地震波输入各时刻采空区体系应力场云图如图 6-35 和图 6-36 所示。由图可知，在 0.3 g 水平地震激励下，矿柱体系在地震激励输入各个时刻的应力集中区基本上出现在矿柱的顶底端部位，且主要为压应力，在 1.5 s 时刻出现，最大值为 0.424 MPa，略高于上覆岩层在 300 m 处的垂直地应力(0.405 MPa)，这表明随着采空区埋深的增加，采空区周围岩(土)体严重抑制了整个矿柱体系在水平方向上的运动，此时矿柱体系主要受到上覆岩层自重的垂直地应力作用，各矿柱的顶底端以及边墙与顶板连接处均呈现出受压状态。

同时，在输入地震激励各时刻处，深处 300 m 的顶板体系在上覆岩层自重和水平地震动共同作用下表现出受拉状态，最大受拉部位为顶板正中间位置，在 0.3 g 工况时最大拉应力为 0.568 MPa，在 0.6 g 工况时最大拉应力高达 0.714 MPa，说明在埋深 300 m 下，地震动对采空区顶板体系同样存在破坏效应，尤其是强震作用下，会加剧顶板体系在水平方向上的应力集中，因此顶板围岩在上覆岩层和强地震动共同作用下很可能产生冒顶坍塌震害。

随着采空区埋深的逐渐增加，底板体系和边墙与顶板连接处的受力状态发生了明显的变化，不再是底板正中间的位置产生明显的高应力集中条带，而是表现出拉应力集中区均匀分布在底板各排矿柱之间，且高应力区主要出现在边缘矿柱和边墙围岩之间的区域，这与矿柱体系和围岩体系的地震加速度响应变化规律基本一致，表明随着采空区体系埋深的增加，采空区周围岩(土)体产生了更大的抑制作用，底板受力状态由正中集中受力转为多区域分散受力。

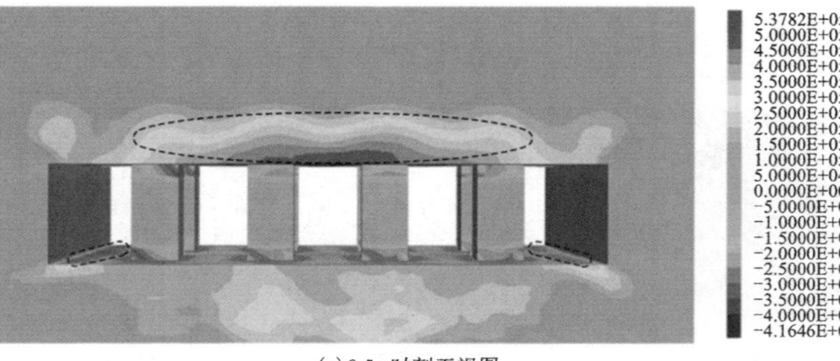

(a) 0.5 s时刻正视图

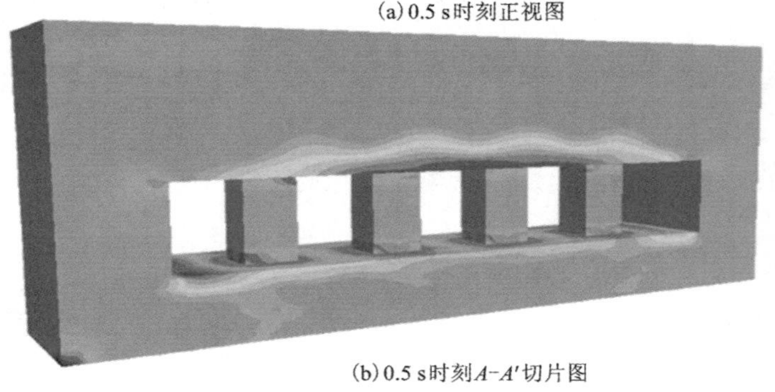
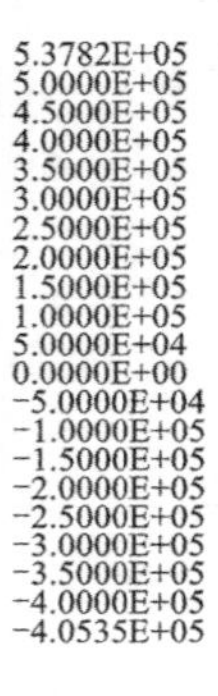

(b) 0.5 s时刻A-A'切片图

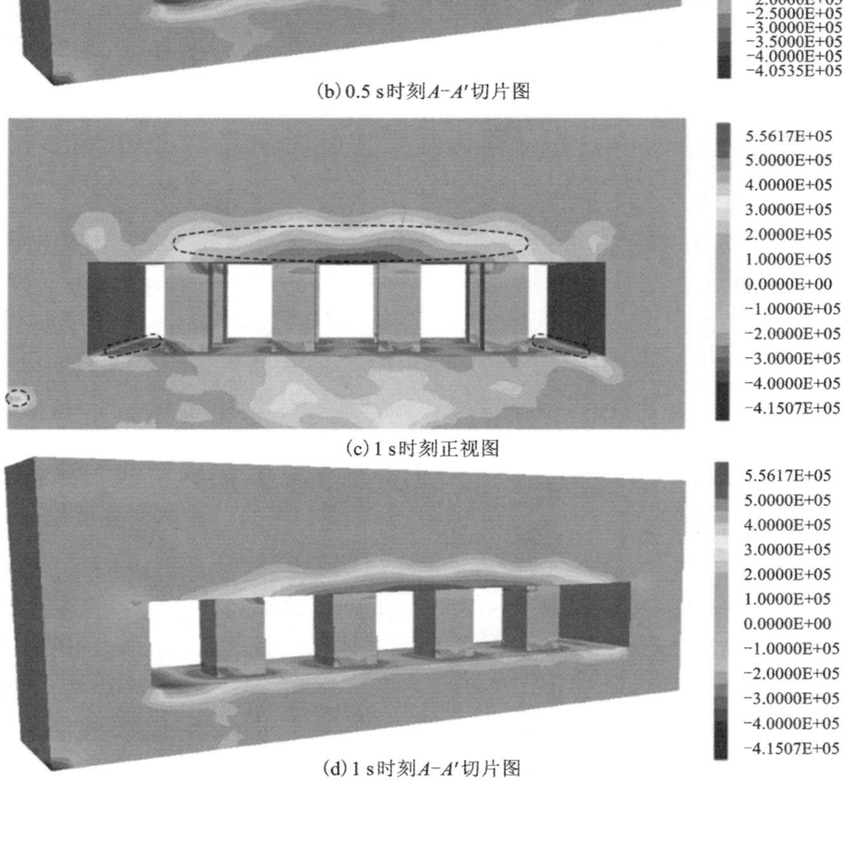

(c) 1 s时刻正视图

(d) 1 s时刻A-A'切片图

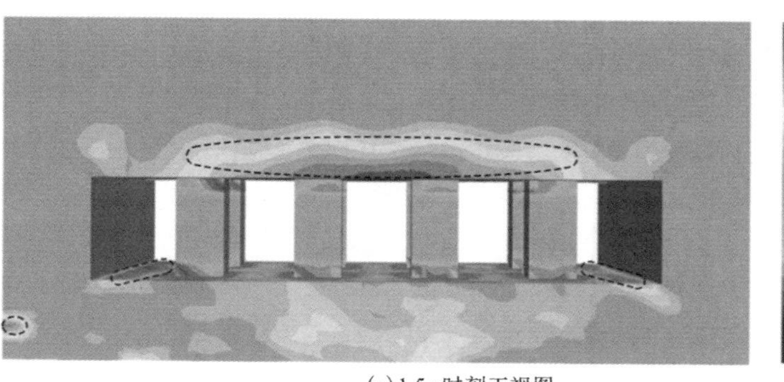
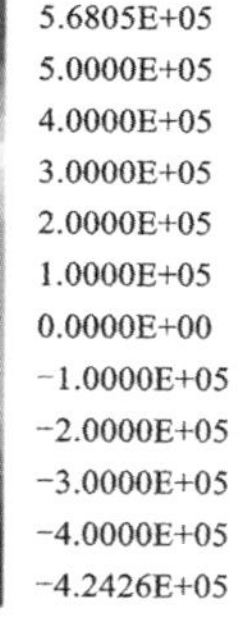

(e) 1.5 s时刻正视图

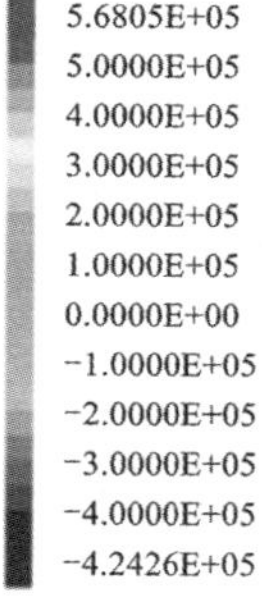

(f) 1.5 s时刻A-A'切片图

图 6-35　300 m 埋深下 0.3 g 水平(X 向)单向地震激励

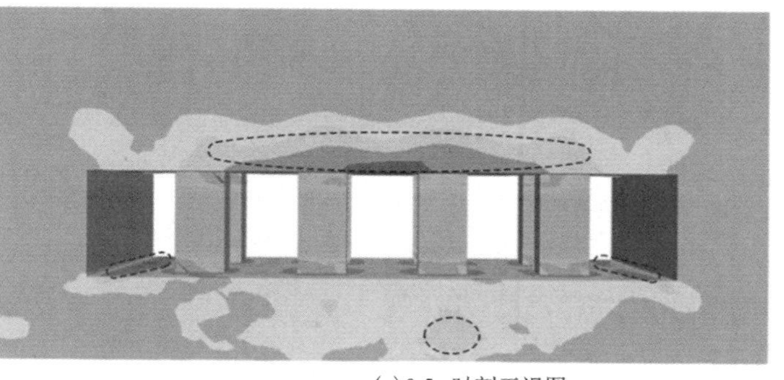
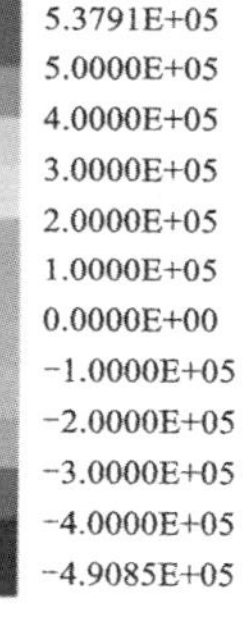

(a) 0.5 s时刻正视图

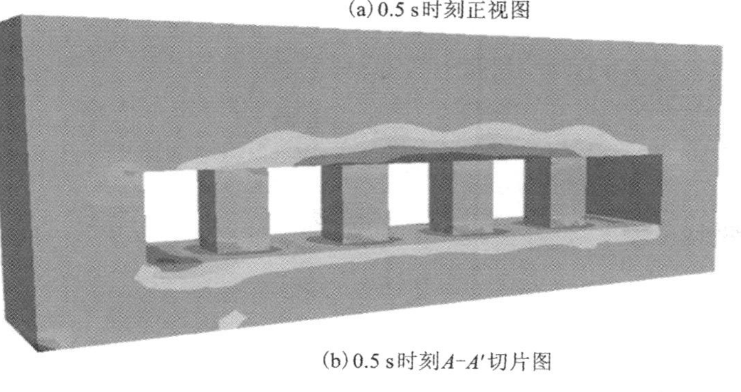
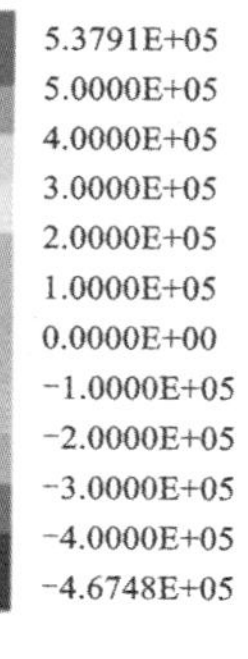

(b) 0.5 s时刻A-A'切片图

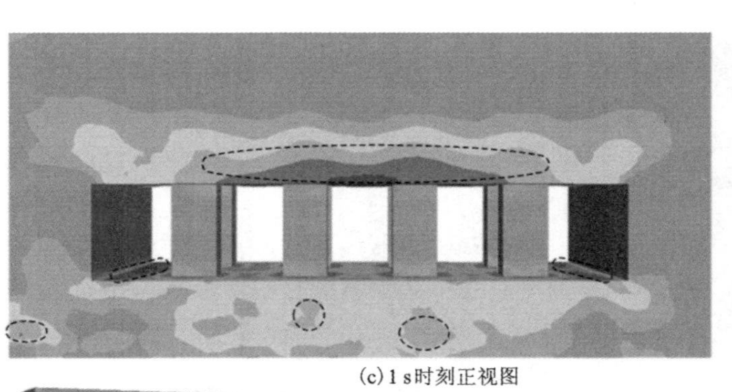

(c) 1 s时刻正视图

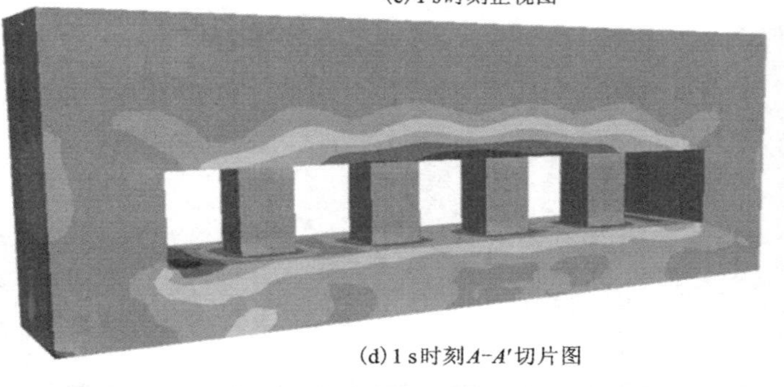

(d) 1 s时刻A-A'切片图

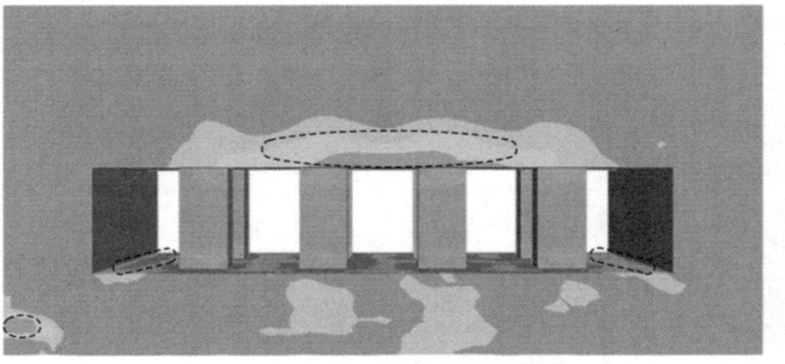
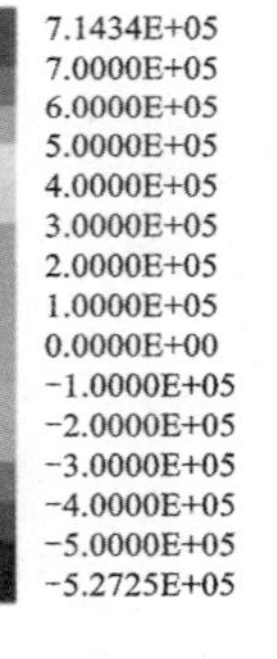

(e) 1.5 s时刻正视图

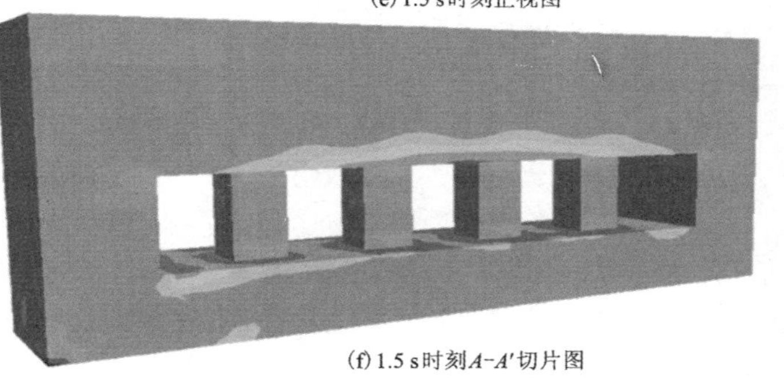
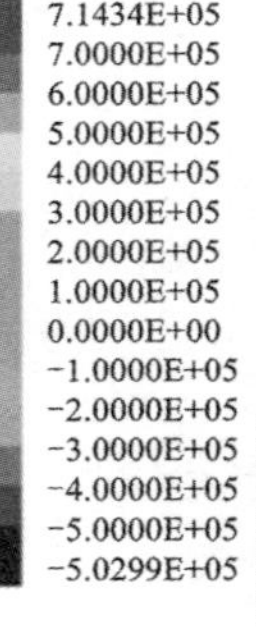

(f) 1.5 s时刻A-A'切片图

图 6-36　300 m 埋深下 0.6 g 水平(X 向)单向地震激励

在400 m埋深时不同工况下地震波输入各时刻采空区体系应力场云图如图6-37和图6-38所示。由图可知，矿柱体系在不同地震激励各时刻均呈现出受压状态，压应力集中区主要在矿柱顶底端部位，压应力值为0.62~0.66 MPa，高于上覆岩层在400 m处的垂直地应力(0.54 MPa)，说明地震激励在埋深400 m处同样会对矿柱体系产生一定的地震效应，进而加剧了矿柱体系顶底端的垂直应力。

同样，在不同工况下顶板围岩体系继续呈现出受拉状态，且主要应力集中区在顶板正中间位置，0.3 g工况时的最大拉应力为0.74 MPa，0.6 g工况时的最大拉应力高达0.944 MPa，说明在深部400 m处，在强震激励下地下采空区顶板围岩也有可能发生震损冒落现象，因此应当对强震区地下采空区顶板外表面进行锚网处理或者加强日常表面浮石清理工作。由于埋深的增加和周围岩(土)体的约束，底板主要应力集中区分布于底板各排矿柱之间的区域，呈现拉伸状态，最大应力集中区出现在边缘矿柱和边墙围岩之间的位置。

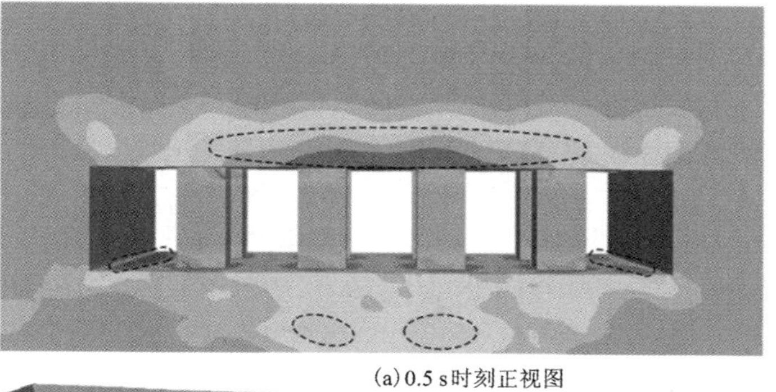
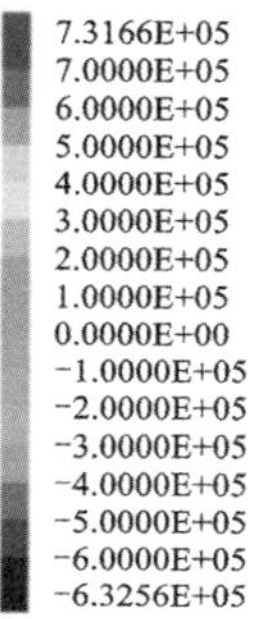

(a) 0.5 s时刻正视图

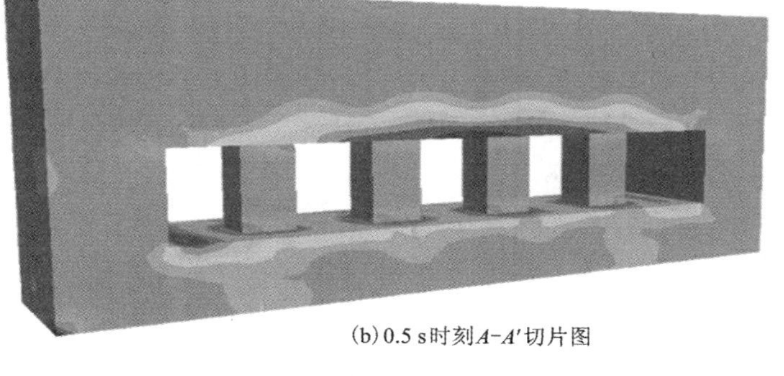
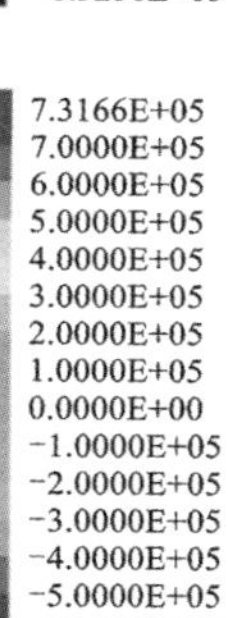

(b) 0.5 s时刻A-A'切片图

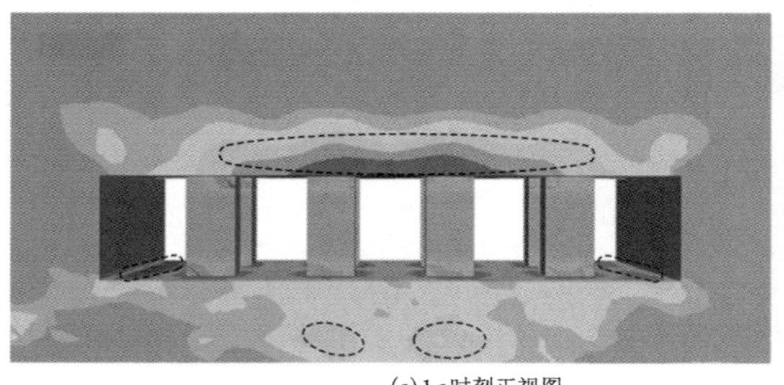

(c) 1 s时刻正视图

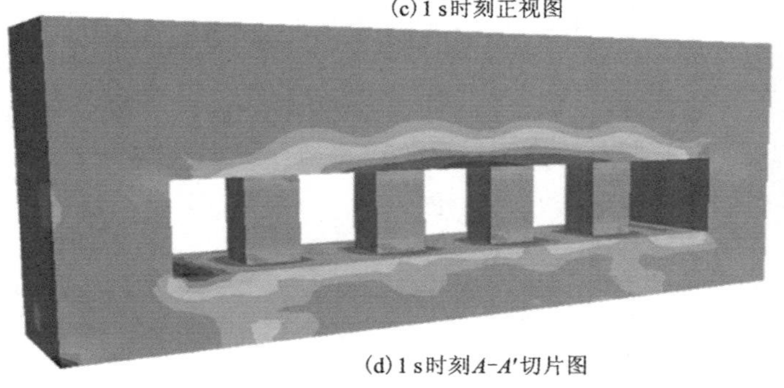
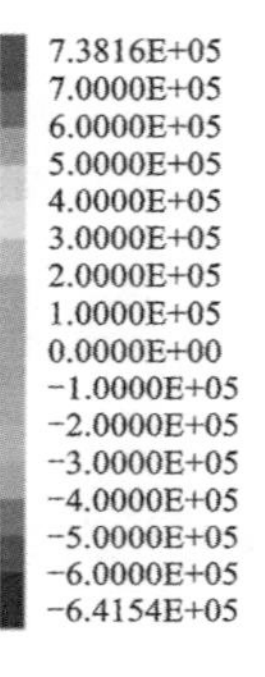

(d) 1 s时刻A-A'切片图

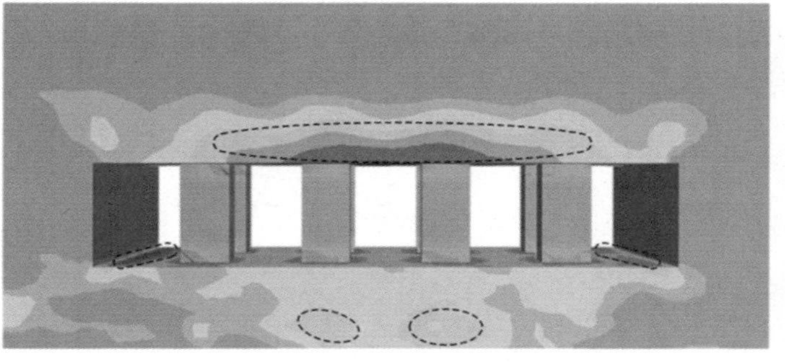

(e) 1.5 s时刻正视图

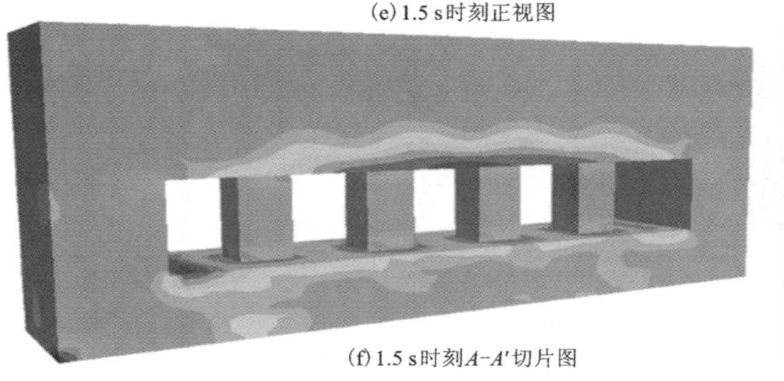
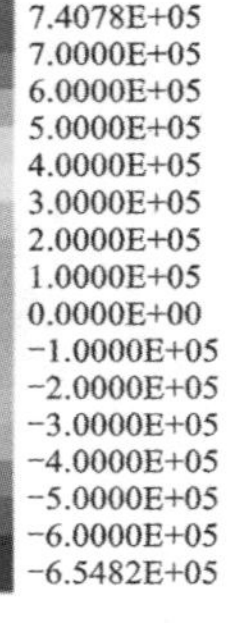

(f) 1.5 s时刻A-A'切片图

图 6-37　400 m 埋深下 0.3 g 水平(X 向)单向激励

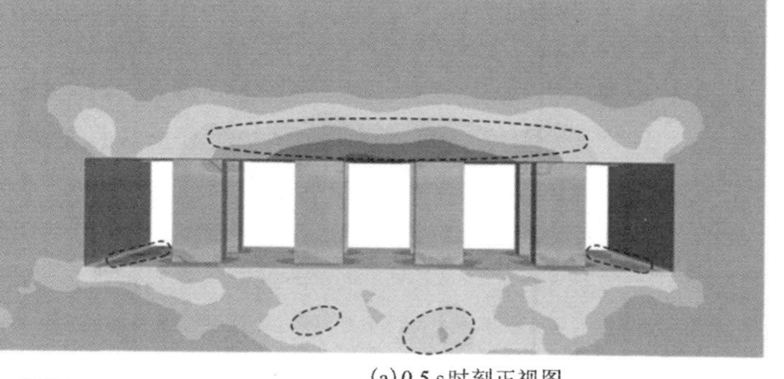
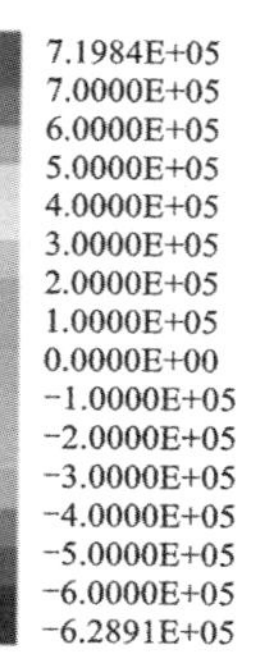

(a) 0.5 s时刻正视图

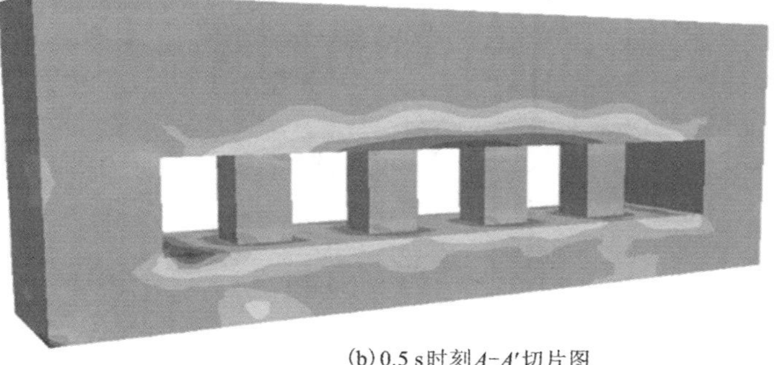
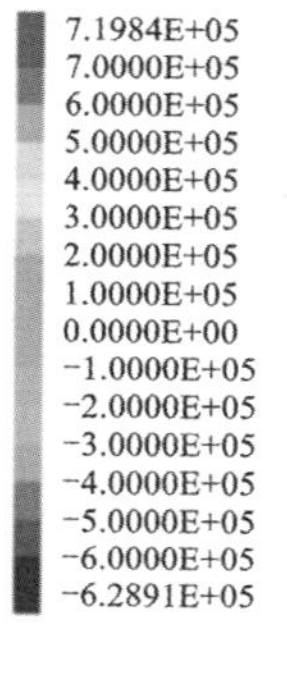

(b) 0.5 s时刻A-A'切片图

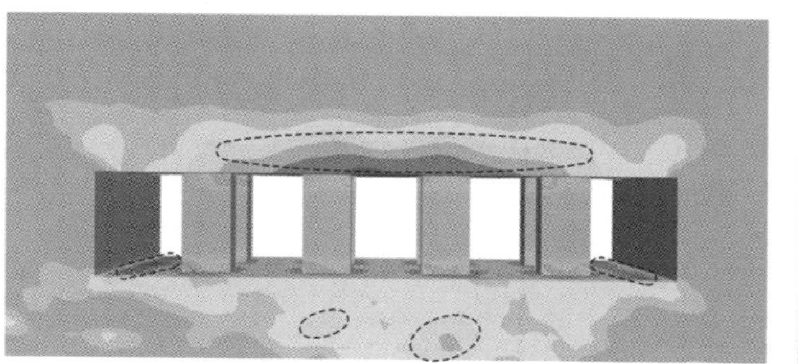
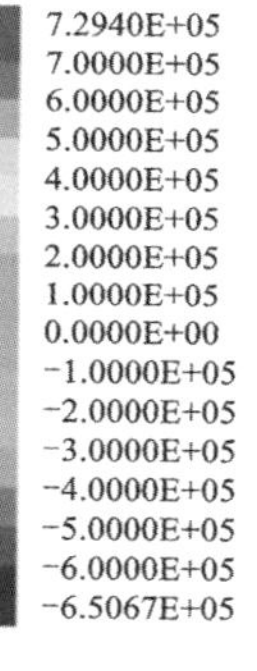

(c) 1 s时刻正视图

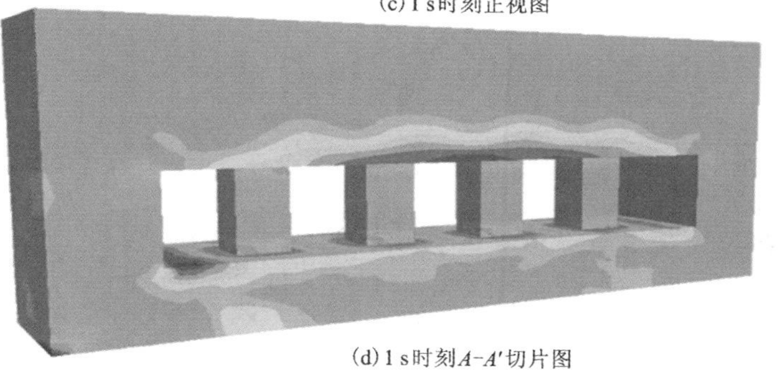
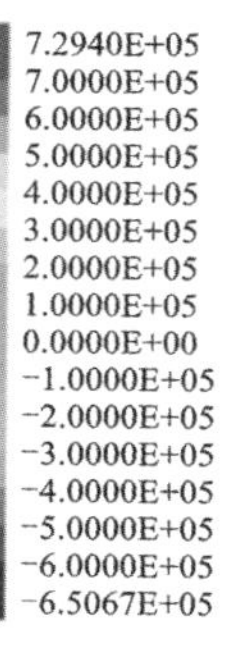

(d) 1 s时刻A-A'切片图

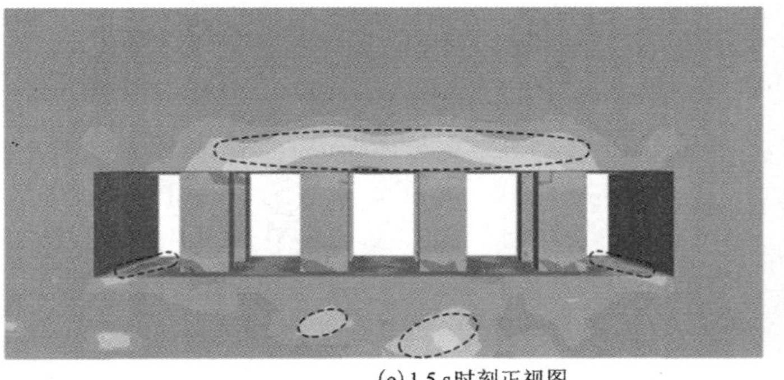

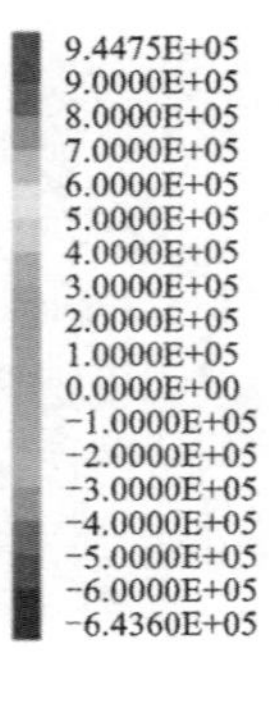

(e) 1.5 s时刻正视图

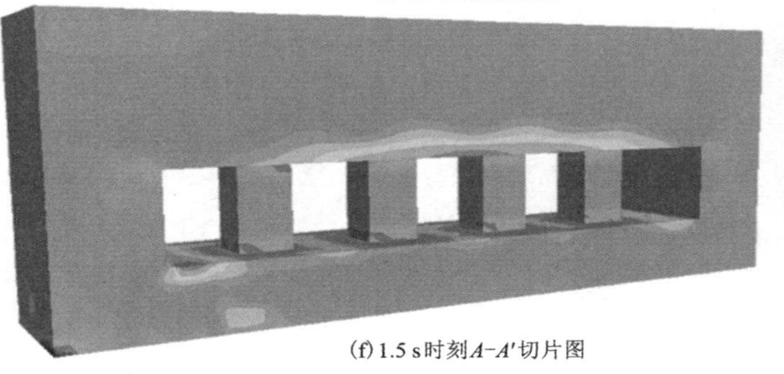

(f) 1.5 s时刻A-A'切片图

图 6-38　400 m 埋深下 0.6 g 水平(X 向)单向激励

6.7　本章小结

本章基于采空区振动台模型试验分析结果，利用 FLAC^{3D} 有限差分软件建立了与振动台试验 1 : 1 的三维有限元模型，对比分析了数值模拟结果与试验结果的吻合性，并探索研究了不同埋深(100~400 m)对采空区体系地震动力特性的影响，相关工作和主要结论如下：

(1)基于 FLAC^{3D} 有限差分数值软件，采用弹塑性本构模型和 Mohr-Coulomb (摩尔-库伦)破坏准则对振动台试验 1 : 1 进行了三维数值模拟，详细叙述了采空区模型构建过程、单元网格划分、材料参数选取、模型边界处理及地震激励输入等相关工作。

(2)对比分析不同工况下数值模拟与振动台试验结果发现，在 0.3 g 工况下，矿柱体系和顶板体系的加速度时程波形与幅值整体上具有很好的吻合性，说明数值模拟结果是合理可信的，可以代替振动台试验来表征采空区体系的动力响应。当输入 0.6 g 工况时，模拟结果和试验结果产生了一定差异，尤其是在有竖向地震分量参与的二维地震激励下更为复杂。

（3）分析不同工况下区域围岩的加速度响应发现，受材料阻尼和传播距离的影响，地震波在围岩中向上和水平传播过程中，均存在衰减效应，即传播距离越远，加速度响应衰减越严重，且采空区正上方的加速度峰值最小，意味着采空区的存在会阻碍地震波的传递或耗散地震波的能量。

（4）通过主应力云图得到地下采空区围岩体系地震应力集中区，主应力场随时间呈现出动态调整状态，主要在采空区顶底板中间位置产生拉伸应力区，而压应力集中区则出现在矿柱顶底端位置及边墙与底板连接的中间区域，这与振动台模型试验中整个采空区体系的宏观震害十分吻合。

（5）通过分析不同埋深对采空区体系加速度响应可知，随着埋深增加，矿柱体系和顶板围岩的动力响应在一定程度上被弱化，且得出 150 m 为地下采空区体系地震动力灾变临界埋深。同时，随着采空区埋深的增加，主应力场在一定程度上被弱化，说明埋深增加弱化了地震荷载对采空区体系在水平方向的作用力。

第 7 章　结论与展望

7.1　主要结论

随着矿产资源开采持续向深部延伸，地下采空区岩体结构作为开采过程中暂时或永久留下的一系列特殊构造物，长期处于复杂地质环境中，动力灾害频繁发生，孕灾机理异常复杂。我国 80%以上的矿区建在强震区，且普遍未进行抗震性能设计，一旦遭遇强震破坏，修复难度极大，很有可能诱发局部或大规模采空区坍塌事故，后果不堪设想。因此，开展地下采空区岩石结构体系的地震动力响应与震损机理研究对地下矿山生产具有理论参考价值和现实指导意义。

基于我国西(南)部强震区某地下 100 m 采用房柱法开采的金属矿山开采现状，首先设计了地下房柱法开采后留设多根矿柱的地下大型三维采空区模型方案，并通过一体浇筑成型方式制作成地下矿柱-围岩结构体系相似模型；其次，依托多功能振动台试验系统创新性开展了不同振幅下地下采空区结构体地震模拟振动台破坏性试验；再次，分别从动力响应、变形损伤、震损演化及破坏模式等方面研究了地下采空区结构体系的加速度响应特征、表面应变局域化、震害薄弱部位及震损破坏形态；最后，利用 FLAC^{3D} 有限差分软件开展了地下采空区结构体系地震动力特性数值模拟研究，对比分析了模拟与试验结果的吻合性，并探讨了埋深对采空区体系的地震动力响应影响，全书开展的工作和主要的结论如下：

(1)分析了不同振幅工况下采空区模型系统的损伤特性，确定了 0.3 g 为采空区模型由弹性变形进入弹塑性工作状态的临界工况；0.6 g 工况时模型发生了宏观破坏，整个变形损伤过程可划分为 4 个阶段：弹性阶段、突变阶段、塑性阶段及破坏阶段。

(2)研究了不同工况下矿柱体系地震响应特征，模拟了地下矿柱体系地震动力失稳灾变过程，在水平(X 向)单向地震激励下，采空区模型两侧边缘矿柱呈现出高程放大效应，整体上 $1 \leqslant A_{ij} \leqslant 1.2$。相反，受材料阻尼和波的传播路径影响，中间位置矿柱表现出相反动力响应规律，A_{ij} 为 0.5~0.7。同时，竖向地震分量对矿柱顶端的水平 X 向加速度在 0.1 g~0.5 g 工况具有弱化作用，A_{ij} 持续降低，在 0.6 g 强震工况下，A_{ij} 被显著强化，产生高程放大效应。

(3)通过加速度频谱、动力变形特性、表面应变场演化及声发射特征表征的矿柱体系震损演化过程可知：①0.3 g 是矿柱体系进入塑性变形的临界加速度；②矿柱两端的 X 向应变以拉伸为主，变形过程具有时空演化效应；③矿柱体系表面 DIC 主应变场由初始弥散损伤逐渐演化为多个薄弱部位的应变局部化条带，最终成核贯通，产生宏观裂纹；④矿柱内部损伤声发射表明矿柱体系间发生了非协同震损，薄弱部位最先产生损伤并累积加剧。

(4)模拟了地下采空区围岩结构体系地震动力失稳灾变过程，分析了顶板和边墙围岩地震动力响应特征，顶板两端部位的加速度响应强于顶板中间位置，边墙围岩兼具了矿柱部分特性，加速度响应存在高程放大效应。同时，采空区顶板两端到中间的动力变形展现出先降后增变化趋势，即顶板中间位置大于顶板两端位置，再大于靠近两端顶板位置。作为半无限围岩体的边墙具有较好的抗震性能，但强震时最有可能产生震害的区域是中腰部位。

(5)观测和绘制了采空区模型体系最终震害空间分布图，探明了地下采空区结构体系地震易损薄弱部位，其中矿柱顶底端产生了剪切或拉伸裂纹；顶板和底板中间位置出现了拉伸裂纹；边墙与底板连接部位产生宏观贯通裂纹，这些薄弱区域是日常工程建设中急需重点监测和加固的关键部位。

(6)利用 FLAC^{3D} 数值模拟较好地验证了振动台试验结果的可靠性，二者结果基本吻合。获得了不同地震激励时刻主应力场云图，应力集中区随地震激励输入进行着动态重分布，呈现出应力迁移现象；应力集中区与试验模型最终宏观震害分布十分吻合，有效揭示了采空区结构体地震应力迁移致灾机制。随着采空区埋深的增加，矿柱-围岩结构体系的地震响应持续弱化，在 150 m 之后弱化逐渐放缓，获得了 150 m 为地下采空区地震灾变临界埋深的结论。

7.2　创新点

本书采用模型试验与数值模拟相结合的方法，对地下矿柱-围岩结构体系地震动力响应和震损灾变机理进行了深入研究，凝练出如下 3 个创新点：

(1)首次开展了大型地下采空区地震模拟振动台破坏性试验，模拟了地下采空区岩体结构地震动力失稳灾变过程，获得了地下采空区结构体系地震动力响应的临界工况。

(2)系统研究了不同地震激励方向和幅值工况下地下采空区矿柱–围岩动力响应特征、震损时空演化规律及失稳破坏形态，发现了地震作用下矿柱为易损构件，矿柱顶底端为地震易损薄弱位置。

(3)通过数值模拟揭示了采空区埋深对矿柱–围岩结构体系中顶底板、边墙动力响应的影响规律，确定了矿柱–围岩结构体系地震灾变临界埋深。

7.3 研究展望

针对“地下采空区结构体系地震动力响应与震损灾变机理”这一关键科学问题，本书通过振动台模型试验和 $FLAC^{3D}$ 数值模拟分别开展了矿柱体系和围岩体系地震动力响应与震损演化规律研究，模拟了采空区结构体系地震动力失稳灾变过程，得到了一些有参考价值的研究成果。但是，由于地下采空区是一个复杂的巨系统，稳定性影响因素众多，失稳灾变机理复杂，且受试验条件和研究经费等限制，本书还存在诸多不足之处，需要今后进一步完善和改进。针对研究中未考虑到的因素，作者对未来工作有如下几点思考：

(1)受试验经费和模型试验不可控等因素影响，在矿柱–围岩结构体系地震模拟振动台试验过程中，模型设计进行了诸多简化，采空区空间和矿柱形状等布置均采用规则均匀布置，未来可以考虑研究设计更为贴近实际地质环境的相似模型，设计多层非规则的空间和相关结构体，比如增加断层、节理等。

(2)在相似模型地震振动台试验中，仅进行了单台一致性地震激励地震波输入的研究，未考虑地震激励输入的维度、角度、持时及非一致性输入等因素，未来可以结合地下深部开采环境和地震激励特征，开展大型多台联动模型在多点非一致地震波激励下的动力响应和震损演化规律研究。

(3)受到试验条件和研究时间的限制，本研究未考虑地震波在岩体材料中的传播特性和作用机理，未来可以结合波的传播理论，通过室内试验和数值模拟深入揭示地震波对岩石材料的损伤破坏机理，进一步丰富研究成果，获取更为普遍的研究结论，为未来深部地下资源安全开采保驾护航。

参考文献

[1] 古德生，李夕兵．现代金属矿床开采科学技术[M]．北京：冶金工业出版社，2006.

[2] 李夕兵，周健，王少锋，等．深部固体资源开采评述与探索[J]．中国有色金属学报，2017，27(6)：1236-1262.

[3] 王运敏．金属矿采矿工业面临的机遇和挑战及技术对策[J]．现代矿业，2011，27(1)：1-14.

[4] 谢和平，高峰，鞠杨．深部岩体力学研究与探索[J]．岩石力学与工程学报，2015，34(11)：2161-2178.

[5] 谢和平．深部岩体力学与开采理论研究进展[J]．煤炭学报，2019，44(5)：1283-1305.

[6] 周子龙．岩石动静组合加载实验与力学特性研究[D]．长沙：中南大学，2007.

[7] ZHOU Z L, LI X B, ZOU Y, et al. Dynamic brazilian tests of granite under coupled static and dynamic loads[J]. Rock Mechanics and Rock Engineering, 2014, 47(2): 495-505.

[8] LI X B, ZHOU Z L, LOK T, et al. Innovative testing technique of rock subjected to coupled static and dynamic loads[J]. International Journal of Rock Mechanics and Mining Sciences, 2008, 45(5): 739-748.

[9] LI X B, ZHOU Z L, ZHAO F J, et al. Mechanical properties of rock under coupled static-dynamic loads[J]. Journal of Rock Mechanics and Geotechnical Engineering, 2009, 1(1): 41-47.

[10] 李夕兵，周子龙，叶州元，等．岩石动静组合加载力学特性研究[J]．岩石力学与工程学报，2008(7)：1387-1395.

[11] 李夕兵，姚金蕊，宫凤强．硬岩金属矿山深部开采中的动力学问题[J]．中国有色金属学报，2011，21(10)：2551-2563.

[12] 刘滨，刘泉声．岩爆孕育发生过程中的微震活动规律研究[J]．采矿与安全工程学报，2011，28(2)：174-180.

[13] 冯夏庭，肖亚勋，丰光亮，等．岩爆孕育过程研究[J]．岩石力学与工程学报，2019，38(4)：649-673.

[14] 冯夏庭, 张传庆, 陈炳瑞, 等. 岩爆孕育过程的动态调控[J]. 岩石力学与工程学报, 2012, 31(10): 1983-1997.

[15] HE M C, MIAO J L, FENG J L. Rock burst process of limestone and its acoustic emission characteristics under true-triaxial unloading conditions [J]. International Journal of Rock Mechanics and Mining Sciences, 2010, 47(2): 286-298.

[16] LI X B, FENG F, LI D Y, et al. Failure characteristics of granite influenced by sample height-to-width ratios and intermediate principal stress under true-triaxial unloading conditions[J]. Rock Mechanics and Rock Engineering, 2018, 51(5): 1321-1345.

[17] LUO Y, GONG F Q, LIU D Q, et al. Experimental simulation analysis of the process and failure characteristics of spalling in D-shaped tunnels under true-triaxial loading conditions[J]. Tunnelling and Underground Space Technology, 2019, 90: 42-61.

[18] SU G S, FENG X T, WANG J H, et al. Experimental study of remotely triggered rockburst induced by a tunnel axial dynamic disturbance under true-triaxial conditions [J]. Rock Mechanics and Rock Engineering, 2017, 50(8): 2207-2226.

[19] 王东昊, 李文, 张彬. 煤矿采空区失稳灾害防控技术研究现状及展望[J]. 煤矿安全, 2020, 51(3): 188-193.

[20] 马海涛. 矿山采空区灾害风险分级与失稳预警方法[D]. 北京: 北京科技大学, 2015.

[21] 张永波. 老采空区建筑地基稳定性及其变形破坏规律的研究[D]. 太原: 太原理工大学, 2005.

[22] 杜坤, 李夕兵, 刘科伟, 等. 采空区危险性评价的综合方法及工程应用[J]. 中南大学学报(自然科学版), 2011, 42(9): 2802-2811.

[23] 周子龙, 李夕兵, 赵国彦. 民窿采空区群级联失稳评价[J]. 自然灾害学报, 2007(5): 91-95.

[24] 邹友峰, 邓喀中, 马伟民. 矿山开采沉陷工程[M]. 徐州: 中国矿业大学出版社, 2003.

[25] 余学义, 张恩强. 开采损害学[M]. 北京: 煤炭工业出版社, 2010.

[26] 王来贵, 潘一山, 赵娜. 废弃矿山的安全与环境灾害问题及其系统科学研究方法[J]. 渤海大学学报(自然科学版), 2007(2): 97-101.

[27] 唐礼忠. 深井矿山地震活动与岩爆监测及预测研究[D]. 长沙: 中南大学, 2008.

[28] 国务院安全生产委员会办公室. 金属非金属地下矿山采空区事故隐患治理工工作方案[R]. 中国: 2016.

[29] 秦朝亮. 采煤沉陷区灾害链断链减灾模式研究及应用[D]. 太原: 太原理工大学, 2015.

[30] 付建新. 深部硬岩矿山采空区损伤演化机理及稳定性控制[D]. 北京: 北京科技大学, 2015.

[31] 张月征. 开采动力灾害与区域应力场之间的协同机制与响应特征研究[D]. 北京: 北京科

技大学，2016.

[32] REPORT C E. Collingwood park mine remediation-subsidence control using fly ash backfilling [R]. Australia：2010.

[33] 国务院办公厅. 国家综合防灾减灾规划(2016—2020年)[R]. 中国：2017.

[34] 王景明. 1976年唐山地震地下工程震害的分布规律[J]. 地震学报，1980(3)：314-320.

[35] 刘恢先. 唐山大地震震害(二)[M]. 北京：地震出版社，1986.

[36] LEE C F. Performance of underground coal mines during the 1976 Tangshan earthquake[J]. Tunnelling and Underground Space Technology，1987，2(2)：199-202.

[37] 张永成. 地震对井巷工程的危害及其预防[J]. 建井技术，1987(4)：48-51.

[38] AYDAN Ö. Damage to abandoned lignite mines induced by 2003 miyagi-hokubu earthquakes and some considerations on its possible causes[J]. Journal of the School of Marine Science and Technology，2004，2(1)：1-17.

[39] AYDAN Ö，TANO H. Sinkholes and subsidence above abandoned mines and quarries caused by the great east Japan earthquake on March 11，2011 and their implications[J]. Journal of Japan Association for Earthquake Engineering，2011，12(4)：229-248.

[40] 董星宏，韩恒悦，邵辉成，等. 对陕西榆林地区三次矿震灾害的认识[J]. 灾害学，2005(2)：96-98.

[41] 狄秀玲，王平，金昭娣，等. 陕西榆林地区北部塌陷地震初步分析[J]. 灾害学，2009，24(4)：81-83.

[42] 邵辉成，罗词建. 陕北煤矿塌陷及灾害简介[J]. 华北地震科学，2009，27(2)：1-4.

[43] 田小倪. 我不想他再受打扰[J]. 家人，2012(10)：43-43.

[44] 中国企业报. 彝良地震之痛：夺命煤矿采空区[EB/OL]. [2012-9-18]. https：//finance. sina. com. cn/roll/20120918/012313161141. shtml.

[45] 新华社. 山东平邑石膏矿坍塌事故仍有25人被埋井下[EB/OL]. [2015-12-25]. http：//www. gov. cn/xinwen/2015-12/25/content_5027886. htm.

[46] 魏晓刚. 煤矿巷道与采空区岩体结构地震动力灾变及地面建筑抗震性能劣化研究[D]. 阜新：辽宁工程技术大学，2015.

[47] 胡聿贤. 地震工程学(第2版)[M]. 北京：地震出版社，2006.

[48] 中国国际标准化管理委员会. 中国地震烈度表：GB/T 17742—2008[S]. 北京：中国标准出版社，2008.

[49] 魏晓刚，麻凤海，刘书贤，等. 煤矿采空区地震安全防护的若干问题[J]. 地震研究，2016，39(1)：151-158.

[50] 刘书贤，魏晓刚，张弛，等. 煤矿采动与地震耦合作用下建筑物灾变分析[J]. 中国矿业大学学报，2013，42(4)：526-534.

[51] 朱训. 论矿业与可持续发展[J]. 中国矿业, 2000(1): 6-11.

[52] 陈毓川. 矿产资源展望与西部大开发[J]. 地球科学与环境学报, 2006(1): 1-4.

[53] 李文光. 中国西部地区矿产资源概况[J]. 吉林地质, 2002(3): 106-112.

[54] 姜耀东, 赵毅鑫, 宋彦琦, 等. 放炮震动诱发煤矿巷道动力失稳机理分析[J]. 岩石力学与工程学报, 2005(17): 3131-3136.

[55] 陶连金, 张倬元, 傅小敏. 在地震载荷作用下的节理岩体地下洞室围岩稳定性分析[J]. 中国地质灾害与防治学报, 1998(1): 3-5.

[56] 顾大钊, 颜永国, 张勇, 等. 煤矿地下水库煤柱动力响应与稳定性分析[J]. 煤炭学报, 2016, 41(7): 1589-1597.

[57] 张彦宾, 许国胜, 邹友峰, 等. 地震扰动作用下条带煤柱动力稳定性评价[J]. 煤矿安全, 2014, 45(3): 189-192.

[58] 周子龙, 刘富, 王海泉, 等. 地震作用下采空区群围岩动力响应特征研究[J]. 中国安全科学学报, 2018, 28(11): 110-115.

[59] 伍永田, 张旭生, 李晓芸. 地震作用对采空区塌陷的 UDEC 模拟[J]. 矿业工程, 2007(6): 19-22.

[60] 高宇, 曹明明, 戴慧芳, 等. 陕西省榆林地区塌陷地震灾害预测研究[J]. 自然灾害学报, 2014, 23(3): 213-221.

[61] 陈阳洋. 煤矿采空区的地震动力响应特性分析[D]. 青岛: 山东科技大学, 2017.

[62] 刘少栋. 煤矿巷道结构的地震动力响应特征分析[D]. 阜新: 辽宁工程技术大学, 2016.

[63] 陈国兴. 岩土地震工程学[M]. 北京: 科学出版社, 2007.

[64] 中华人民共和国住房与城乡建设部. 地下结构抗震设计标准: GB/T 51336—2018[S]. 北京: 中国建筑工业出版社, 2018.

[65] 包世华. 结构动力学[M]. 武汉: 武汉理工大学出版社, 2017.

[66] HASHASH Y M A, HOOK J J, SCHMIDT B, et al. Seismic design and analysis of underground structures[J]. Tunnelling and Underground Space Technology, 2001, 16(4): 247-293.

[67] AN X, SHAWKY A A, MAEKAWA K. The collapse mechanism of a subway station during the Great Hanshin earthquake[J]. Cement and Concrete Composites, 1997, 19(3): 241-257.

[68] GHASEMI H, COOPER J D, IMBSEN R A, et al. The november 1999 Duzce earthquake: post-earthquake investigation of the structures on the TEM[Z]. 2000.

[69] LU C C, HWANG J H. Damage analysis of the new Sanyi railway tunnel in the 1999 Chi-Chi earthquake: necessity of second lining reinforcement[J]. Tunnelling and Underground Space Technology, 2018, 73: 48-59.

[70] YU H T, CHEN J T, BOBET A, et al. Damage observation and assessment of the Longxi tunnel during the Wenchuan earthquake[J]. Tunnelling and Underground Space Technology, 2016,

54：102-116.

[71] ZHANG X P, JIANG Y J, SUGIMOTO S. Seismic damage assessment of mountain tunnel：a case study on the Tawarayama tunnel due to the 2016 Kumamoto earthquake[J]. Tunnelling and Underground Space Technology, 2018, 71：138-148.

[72] 邬玉斌. 地铁车站地震反应和破坏机理分析[D]. 哈尔滨：中国地震局工程力学研究所, 2008.

[73] 杜修力, 王刚, 路德春. 日本阪神地震中大开地铁车站地震破坏机理分析[J]. 防灾减灾工程学报, 2016, 36(2)：165-171.

[74] 杜修力, 马超, 路德春, 等. 大开地铁车站地震破坏模拟与机理分析[J]. 土木工程学报, 2017, 50(1)：53-62.

[75] 马超. 地铁车站结构地震塌毁过程模拟及破坏机理分析[D]. 北京：北京工业大学, 2017.

[76] SANDOVAL E, BOBET A. The undrained seismic response of the Daikai station[J]. Tunnelling and Underground Space Technology, 2020, 103：103474.

[77] NGUYEN V, NIZAMANI Z A, PARK D, et al. Numerical simulation of damage evolution of Daikai station during the 1995 Kobe earthquake[J]. Engineering Structures, 2020, 206：110180.

[78] SAYED M A, KWON O, PARK D, et al. Multi-platform soil-structure interaction simulation of Daikai subway tunnel during the 1995 Kobe earthquake[J]. Soil Dynamics and Earthquake Engineering, 2019, 125：105643.

[79] LU C C, HWANG J H. Nonlinear collapse simulation of Daikai subway in the 1995 Kobe earthquake：necessity of dynamic analysis for a shallow tunnel[J]. Tunnelling and Underground Space Technology, 2019, 87：78-90.

[80] 李海波, 马行东, 李俊如, 等. 地震荷载作用下地下岩体洞室位移特征的影响因素分析[J]. 岩土工程学报, 2006(3)：358-362.

[81] AYDAN Ö. Dynamic response of support systems during excavation of underground openings[J]. Journal of Rock Mechanics and Geotechnical Engineering, 2019, 11(5)：954-964.

[82] SHARMA S, JUDD W R. Underground opening damage from earthquakes[J]. Engineering Geology, 1991, 30(3)：263-276.

[83] 黄润秋, 王贤能, 唐胜传. 深埋隧道地震动力响应的复反应分析[J]. 工程地质学报, 1997(1)：2-8.

[84] 蒋树屏, 文栋良, 郑升宝. 嘎隆拉隧道洞口段地震响应大型振动台模型试验研究[J]. 岩石力学与工程学报, 2011, 30(04)：649-656.

[85] ANTONIOU M, NIKITAS N, ANASTASOPOULOS I, et al. Scaling laws for shaking table

testing of reinforced concrete tunnels accounting for post - cracking lining response [J]. Tunnelling and Underground Space Technology, 2020, 101: 103353.

[86] SHEN Y S, WANG Z Z, YU J, et al. Shaking table test on flexible joints of mountain tunnels passing through normal fault [J]. Tunnelling and Underground Space Technology, 2020, 98: 103299.

[87] TSINIDIS G, FILOMENA D S, ANASTASOPOULOS I, et al. Seismic behaviour of tunnels: from experiments to analysis [J]. Tunnelling and Underground Space Technology, 2020, 99: 103334.

[88] 杜修力，李洋，许成顺，等. 1995 年日本阪神地震大开地铁车站震害原因及成灾机理分析研究进展[J]. 岩土工程学报，2018，40(2)：223-236.

[89] ZHANG W G, HAN L, FENG L, et al. Study on seismic behaviors of a double box utility tunnel with joint connections using shaking table model tests[J]. Soil Dynamics and Earthquake Engineering, 2020, 136: 106118.

[90] 周林聪. 地震作用下大跨度地下结构振动性态研究[D]. 南京：河海大学，2002.

[91] LIU H B, SONG E R. Seismic response of large underground structures in liquefiable soils subjected to horizontal and vertical earthquake excitations [J]. Computers and Geotechnics, 2005, 32(4): 223-244.

[92] 张雨霆，肖明，李玉婕. 汶川地震对映秀湾水电站地下厂房的震害影响及动力响应分析[J]. 岩石力学与工程学报，2010，29(S2)：3663-3671.

[93] WANG X W, CHEN J T, XIAO M. Seismic damage assessment and mechanism analysis of underground powerhouse of the Yingxiuwan hydropower station under the Wenchuan earthquake [J]. Soil Dynamics and Earthquake Engineering, 2018, 113: 112-123.

[94] WANG X W, CHEN J T, ZHANG Y T, et al. Seismic responses and damage mechanisms of the structure in the portal section of a hydraulic tunnel in rock[J]. Soil Dynamics and Earthquake Engineering, 2019, 123: 205-216.

[95] WANG X W, CHEN J T, XIAO M. Seismic responses of an underground powerhouse structure subjected to oblique incidence SV and P waves[J]. Soil Dynamics and Earthquake Engineering, 2019, 119: 130-143.

[96] XUE J Y, ZHAO X B, ZHANG F L, et al. Shaking table tests on seismic behavior of the underground loess cave of earth building of traditional dwellings[J]. Engineering Structures, 2020, 207: 110221.

[97] 张岭. 地震作用下盐岩储气库损伤及稳定性研究[D]. 天津：河北工业大学，2018.

[98] 王贵君，张岭，刘存宽，等. 地震作用下含泥岩夹层盐岩储气库的动态响应[J]. 防灾减灾工程学报，2018，38(4)：642-648.

[99] CHEN J T, YU H T, BOBET A, et al. Shaking table tests of transition tunnel connecting TBM and drill－and－blast tunnels[J]. Tunnelling and Underground Space Technology, 2020, 96: 103197.

[100] GHIASI V, MOZAFARI V. Seismic response of buried pipes to microtunnelling method under earthquake loads[J]. Soil Dynamics and Earthquake Engineering, 2018, 113: 193-201.

[101] SZWEDZICKI T. Geotechnical precursors to large－scale ground collapse in mines[J]. International Journal of Rock Mechanics and Mining Sciences, 2001, 38(7): 957-965.

[102] 王荣林. 宜昌磷矿采空区现状及隐患分析和建议[J]. 化工矿物与加工, 2008(1): 25-29.

[103] 广西壮族自治区安全生产监督管理局安监一处. 广西合浦县恒大石膏矿“5. 18”冒顶事故[J]. 广西煤炭, 2002, 19(Z1): 39-40.

[104] WANG J A, SHANG X C, MA H T. Investigation of catastrophic ground collapse in Xingtai gypsum mines in China[J]. International Journal of Rock Mechanics and Mining Sciences, 2008, 45(8): 1480-1499.

[105] WANG J A, LI D Z, SHANG X C. Creep failure of roof stratum above mined-out area[J]. Rock Mechanics and Rock Engineering, 2012, 45(4): 533-546.

[106] 苑金生. 带血的石膏: 邢台石膏矿发生坍塌事故[J]. 建材发展导向, 2005(6): 43-44.

[107] 王进. 昭通铅锌矿采空区上覆边坡稳定性分析及治理[J]. 有色金属(矿山部分), 2009, 61(4): 45-48.

[108] 黄琨, 陈伟, 温挨树, 等. 内蒙古煤矿采空区地面塌陷类型及影响因素研究[J]. 工程勘察, 2016, 44(12): 13-19.

[109] 牛威. 煤矿采空塌陷导致土地破坏研究: 以山西西山矿区为例[J]. 中国地质灾害与防治学报, 2006(4): 163-164.

[110] 搜狐网. 山西各地惊险大量巨大裂缝, 无序采煤后遗症突显[EB/OL]. [2015-11-15]. https: //www. sohu. com/a/41897216_188128.

[111] 马海涛, 谢芳. 大规模采空区渐进式矿柱坍塌的简化模拟[J]. 中国安全生产科学技术, 2013, 9(8): 17-21.

[112] 周宗红, 侯克鹏, 任凤玉. 跑马坪铅锌矿采空区稳定性分析及控制方法[J]. 采矿与安全工程学报, 2013, 30(6): 863-867.

[113] 张瑶, 贾蓬. 串行和并行矿柱破坏机理的三维数值模拟研究[J]. 地下空间与工程学报, 2017, 13(S2): 633-639.

[114] 王中秋. 采空区矿柱－顶板体系变形特征及其稳定性分析[D]. 秦皇岛: 燕山大学, 2012.

[115] 周子龙, 陈璐, 赵源, 等. 双矿柱体系变形破坏及承载特性的试验研究[J]. 岩石力学与

工程学报, 2017, 36(2): 420-428.

[116] ZHOU Z L, WANG H Q, CAI X, et al. Bearing characteristics and fatigue damage mechanism of multi - pillar system subjected to different cyclic loads [J]. Journal of Central South University, 2020, 27(2): 542-553.

[117] 周子龙, 王亦凡, 柯昌涛. “多米诺骨牌”破坏现象下的矿柱群系统可靠度评价[J]. 黄金科学技术, 2018, 26(6): 729-735.

[118] 周子龙, 柯昌涛, 王亦凡, 等. 基于颗粒离散元的矿柱群连锁失稳机理分析[J]. 中国地质灾害与防治学报, 2018, 29(4): 78-84.

[119] 周晓超. 采空区顶板-矿柱系统协同作用研究[D]. 昆明: 昆明理工大学, 2013.

[120] 卢宏建, 梁鹏, 甘德清, 等. 动态扰动下硬岩矿柱破裂失稳演化特征试验[J]. 岩石力学与工程学报, 2017, 36(S2): 3713-3722.

[121] 李东阳, 王波, 刘波, 等. 城市浅部双层不规则老采空区岩层稳定性试验[J]. 中国矿业大学学报, 2020, 49(1): 84-92.

[122] 李东阳, 王杰, 杨韶珺, 等. 城市地下不规则采空区的超载破坏模型试验[J]. 煤炭学报, 2019, 44(7): 2143-2150.

[123] 李夕兵. 岩石动力学基础与应用[M]. 北京: 科学出版社, 2014.

[124] BRADY B H G, BROWN E T. 地下采矿岩石力学(第3版)[M]. 佘诗刚, 朱万成, 赵文, 等, 译. 北京: 科学出版社, 2011.

[125] 杜晓丽. 采矿岩石压力拱演化规律及其应用的研究[D]. 徐州: 中国矿业大学, 2011.

[126] 颜荣贵, 曹阳, 方建勤, 等. 矿山系统地压研究: 重大地压灾害的创新研究策略[J]. 矿冶工程, 2003(6): 7-10.

[127] 缪协兴. 采动岩体的力学行为研究与相关工程技术创新进展综述[J]. 岩石力学与工程学报, 2010, 29(10): 1988-1998.

[128] 蔡美峰. 岩石力学在金属矿山采矿工程中的应用[J]. 金属矿山, 2006(1): 28-33.

[129] 黄汉富. 薄基岩综放采场覆岩结构运动与控制研究[M]. 徐州: 中国矿业大学出版社, 2012.

[130] 钱鸣高. 矿山压力与岩层控制[M]. 徐州: 中国矿业大学出版社, 2010.

[131] 钱鸣高, 缪协兴, 何富连. 采场“砌体梁”结构的关键块分析[J]. 煤炭学报, 1994(6): 557-563.

[132] 宋振骐. 实用矿山压力控制[M]. 徐州: 中国矿业大学出版社, 1988.

[133] 王金安, 尚新春, 刘红, 等. 采空区坚硬顶板破断机理与灾变塌陷研究[J]. 煤炭学报, 2008(8): 850-855.

[134] MA H T, WANG J A, WANG Y H. Study on mechanics and domino effect of large-scale goaf cave-in[J]. Safety Science, 2012, 50(4): 689-694.

[135] 王金安，李大钟，马海涛. 采空区矿柱-顶板体系流变力学模型研究[J]. 岩石力学与工程学报，2010，29(3)：577-582.

[136] 马海涛. “11.6”特别重大坍塌事故矿区采场稳定性三维数值模拟分析[J]. 中国安全生产科学技术，2007(6)：68-72.

[137] ZHOU Z L, CHEN L, ZHAO Y, et al. Experimental and numerical investigation on the bearing and failure mechanism of multiple pillars under overburden[J]. Rock Mechanics and Rock Engineering, 2017, 50(4): 995-1010.

[138] ZHOU Z L, CHEN L, CAI X, et al. Experimental investigation of the progressive failure of multiple pillar-roof system[J]. Rock Mechanics and Rock Engineering, 2018, 51(5): 1629-1636.

[139] ZHU W B, CHEN L, ZHOU Z L, et al. Failure propagation of pillars and roof in a room and pillar mine induced by longwall mining in the lower seam[J]. Rock Mechanics and Rock Engineering, 2019, 52(4): 1193-1209.

[140] ZHOU Z L, ZANG H Z, CAO W Z, et al. Risk assessment for the cascading failure of underground pillar sections considering interaction between pillars[J]. International Journal of Rock Mechanics and Mining Sciences, 2019, 124: 104142.

[141] FENG G R, WANG P F. Simulation of recovery of upper remnant coal pillar while mining the ultra-close lower panel using longwall top coal caving[J]. International Journal of Mining Science and Technology, 2020, 30(1): 55-61.

[142] 杨创前，冯国瑞. 刀柱采空区上行开采应力分布规律数值模拟[J]. 煤矿安全，2020，51(5)：56-60.

[143] 冯国瑞，杨创前，张玉江，等. 刀柱残采区上行长壁开采支承压力时空演化规律研究[J]. 采矿与安全工程学报，2019，36(5)：857-866.

[144] 冯国瑞，白锦文，史旭东，等. 遗留煤柱群链式失稳的关键柱理论及其应用展望[J]. 煤炭学报，2020：1-17.

[145] WANG S Y, SLOAN S W, HUANG M L, et al. Numerical study of failure mechanism of serial and parallel rock pillars[J]. Rock Mechanics and Rock Engineering, 2011, 44(2): 179-198.

[146] CUI X M, GAO Y G, YUAN D B. Sudden surface collapse disasters caused by shallow partial mining in Datong coalfield, China[J]. Natural Hazards, 2014, 74(2): 911-929.

[147] 张淑坤，王来贵. 局部薄弱煤柱影响下临近煤柱应力分布规律研究[J]. 广西大学学报(自然科学版)，2017，42(1)：359-364.

[148] 罗一忠. 大面积采空区失稳的重大危险源辨识[D]. 长沙：中南大学，2005.

[149] 刘夏临. 基于突变理论的采空区稳定性分析与预测[D]. 武汉：武汉科技大学，2014.

[150] 李建新. 水及动力荷载作用下浅伏采空区围岩变形破坏研究[D]. 阜新：辽宁工程技术

大学, 2014.
[151] 江宁. 建筑荷载作用下老采空区失稳机理及治理技术研究[D]. 青岛: 山东科技大学, 2017.
[152] 左广乐. 机械动荷载对采空区顶板稳定性的影响分析[D]. 沈阳: 东北大学, 2015.
[153] 李建新, 王来贵, 李帅. 列车动载对采空区稳定性影响[J]. 辽宁工程技术大学学报(自然科学版), 2013, 32(8): 1034-1037.
[154] 姜立春, 罗恩民. 矿震扰动下立体采空区群动力响应研究[J]. 金属矿山, 2018(5): 29-34.
[155] 张海磊, 刘武团, 雷明礼, 等. 岩爆倾向下隐患资源开采与采空区处理协同技术[J]. 现代矿业, 2015, 31(10): 44-45.
[156] 胡敬强, 戴兴国, 母昌平, 等. 地震载荷下采空区稳定性影响因素分析[J]. 现代矿业, 2015, 31(4): 150-152.
[157] 谢和平. "深部岩体力学与开采理论"研究构想与预期成果展望[J]. 工程科学与技术, 2017, 49(2): 1-16.
[158] 谢和平. 矿山岩体力学及工程的研究进展与展望[J]. 中国工程科学, 2003(3): 31-38.
[159] 何满潮, 谢和平, 彭苏萍, 等. 深部开采岩体力学研究[J]. 岩石力学与工程学报, 2005(16): 2803-2813.
[160] 李夕兵, 李地元, 郭雷, 等. 动力扰动下深部高应力矿柱力学响应研究[J]. 岩石力学与工程学报, 2007(5): 922-928.
[161] 童立元, 邱钰, 刘松玉, 等. 高速公路与下伏煤矿采空区相互作用规律探讨[J]. 岩石力学与工程学报, 2010, 29(11): 2271-2276.
[162] 张海波, 霍兵兵, 王彦磊, 等. 列车动荷载作用下采空区上地层响应分析[J]. 青岛理工大学学报, 2013, 34(5): 15-19.
[163] 金解放, 李夕兵, 殷志强, 等. 轴压和循环冲击次数对砂岩动态力学特性的影响[J]. 煤炭学报, 2012, 37(6): 923-930.
[164] 王国伟. 基于框架结构法的采空区群失稳响应及控制研究[D]. 广州: 华南理工大学, 2017.
[165] ZHOU Z L, ZHAO Y, CAO W Z, et al. Dynamic response of pillar workings induced by sudden pillar recovery[J]. Rock Mechanics and Rock Engineering, 2018, 51(10): 3075-3090.
[166] 李玉飞. 机械施工荷载作用下采空区顶板突变失稳判据[D]. 武汉: 武汉科技大学, 2019.
[167] 姜立春, 苏勇, 代庆松. 远场爆破水平应力波扰动下分层胶结充填体矿柱的动力响应机制[J]. 岩石力学与工程学报, 2020, 39(1): 34-44.
[168] WANG J M, LITEHISER J J. The distribution of earthquake damage to underground facilities

during the 1976 Tangshan earthquake[J]. Earthquake Spectra, 1985, 4(1): 741-757.

[169] 黄保大，边庆凯，张子广. 1995 年 10 月 6 日河北省唐山 5.0 级地震，中国震例(1995—1996)[R]. 1996.

[170] 顾大钊，颜永国，张勇，等. 煤矿地下水库煤柱动力响应与稳定性分析[J]. 煤炭学报，2016，41(7)：1589-1597.

[171] AYDAN Ö, OHTA Y, GENIŞ M, et al. Response and stability of underground structures in rock mass during earthquakes[J]. Rock Mechanics and Rock Engineering, 2010, 43(6): 857-875.

[172] GENIŞ M, AYDAN Ö. Dynamic analyses of abandoned mines during earthquakes[J]. Environmental Geotechnics, 2020, 1(1): 1-12.

[173] AYDAN Ö, TANO H. Sinkholes and subsidence above abandoned mines and quarries caused by the great east Japan earthquake on March 11, 2011 and their implications[J]. Journal of Japan Association for Earthquake Engineering, 2011, 12(4): 229-248.

[174] AYDAN Ö. Damage to abandoned lignite mines induced by 2003 Miyagi-Hokubu earthquakes and some considerations on its possible causes[J]. Journal of the School of Marine Science and Technology, 2004, 2(1): 1-17.

[175] GENIŞ M, AYDAN Ö. Assessment of dynamic response and stability of an abandoned room and pillar underground lignite mine[C]//The 12th International Conference of International Association for Computer Methods and Advances in Geomechanics, Gca, India, 2008: 2899-3906.

[176] GENIŞ M, AYDAN Ö. A numerical study on the ground amplifications in areas above abandoned room and pillar mines and old longwall mines[C]//ISRM International Symposium - EUROCK 2013, One Petco, 2013: 733-737.

[177] 刘刚，李明. 地震波对条带开采煤柱动态稳定性影响研究[J]. 煤炭科学技术，2011，39(7)：9-13.

[178] 张彦宾，许国胜，邹友峰，等. 地震扰动作用下条带煤柱动力稳定性评价[J]. 煤矿安全，2014，45(3)：189-192.

[179] 唐礼忠，周建雄，张君，等. 动力扰动下深部采空区围岩力学响应及充填作用效果[J]. 成都理工大学学报(自然科学版)，2012，39(6)：623-628.

[180] ZHANG X M, YANG X C, WANG Z, et al. Numerical simulation of seismic dynamic response of ground surface above mined-out area[C]// 15th Coal Operators' Conference, University of Wollongong, Austrila: The Australasian Institute of Mining and Metallurgy and Mine Managers Association, 2015: 230-236.

[181] 张晓明，杨晓晨，卢刚，等. 下伏采空区的煤矿地表地震动力响应模拟[J]. 辽宁工程技

术大学学报(自然科学版), 2013, 32(6): 730-734.

[182] 刘向峰. 采动损伤地层结构地震响应研究[D]. 阜新: 辽宁工程技术大学, 2005.

[183] 王春丽. 煤矿采空区的地震动力响应研究[D]. 阜新: 辽宁工程技术大学, 2015.

[184] 刘书贤, 刘少栋, 魏晓刚, 等. 煤矿采动区地下巷道结构的地震动力破坏研究[J]. 地震研究, 2015, 38(3): 467-474.

[185] 魏晓刚, 麻凤海, 刘书贤. 煤矿采空区的地震动力灾变及安全防控的研究进展与挑战[J]. 地震研究, 2015, 38(3): 495-507.

[186] 刘书贤, 张森林, 魏晓刚, 等. 地震作用下巷道破坏模拟和实验对比分析[J]. 地震研究, 2017, 40(04): 661-667.

[187] 赵冬冬. 城市地铁地下结构地震反应的试验研究与数值模拟[D]. 北京: 清华大学, 2013.

[188] 孙海峰. 地下结构地震破坏机理研究[D]. 哈尔滨: 中国地震局工程力学研究所, 2011.

[189] 赵宝友. 大型岩体洞室地震响应及减震措施研究[D]. 大连: 大连理工大学, 2009.

[190] 吕涛. 地震作用下岩体地下洞室响应及安全评价方法研究[D]. 武汉: 中国科学院研究生院(武汉岩土力学研究所), 2008.

[191] 黄胜. 高烈度地震下隧道破坏机制及抗震研究[D]. 武汉: 中国科学院研究生院(武汉岩土力学研究所), 2010.

[192] 姚军. 地铁地下结构地震响应分析[D]. 杭州: 浙江工业大学, 2010.

[193] 中国赴日地震考察团. 日本阪神大地震考察[M]. 北京: 地震出版社, 1995.

[194] 李乔, 赵世春. 汶川大地震工程震害分析[M]. 成都: 西南交通大学出版社, 2008.

[195] 王燕华. 地震模拟振动台试验及案例[M]. 南京: 东南大学出版社, 2018.

[196] TAO L J, DING P, SHI C, et al. Shaking table test on seismic response characteristics of prefabricated subway station structure[J]. Tunnelling and Underground Space Technology, 2019, 91: 102994.

[197] CHEN G X, CHEN S, ZUO X, et al. Shaking-table tests and numerical simulations on a subway structure in soft soil[J]. Soil Dynamics and Earthquake Engineering, 2015, 76: 13-28.

[198] XU C S, ZHONG Z H, LI Y, et al. Validation of a numerical model based on dynamic centrifuge tests and studies on the earthquake damage mechanism of underground frame structures[J]. Tunnelling and Underground Space Technology, 2020, 104: 103538.

[199] 侯森, 陶连金, 赵旭, 等. 不同加载方向的山岭隧道洞口段地震响应振动台模型试验[J]. 中南大学学报(自然科学版), 2016, 47(3): 994-1001.

[200] TSINIDIS G, ROVITHIS E, PITILAKIS K, et al. Seismic response of box-type tunnels in soft soil: experimental and numerical investigation[J]. Tunnelling and Underground Space

Technology, 2016, 59: 199-214.

[201] TSINIDIS G. Response characteristics of rectangular tunnels in soft soil subjected to transversal ground shaking[J]. Tunnelling and Underground Space Technology, 2017, 62: 1-22.

[202] 程新俊, 景立平, 崔杰, 等. 不同场地沉管隧道振动台模型试验研究[J]. 西南交通大学学报, 2017, 52(6): 1113-1120.

[203] 程新俊, 景立平, 崔杰, 等. 沉管隧道振动台模型地震反应试验研究[J]. 水利水电技术, 2020, 51(4): 88-97.

[204] YUE C Z, ZHENG Y L. Shaking table test study on seismic behavior of underground structure with intermediate columns enhanced by concrete-filled steel tube (CFT)[J]. Soil Dynamics and Earthquake Engineering, 2019, 127: 105838.

[205] YUE C Z, ZHENG Y L, DENG S X. Shaking table test study on seismic performance improvement for underground structures with center column enhancement[J]. Journal of Earthquake and Tsunami, 2019, 13(2): 1950009.

[206] XU C S, DOU P F, DU X L, et al. Large shaking table tests of pile-supported structures in different ground conditions[J]. Soil Dynamics and Earthquake Engineering, 2020, 139: 106307.

[207] CHEN Z Y, LIU Z Q. Effects of central column aspect ratio on seismic performances of subway station structures[J]. Advances in Structural Engineering, 2017, 21(1): 14-29.

[208] 刘晓敏, 盛谦, 陈健, 等. 大型地下洞室群地震模拟振动台试验研究(Ⅱ): 试验方案设计[J]. 岩土力学, 2015, 36(6): 1683-1690.

[209] 曹炳政, 罗奇峰, 马硕, 等. 神户大开地铁车站的地震反应分析[J]. 地震工程与工程振动, 2002(4): 102-107.

[210] 刘如山, 邬玉斌, 杜修力. 用纤维模型对地下结构地震破坏的数值模拟分析[J]. 北京工业大学学报, 2010, 36(11): 1488-1495.

[211] 汪国良. 基于反应位移法的多柱型地下车站结构抗震分析[J]. 铁道勘测与设计, 2016(2): 54-59.

[212] 杜修力, 马超, 路德春, 等. 大开地铁车站地震破坏模拟与机理分析[J]. 土木工程学报, 2017, 50(1): 53-62.

[213] 庄海洋, 程绍革, 陈国兴. 阪神地震中大开地铁车站震害机制数值仿真分析[J]. 岩土力学, 2008(1): 245-250.

[214] 蒋录珍, 陈隽, 李杰. 1995 年阪神地震中大开车站破坏机理分析[J]. 世界地震工程, 2015, 31(3): 236-242.

[215] 杜修力, 王刚, 路德春. 日本阪神地震中大开地铁车站地震破坏机理分析[J]. 防灾减灾工程学报, 2016, 36(2): 165-171.

[216] 吕高峰，孙星亮．浅埋地铁车站地震响应分析[J]．土工基础，2013，27(4)：76-79.
[217] 杜兴华．地铁车站水平地震动力响应分析[J]．铁道工程学报，2013，30(6)：103-108.
[218] 孟益平，边家靓，李荣鑫．双跨单柱地铁车站地震响应数值分析[J]．安徽理工大学学报(自然科学版)，2018，38(4)：58-64.
[219] 陶连金，王文沛，张波，等．竖向强震作用下密贴地铁地下交叉结构动力响应分析[J]．岩土工程学报，2012，34(3)：433-437.
[220] 隋斌，朱维申，李晓静．地震荷载作用下大型地下洞室群的动态响应模拟[J]．岩土工程学报，2008，30(12)：1877-1882.
[221] 赵宝友，马震岳，梁冰，等．基于损伤塑性模型的地下洞室结构地震作用分析[J]．岩土力学，2009，30(5)：1515-1521.
[222] 张志国，肖明，陈俊涛．大型地下洞室地震灾变过程三维动力有限元模拟[J]．岩石力学与工程学报，2011，30(3)：509-523.
[223] 杨阳．水电站地下厂房围岩与结构地震响应分析[D]．武汉：武汉大学，2015.
[224] 周颖，吕西林．建筑结构振动台模型试验方法与技术(第二版)[M]．北京：科学出版社，2016.
[225] 张荣立，何国纬，李铎，等．采矿工程设计手册[M]．北京：煤炭工业出版社，2003.
[226] 陈国山，李毅．采矿学[M]．北京：冶金工业出版社，2013.
[227] 孙光华．地下矿山开采设计技术[M]．北京：冶金工业出版社，2012.
[228] 宋彧．相似模型试验原理[M]．北京：人民交通出版社，2016.
[229] 张羽强，黄庆享，严茂荣．采矿工程相似材料模拟技术的发展及问题[J]．煤炭技术，2008(1)：1-3.
[230] 刘长武，郭永峰，姚精明．采矿相似模拟试验技术的发展与问题——论发展三维采矿物理模拟试验的意义[J]．中国矿业，2003(8)：8-10.
[231] BRAND L. The Pi theorem of dimensional analysis[J]. Archive for rational mechanics and analysis，1957，1(1)：35-45.
[232] 谈庆明．量纲分析[M]．合肥：中国科学技术大学出版社，2005.
[233] 杨俊杰．相似理论与结构模型试验[M]．武汉：武汉理工大学出版社，2005.
[234] 左保成，陈从新，刘才华，等．相似材料试验研究[J]．岩土力学，2004(11)：1805-1808.
[235] 苏伟，冷伍明，雷金山，等．岩体相似材料试验研究[J]．土工基础，2008(5)：73-75.
[236] 李晓红等．岩石力学实验模拟技术[M]．北京：科学出版社，2007.
[237] 安伟刚．岩性相似材料研究[D]．长沙：中南大学，2002.
[238] 刘晓敏，盛谦，陈健，等．大型地下洞室群地震模拟振动台试验研究(Ⅰ)：岩体相似材料配比试验[J]．岩土力学，2015，36(1)：83-88.

[239] 赖杰，郑颖人，刘云，等. 双排抗滑桩抗震性能振动台试验研究及数值分析[J]. 中南大学学报(自然科学版)，2015，46(11)：4307-4315.
[240] 刘汉香，许强，王龙，等. 地震波频率对岩质斜坡加速度动力响应规律的影响[J]. 岩石力学与工程学报，2014，33(1)：125-133.
[241] 蒋昱州，姜小兰，王瑞红，等. 乌东德双曲拱坝三维地质力学模型试验研究[J]. 长江科学院院报，2014，31(10)：139-145.
[242] 范刚，张建经，付晓，等. 含泥化夹层顺层岩质边坡动力响应大型振动台试验研究[J]. 岩石力学与工程学报，2015，34(9)：1750-1757.
[243] 张涛. 地下结构振动台试验刚性模型箱边界效应研究[D]. 成都：西南交通大学，2018.
[244] 袁勇，黄伟东，禹海涛. 地下结构振动台试验模型箱应用现状[J]. 结构工程师，2014，30(1)：38-45.
[245] 殷琳，楼梦麟，康帅. 地下结构地震反应的振动台模型试验研究[J]. 同济大学学报(自然科学版)，2015，43(10)：1471-1479.
[246] 陈红娟，闫维明，陈适才，等. 小比例尺地下结构振动台试验模型土的设计与试验研究[J]. 地震工程与工程振动，2015，35(3)：59-66.
[247] 许成顺，李洋，杜修力，等. 上覆土竖向惯性力对浅埋地下框架结构地震损伤反应影响离心机振动台模型试验研究[J]. 土木工程学报，2019，52(3)：100-110.
[248] DING X M, FENG L, WANG C H, et al. Shaking table tests of the seismic response of a utility tunnel with a joint connection[J]. Soil Dynamics and Earthquake Engineering, 2020, 133: 106133.
[249] CHEN S, ZHUANG H Y, QUAN D Z, et al. Shaking table test on the seismic response of large-scale subway station in a loess site: a case study[J]. Soil Dynamics and Earthquake Engineering, 2019, 123: 173-184.
[250] 钱培风. 结构抗震分析[M]. 北京：地震出版社，1983.
[251] 杨谨瑞，戚承志，魏小琨，等. 竖向地震作用下浅埋地下结构中柱的动力响应[J]. 世界地震工程，2017，33(1)：41-47.
[252] 张恒源，钱德玲，沈超，等. 水平和竖向地震作用下液化场地群桩基础动力响应试验研究[J]. 岩土力学，2020，41(3)：905-914.
[253] 贾俊峰，欧进萍. 近断层竖向地震动峰值特征[J]. 地震工程与工程振动，2009，29(1)：44-49.
[254] PAPAZOGLOU A J, ELNASHAI A S. Analytical and field evidence of the damaging effect of vertical earthquake ground motion[J]. Earthquake Engineering & Structural Dynamics, 1996, 25(10): 1109-1137.
[255] 傅赣清，李丽娟. 竖向地震作用下框筒结构整体稳定分析[J]. 建筑结构学报，

2001(3): 27-30.

[256] 谢俊举, 温增平, 高孟潭, 等. 2008 年汶川地震近断层竖向与水平向地震动特征[J]. 地球物理学报, 2010, 53(8): 1796-1805.

[257] 陈灿寿, 戚承志, 钱七虎, 等. 浅埋地下结构顶板在竖向地震作用下的动力响应[J]. 世界地震工程, 2010, 26(4): 86-92.

[258] 韩建平, 周伟. 汶川地震竖向地震动特征初步分析[J]. 工程力学, 2012, 29(12): 211-219.

[259] MARTIN C D, MAYBEE W G. The strength of hard-rock pillars[J]. International Journal of Rock Mechanics and Mining Sciences, 2000, 37(8): 1239-1246.

[260] 钟福生. 不同开采深度下的矿柱强度估算及尺寸确定方法[J]. 现代矿业, 2020, 36(3): 64-65.

[261] 西松裕一, 许建军. 矿柱保留期限的估算及其可靠性[J]. 矿山测量, 1993(1): 55-60.

[262] GHASEMI E, ATAEI M, SHAHRIAR K. An intelligent approach to predict pillar sizing in designing room and pillar coal mines[J]. International Journal of Rock Mechanics and Mining Sciences, 2014, 65: 86-95.

[263] 张君鹏, 王启健, 夏自锋. 大尹格庄金矿深部采场矿柱稳定性分析与参数优化[J]. 有色金属(矿山部分), 2017, 69(1): 10-13.

[264] 朱青凌, 尚振华, 王林. 浅层复杂残留矿柱安全开采优化研究[J]. 矿业研究与开发, 2016, 36(12): 1-4.

[265] 丁自伟. St. Peter 砂岩力学特性及其矿柱设计研究[D]. 北京: 中国矿业大学(北京), 2013.

[266] GHASEMI E, ATAEI M, SHAHRIAR K, et al. Assessment of roof fall risk during retreat mining in room and pillar coal mines[J]. International Journal of Rock Mechanics and Mining Sciences, 2012, 54: 80-89.

[267] IDRIS M A, SAIANG D, NORDLUND E. Stochastic assessment of pillar stability at Laisvall mine using Artificial Neural Network[J]. Tunnelling and Underground Space Technology, 2015, 49: 307-319.

[268] 高建科, 张海军, 贾永军, 等. 金川二矿区 16 行垂直矿柱的开采风险分析与预测[J]. 矿业研究与开发, 2008(1): 1-2.

[269] RENANI H R, MARTIN C D. Modeling the progressive failure of hard rock pillars[J]. Tunnelling and Underground Space Technology, 2018, 74: 71-81.

[270] 王海泉. 灰岩一维加、卸载下力学特性研究[D]. 昆明: 昆明理工大学, 2015.

[271] 曹礼聪. 凤凰山场地地震响应分析及大型振动台试验研究[D]. 成都: 西南交通大学, 2015.

[272] 蒲小武. 地震和降雨耦合作用下黄土边坡失稳的大型振动台试验研究[D]. 兰州：中国地震局兰州地震研究所，2016.
[273] 杨圣奇. 裂隙岩石力学特性研究及时间效应分析[M]. 北京：科学出版社，2011.
[274] 谢和平. 岩石、混凝土损伤力学[M]. 徐州：中国矿业大学出版社，1990.
[275] 李天涛. 基于能量耗散的强震岩体震裂损伤特性及其孕灾机理研究[D]. 成都：成都理工大学，2017.
[276] 左建平，刘连峰，陈绍杰，等. 采动卸荷岩石破坏的理论模型与实验验证[J]. 地下空间与工程学报，2014，10(5)：1002-1009.
[277] LIU Y, DAI F, FENG P, et al. Mechanical behavior of intermittent jointed rocks under random cyclic compression with different loading parameters[J]. Soil Dynamics and Earthquake Engineering, 2018, 113: 12-24.
[278] WANG F, CAO P, WANG Y X, et al. Combined effects of cyclic load and temperature fluctuation on the mechanical behavior of porous sandstones[J]. Engineering Geology, 2020, 266: 105466.
[279] 王学滨，潘一山. 岩石局部化破坏及结构稳定性理论研究[M]. 北京：科学出版社，2018.
[280] SONG H P, ZHANG H, FU D H, et al. Experimental analysis and characterization of damage evolution in rock under cyclic loading[J]. International Journal of Rock Mechanics and Mining Sciences, 2016, 88: 157-164.
[281] SONG H P, ZHANG H, KANG Y L, et al. Damage evolution study of sandstone by cyclic uniaxial test and digital image correlation[J]. Tectonophysics, 2013, 608: 1343-1348.
[282] 张皓. 准脆性材料损伤演化的实验力学研究[D]. 天津：天津大学，2014.
[283] 王怀文，亢一澜，谢和平. 数字散斑相关方法与应用研究进展[J]. 力学进展，2005(2)：195-203.
[284] 陈俊达. 数字散斑相关方法理论和应用研究[D]. 北京：清华大学，2007.
[285] SCHREIER H, ORTEU J J, SUTTON M A. Digital image correlation for shape and deformation measurements[M]//SHARPE W N, eds. Springer handbook of experimental solid mechanics. Boston, MA: Springer US, 2008: 565-600.
[286] 马少鹏. 数字散斑相关方法在岩石破坏测量中的发展与应用[J]. 岩石力学与工程学报，2004，23(8)：1410-1410.
[287] 宋义敏，马少鹏，杨小彬，等. 岩石变形破坏的数字散斑相关方法研究[J]. 岩石力学与工程学报，2011，30(1)：170-175.
[288] 周贤，雷冬. 基于数字图像相关的材料和结构变形及破坏力学测试分析[M]. 南京：河海大学出版社，2016.

[289] PETERS W H, RANSON W F. Digital imaging techniques in experimental stress analysis[J]. Optical Engineering, 1982, 21(3): 427-431.

[290] YAMAGUCHI I. Simplified laser-speckle strain gauge[J]. Optical Engineering, 1982, 21(3): 436-440.

[291] 韩心星. 岩石非均匀变形破坏演化及统计损伤本构模型研究[D]. 北京: 中国矿业大学(北京), 2019.

[292] 万国庆, 黄锋, 刘星辰, 等. 数字散斑技术在混凝土单轴压缩试验中的应用[J]. 光学技术, 2020, 46(2): 152-157.

[293] 宋海鹏. 数字图像相关方法及其在材料损伤破坏实验中的应用[D]. 天津: 天津大学, 2013.

[294] CHEN C C, XU J, OKUBO S, et al. Damage evolution of tuff under cyclic tension-compression loading based on 3D digital image correlation[J]. Engineering Geology, 2020, 275: 105736.

[295] LI D Y, GAO F H, HAN Z Y, et al. Experimental evaluation on rock failure mechanism with combined flaws in a connected geometry under coupled static-dynamic loads[J]. Soil Dynamics and Earthquake Engineering, 2020, 132: 106088.

[296] LI D Y, HUANG P Y, CHEN Z B, et al. Experimental study on fracture and fatigue crack propagation processes in concrete based on DIC technology[J]. Engineering Fracture Mechanics, 2020, 235: 107166.

[297] HUANG F, WU C Z, NI P P, et al. Experimental analysis of progressive failure behavior of rock tunnel with a fault zone using non-contact DIC technique[J]. International Journal of Rock Mechanics and Mining Sciences, 2020, 132: 104355.

[298] 陈宇龙, 魏作安, 许江, 等. 单轴压缩条件下岩石声发射特性的实验研究[J]. 煤炭学报, 2011, 36(S2): 237-240.

[299] 袁振明. 声发射技术及其应用[M]. 北京: 机械工业出版社, 1985.

[300] KHAZAEI C, HAZZARD J, CHALATURNYK R. Damage quantification of intact rocks using acoustic emission energies recorded during uniaxial compression test and discrete element modeling[J]. Computers and Geotechnics, 2015, 67: 94-102.

[301] EBERHARDT E, STEAD D, STIMPSON B. Quantifying progressive pre-peak brittle fracture damage in rock during uniaxial compression[J]. International Journal of Rock Mechanics and Mining Sciences, 1999, 36(3): 361-380.

[302] 沈功田. 声发射检测技术及应用[M]. 北京: 科学出版社, 2015.

[303] ZHANG X P, ZHANG Q, WU S C. Acoustic emission characteristics of the rock-like material containing a single flaw under different compressive loading rates[J]. Computers and

Geotechnics, 2017, 83: 83-97.

[304] 任正义. 基于声发射检测方法的混凝土损伤评价研究[D]. 呼和浩特: 内蒙古大学, 2020.

[305] 王俊, 蔚艳庆, 丁尧, 等. 单轴压缩下碳化混凝土的声发射特性[J]. 成都理工大学学报(自然科学版), 2020, 47(4): 498-505.

[306] SAGASTA F, BENAVENT-CLIMENT A, FERNANDEZ-QUIRANTE T, et al. Modified gutenberg-richter coefficient for damage evaluation in reinforced concrete structures subjected to seismic simulations on a shaking table[J]. Journal of Nondestructive Evaluation, 2014, 33(4): 616-631.

[307] BENAVENT-CLIMENT A, GALLEGO A, VICO J M. An acoustic emission energy index for damage evaluation of reinforced concrete slabs under seismic loads[J]. Structural Health Monitoring, 2011, 11(1): 69-81.

[308] ZHOU Z L, WANG H Q, CAI X. Damage evolution and failure behavior of post-mainshock damaged rocks under aftershock effects[J]. Energies, 2019, 12(23): 4429.

[309] 本刊编辑部. 把"地下空间"开发利用纳入国家战略[J]. 中国建设信息化, 2019(6): 16-17.

[310] 高延法, 张长福, 邢飞. 废弃矿井地下空间储气技术分析: 第三届全国岩土与工程学术大会论文集[C]. 成都: 四川科学技术出版社, 2009.

[311] 陆家河. 综合治理矿山采空区(利用废旧矿井采空区)建地下水库初步探讨[J]. 华北国土资源, 2005(5): 28-30.

[312] 刘宝琛. 综合利用城市地面及地下空间的几个问题[J]. 岩石力学与工程学报, 1999(1): 3-5.

[313] 陈育民, 徐鼎平. FLAC/FLAC3D 基础与工程实例(第2版)[M]. 北京: 中国水利水电出版社, 2013.

[314] CHEN J T, HE W G, SONG C Y, et al. Seismic response of segmental lining tunnel by using shaking table test and numerical simulation [C]//Geoshanghai International Conference Springer Singapore, 2018: 261-269.

[315] 侯明勋, 葛修润. 岩体初始地应力场分析方法研究[J]. 岩土力学, 2007(8): 1626-1630.

[316] 李天斌. 汶川特大地震中山岭隧道变形破坏特征及影响因素分析[J]. 工程地质学报, 2008, 16(6): 742-750.